BIOLOGÍA 1

Nueva Escuela Secundaria

Los seres vivos, unidad y diversidad
Panorama general de la reproducción
La diversidad de los seres vivos

Fernando Daniel Majas
María Cecilia de Dios
María Victoria Bisheimer
Ricardo Daniel Franco
Eduardo Marcelo Fernández
Ricardo Alberto Ferriz

doceOrcasediciones

Majas, Fernando Daniel

Biología 1: Los seres vivos, unidad y diversidad. Panorama general de la reproducción. La diversidad de los seres vivos / Fernando Daniel Majas; María Cecilia De Dios; María Victoria Bisheimer -1a ed.- Ciudad Autónoma de Buenos Aires: Doce Orcas Ediciones, 2015.

192 p. ; 28x21 cm. - (Nueva Escuela Secundaria)

ISBN 978-987-25537-7-7

1. Biología. 2. Enseñanza Secundaria. I. De Dios, María Cecilia II. Bisheimer, María Victoria III. Título
CDD 570.712

Ciudad Autónoma de Buenos Aires, Argentina
Correo electrónico: doceorcas@fibertel.com.ar
Página web: www.doceorcasediciones.com.ar
Queda hecho el depósito que dispone la ley 11.723

Impreso en Argentina. Printed in Argentina
Primera edición: enero de 2015

ISBN 978-987-25537-7-7

BIOLOGÍA 1

Nueva Escuela Secundaria

Los seres vivos, unidad y diversidad

Panorama general de la reproducción

La diversidad de los seres vivos

doceOrcasediciones

BIOLOGÍA 1
Nueva Escuela Secundaria

Dirección editorial
Eduardo M. Fernández
Miriam Feresin

Revisión de contenidos
Fernando D. Majas

Edición
Laura Peña

Corrección
Quatro Vías, soluciones editoriales

Diseño y diagramación
Marcelo Scaravaglione

Ilustración
María del Carmen Fernández

Fotografía
Esteban Widnicky, Darío Podestá, Micaela Colace,
Daniel O. Forcelli, Walter Prado, Pablo Fernández,
Daniel Quaini, Guillermo López,
Eduardo Fernández y Archivo Doceorcas.

Tratamiento de imágenes
Rocío Alem

Temas especiales
Daniel O. Forcelli (Fauna autóctona argentina)
Pablo E. Fernández (Informática)
Guillermo Frascara (Adolescencia y salud)

ACERCA DEL LIBRO

Los contenidos de **Biología 1** responden al Diseño Curricular para el primer año de la Nueva Escuela Secundaria de la Ciudad de Buenos Aires.

Biología 1, **Nueva Escuela Secundaria**, está integrado por tres grandes bloques temáticos:

- **Los seres vivos, unidad y diversidad**
- **Panorama general de la reproducción**
- **La diversidad de los seres vivos**

ACERCA DE LOS CAPÍTULOS

◀ Las **aperturas** ayudan a introducirse en el tema. Convocan a pensar en los distintos contenidos del capítulo y permiten activar conocimientos previos.

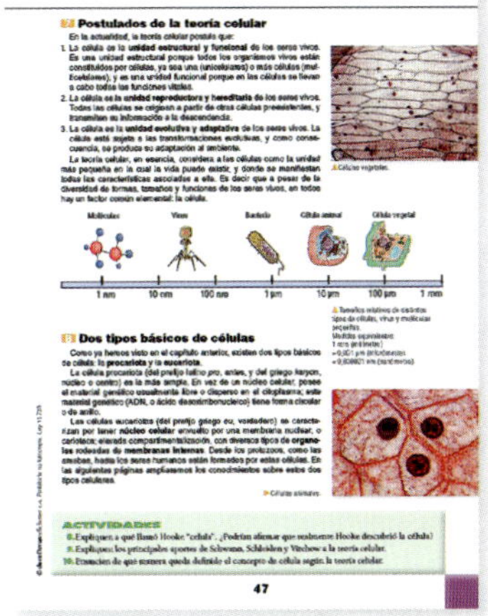

▶ En el **texto principal**, dividido en títulos y subtítulos, se desarrollan los contenidos del capítulo. El texto va acompañado de **fotografías** e **ilustraciones** que facilitan la comprensión. Las **plaquetas** laterales aportan información complementaria.

▲ En la sección **Técnicas/ Procedimientos** se estudian las herramientas y los métodos más utilizados en el estudio de las Ciencias biológicas.

▶ En la sección **Experiencias** se desarrollan prácticas para realizar en el laboratorio en forma grupal o individual, y se proponen experimentos que se complementan con actividades finales.

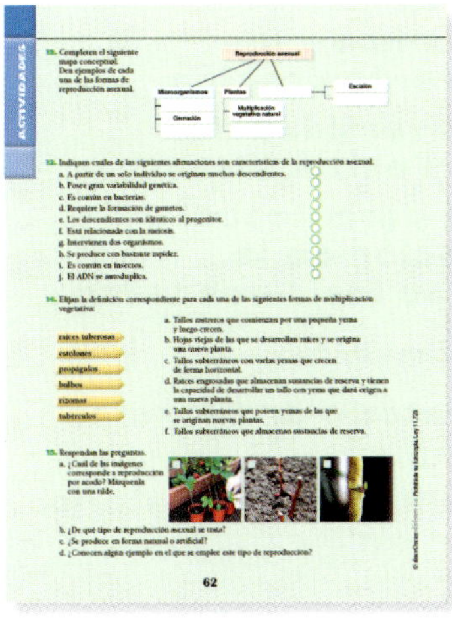

◀ En la sección **Actividades** se plantean cuestionarios, lecturas, crucigramas, debates, investigaciones, etc., cuyo objetivo es ayudar a incorporar los nuevos conocimientos e integrarlos con los contenidos previos.

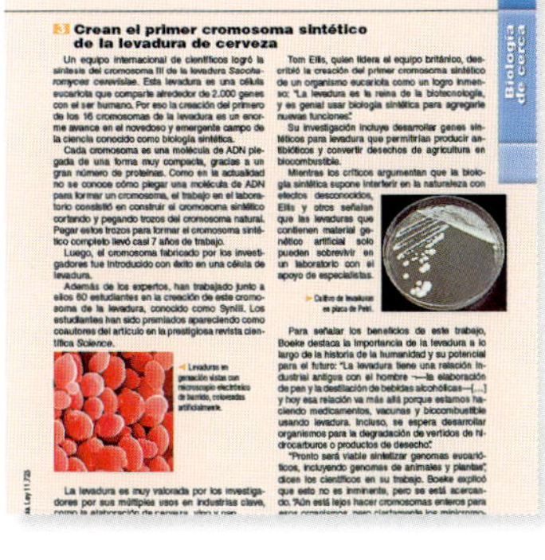

◀ **Biología de cerca** desarrolla y profundiza temas de la Biología relacionados con los contenidos del capítulo.

▶ Las preguntas de la **Autoevaluación** permiten comprobar y reafirmar los conocimientos adquiridos y corregir conceptos erróneos. Las respuestas de la autoevaluación se encuentran en las páginas finales del libro. En la sección final, **Recursos complementarios**, se presentan herramientas, técnicas y procedimientos adicionales.

BLOQUE 1: Los seres vivos, unidad y diversidad

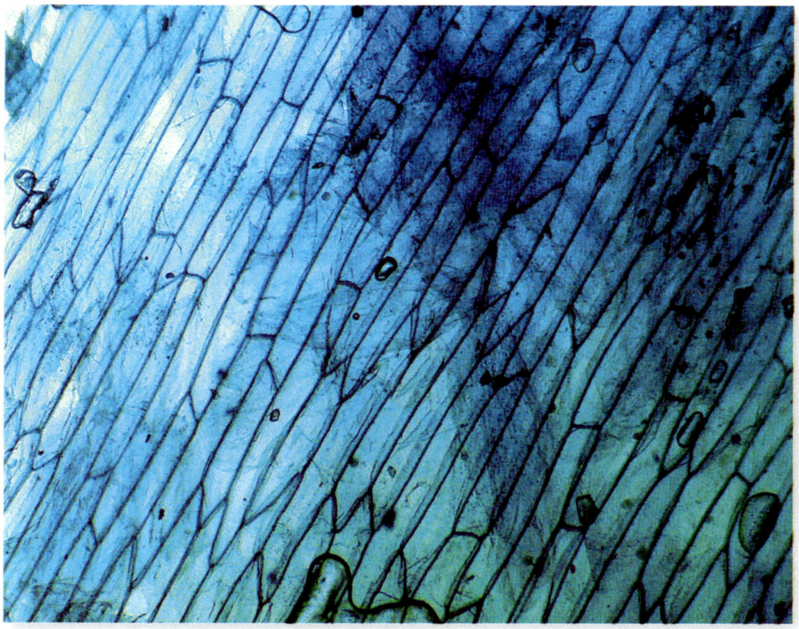

BLOQUE 2: Panorama general de la reproducción

BLOQUE 3: La diversidad de los seres vivos

1 Las características de los seres vivos

▲ Medusa en la costa marina de Río Negro, a la altura del balneario Las Grutas.

▲ Ranita arborícola.

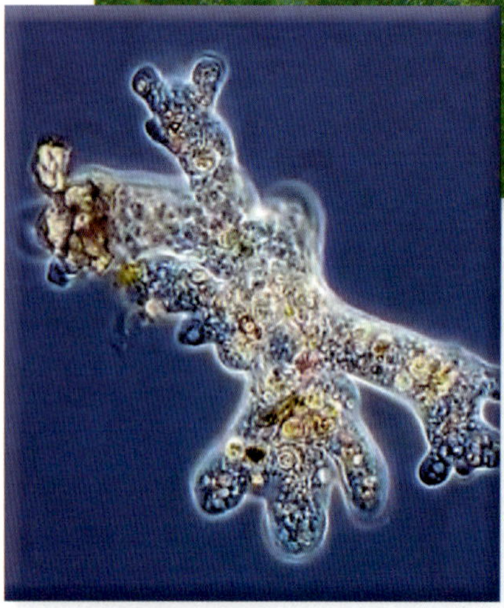

▲ Ameba, organismo unicelular, visto a través de un microscopio óptico.

De manera intuitiva, todos nos damos cuenta de que una persona, una rana o un árbol son seres vivos; aunque también lo son las medusas de mar y los líquenes sobre las rocas, a pesar de que a simple vista nos pueda surgir alguna duda. Lo que seguramente nos será difícil de distinguir, si tenemos la oportunidad de observar un preparado con microorganismos a través de un microscopio, serán los seres vivos.
Entonces, ¿cuáles son las características que comparten todos los seres vivos y que nos permiten diferenciar cualquier forma de vida de los objetos inanimados?

ACTIVIDADES

1. ¿De qué están compuestos todos los seres vivos?
2. ¿Qué características tienen en común los seres vivos? ¿En qué se diferencian?
3. ¿Cómo harían para comprobar que algo está vivo?
4. ¿Cómo se relacionan los seres vivos con el medio que los rodea? ¿Y con otros seres vivos?

Concepto de sistema

Durante las vacaciones, seguramente ustedes toman fotografías de lo que les llama la atención, como por ejemplo un cerro nevado, si fueron a la montaña. En esos momentos, para lograr una buena toma, eligen un sector del paisaje, es decir que realizan un recorte del entorno. Los investigadores, para comprender aquello que los rodea, hacen algo semejante: delimitan porciones del mundo para observar y estudiar lo que les interesa. Estas porciones del mundo que se delimitan para su estudio se denominan **sistemas**.

Un sistema es un conjunto de elementos, partes o unidades, relacionados entre sí que establecen un intercambio mutuo. Los sistemas poseen **propiedades emergentes**, es decir, propiedades que no se explican al estudiar cada una de las partes por separado. Tomemos por caso el sistema digestivo, vemos que realiza la función de digestión de los alimentos, pero los alimentos no podrían ser digeridos en forma correcta si faltara algún componente del sistema, como el estómago. Entonces, la digestión de los alimentos es una propiedad emergente del sistema digestivo.

▲ Dependiendo de cuál sea nuestro interés de estudio, este paisaje se puede considerar como un sistema o como varios subsistemas, bosque, laguna, atmósfera.

Cuando algún componente de un sistema se considera como un sistema en sí mismo, el componente constituye un **subsistema**. Un ejemplo de esto es el sistema excretor, que está formado por tres subsistemas: el sistema respiratorio, el sistema urinario y la piel.

Los sistemas están rodeados por un entorno, y según realicen intercambios o no con este, podemos encontrar sistemas **aislados**, **cerrados** y **abiertos**.

- Los sistemas aislados no intercambian materia ni energía con el entorno. Un ejemplo que se aproxima a un sistema aislado es un termo cerrado con agua caliente: el agua permanece dentro del termo y a temperatura prácticamente constante, porque casi no pierde calor hacia el entorno.
- Los sistemas cerrados no intercambian materia con el entorno, pero sí energía. Una botella tapada con agua en su interior se podrá calentar o enfriar según se la coloque al sol o a la sombra, mientras que el agua permanecerá siempre dentro de la botella.
- Los sistemas abiertos intercambian materia y energía con el entorno. Si destapamos la botella del ejemplo anterior, además de calentarse y enfriarse, el agua se evaporará liberándose hacia el entorno.

Los seres vivos: sistemas abiertos y complejos

Los seres vivos son **sistemas abiertos y complejos** que no solo intercambian materia y energía con el entorno, también intercambian información.

Como sistemas **abiertos**, los seres vivos dependen del aporte de materia y energía del entorno, a la vez que liberan materia y energía, como el dióxido de carbono y el calor. Como sistemas **complejos**, los seres vivos están formados por varios subsistemas relacionados entre sí, que funcionan de manera coordinada.

▼ Los seres vivos incorporan materia, energía e información del medio, que son aprovechadas a partir de reacciones internas. También eliminan materia en forma de desechos y energía en forma de calor.

ACTIVIDADES

5. ¿Cuál es la importancia de delimitar sistemas para el estudio de aquello que nos rodea?
6. Propongan un sistema aislado, uno cerrado y otro abierto. Expliquen por qué los eligieron.
7. Expliquen por qué los seres vivos son un tipo particular de sistema abierto.

2 Características de los seres vivos

Los seres vivos llevan a cabo diversas funciones que los diferencian de los objetos inertes, es decir de aquello que no está vivo. Entre estas importantes funciones están obtener alimento, crecer y desarrollarse, reproducirse y establecer relaciones entre sí y con el ambiente que los rodea. Veremos ahora cada una de estas características, que iremos retomando a lo largo del libro.

Los seres vivos:

- están formados por grandes moléculas complejas, llamadas **biomoléculas**: los lípidos, los hidratos de carbono, las proteínas y los ácidos nucleicos.
- están compuestos por **células**; los organismos formados por una sola célula se denominan **unicelulares** y los formados por más de una célula se denominan **pluricelulares**.
- están organizados en niveles de **organización jerárquica**. Las **células** especializadas se agrupan para formar tejidos, como el tejido nervioso. Los **tejidos**, a su vez, pueden formar órganos, como el cerebro. Los **órganos** forman parte de organizaciones más complejas denominadas **sistemas**, como el sistema nervioso.
- tienen la capacidad de mantener el medio interno más o menos estable y en equilibrio; esta característica se denomina **homeostasis** e implica su autorregulación. Esto es posible porque cuentan con mecanismos que compensan los cambios que se producen tanto en el interior del cuerpo como en el exterior. Este equilibrio interno no es estático, sino que se pierde y se recupera todo el tiempo, es un **equilibrio dinámico**.

▲ Todos los seres vivos, sean plantas, animales, hongos o bacterias, están formados por una unidad funcional y estructural que se repite: la célula.

◄ Homeostasis. Cuando la temperatura corporal de un mamífero aumenta, se produce sudoración, lo que provoca su descenso; en cambio, si la temperatura disminuye, se producen tiriteos, pequeños temblores provocados por la contracción de músculos, que generan calor y aumentan la temperatura.

► Los reptiles no cuentan con mecanismos internos que les permitan regular la temperatura; por eso, una estrategia para aumentar la temperatura corporal es tomar baños de sol.

- se **relacionan**: los seres vivos captan tanto los cambios del entorno como los del interior del cuerpo. Estos cambios actúan como **estímulos** que, cuando se captan, inducen **respuestas**. La capacidad de captar estímulos y de generar una respuesta constituye la función de **relación**.

◄ En los seres vivos pluricelulares, los estímulos se captan a través de células especializadas, llamadas **receptores sensoriales**. Los receptores de la luz, por ejemplo, se encuentran en los ojos.

▲ En la reproducción sexual se combina la información genética de los progenitores. La posibilidad de combinar las características de dos organismos permite generar descendientes que no son exactamente iguales entre sí ni iguales a sus progenitores.

- se **reproducen** y originan otros seres vivos semejantes a ellos. La capacidad de los seres vivos de reproducirse y transmitir información a sus descendientes permite conservar ciertas características de generación en generación.
  Hay dos tipos de reproducción: la **asexual** y la **sexual**. En la reproducción asexual, un único organismo produce al menos un organismo idéntico a sí mismo.
  En la reproducción sexual los nuevos organismos se originan por **fecundación**, es decir, por la unión de células sexuales especializadas llamadas **gametos**, provenientes de los progenitores.

- se **nutren**. Los seres vivos incorporan materia e intercambian energía con el medio. La materia proviene de los alimentos que son, además, fuente de energía. Este intercambio les permite crecer, mantener su cuerpo y reparar partes dañadas, entre otras funciones vitales. La energía obtenida también se almacena. Como consecuencia de estos procesos, se producen desechos que son eliminados al ambiente. En conjunto, estos procesos constituyen la función de **nutrición**.
  Pero no todos los organismos obtienen el alimento de la misma forma, y según cómo lo obtengan, se los puede diferenciar en **autótrofos** y **heterótrofos**. Los organismos autótrofos, como las plantas, las algas y algunos microorganismos, elaboran su propio alimento utilizando materiales simples del medio, como el agua y el dióxido de carbono. Los organismos heterótrofos, como los animales, los hongos y algunos microorganismos, no pueden elaborar su alimento, y lo obtienen por el consumo de otros organismos o sus productos.

▲ Los animales, como el agutí, son organismos heterótrofos.

▲ Las plantas verdes, como el vinal, son organismos autótrofos.

- tienen un **ciclo de vida**. Luego del nacimiento, pasan por diversos estadios de crecimiento, maduración y desarrollo hasta alcanzar la madurez reproductiva, y finalmente mueren. El ciclo de vida varía desde unos instantes, como en algunas bacterias, hasta miles de años, como en el caso de ciertos árboles.

◄ Durante el crecimiento, los seres vivos se desarrollan y adquieren nuevas características. Por ejemplo, la rana aumenta de tamaño a la vez que desarrolla extremidades.
El desarrollo conlleva el aprendizaje de ciertos comportamientos, como la caza.

- **evolucionan**, es decir que las especies cambian a lo largo del tiempo en el proceso de relación con el ambiente. Todos los seres vivos comparten una historia evolutiva. Las características que diferencian una especie de otra, las adaptaciones a los diferentes ambientes, son producto de la evolución.

Los virus, ¿seres vivos?

Si bien las características de los seres vivos están bien definidas, a veces no es fácil reconocer a un ser vivo. Existen aún criterios encontrados sobre si los virus son seres vivos o no. Para negarlo algunos se fundan en que no están formados por células, mientras que otros para afirmarlo se basan en que pueden multiplicarse.

ACTIVIDADES

8. Intercambien opiniones sobre la siguiente frase: "Las condiciones del interior del cuerpo de los seres vivos permanecen invariables".
9. Realicen un esquema en el que representen el intercambio de materia, energía e información con el medio que realiza un puma a punto de cazar una presa.
   a. Indiquen: ¿cuáles son los estímulos? b. ¿Qué respuestas podrían generar?
10. ¿Consideran que la función de relación también es necesaria para mantener la homeostasis?, ¿por qué?

3 Los componentes de los seres vivos

▲ Algunas biomoléculas se incorporan a través de los alimentos, mientras que otras se fabrican en el interior del cuerpo de los seres vivos.

Los seres vivos están formados por grandes moléculas complejas, llamadas **biomoléculas**: son los lípidos, los hidratos de carbono, las proteínas y los ácidos nucleicos.

Las biomoléculas están constituidas principalmente por carbono, hidrógeno y oxígeno, y pequeñas cantidades de fósforo y nitrógeno. Tienen ese nombre porque son exclusivas de los seres vivos. En cambio, las sustancias **inorgánicas**, como el agua, las sales, los minerales, el oxígeno gaseoso y el dióxido de carbono, son más simples y están presentes en todos lados, no solamente en los seres vivos.

Las biomoléculas tienen diferentes funciones:

- Función energética, porque proveen de energía al organismo para llevar a cabo todas sus funciones.
- Función estructural, porque constituyen el cuerpo de los seres vivos y sus células.
- Función reguladora, porque forman parte de sustancias que regulan el funcionamiento del cuerpo, como las hormonas.

▲ Los mamíferos fabrican una hormona derivada de las proteínas, llamada adrenalina, que se libera ante situaciones de peligro.

Lípidos

Los lípidos son biomoléculas insolubles en agua, es decir que no se disuelven en el agua. Entre los lípidos encontramos las **grasas**, los **aceites**, las **ceras** y los **fosfolípidos**.

Las grasas son sólidas a temperatura ambiente, y constituyen la principal sustancia de reserva en los animales. Mientras que los aceites son líquidos a temperatura ambiente, y son reservas de energía en las plantas, se encuentran principalmente en frutos y semillas. Los lípidos cumplen múltiples funciones en los organismos. Algunos mamíferos tienen depósitos de grasa en su cuerpo cuya función es de protección. Otros, poseen una capa de grasa debajo de la piel que actúa como aislante, al minimizar la pérdida de calor. Algunas aves almacenan grasas para la época migratoria. Las ceras son lípidos que tienen función de protección de las superficies de los animales expuestas al aire, como plumas, pelos y piel. En las plantas, se encuentran en frutos, tallos y hojas, formando una cutícula impermeable que evita la deshidratación. Otros lípidos, como el colesterol y los fosfolípidos, tienen una función estructural fundamental porque constituyen la membrana de las células. Finalmente, algunos lípidos cumplen una función reguladora, ya que forman parte de hormonas que regulan el funcionamiento del cuerpo, como las hormonas sexuales, que controlan los ciclos reproductivos y la formación de gametos.

▲ Los panales de abeja están formados por una cera que fabrican las mismas abejas.

Premio Nobel

El trabajo y la investigación con las biomoléculas fue objeto de varios Premios Nobel. El médico y bioquímico argentino Luis Federico Leloir (1906-1987) recibió el Premio Nobel de Química en el año 1970 por sus descubrimientos sobre los azúcares simples y las reacciones bioquímicas que permiten fabricar hidratos de carbono complejos. En el año 1962, Francis Crick (1916-2004) y James Watson (1928-) recibieron el Premio Nobel de Medicina por sus descubrimientos sobre la estructura del ADN y su papel en la herencia.

Hidratos de carbono

Los **hidratos de carbono**, **azúcares** o **glúcidos** son biomoléculas compuestas por carbono, hidrógeno y oxígeno. La mayoría posee un característico sabor dulce y están formadas por pequeñas unidades que se repiten, llamadas **monosacáridos**. La glucosa es uno de los hidratos de carbono más sencillos, y constituye la principal fuente de energía que utilizan las células para realizar todos sus procesos. Las plantas fabrican glucosa a partir del proceso de fotosíntesis, mientras que los animales y el resto de los seres vivos la deben incorporar a través de lo que consumen.

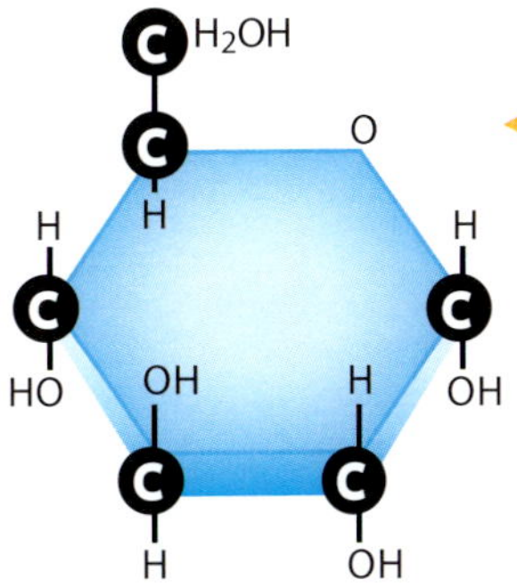

La glucosa es un monosacárido formado por 6 átomos de carbono, 6 de oxígeno y 12 de hidrógeno. El almidón y el glucógeno se forman al combinar miles de moléculas de glucosa.

El almidón y el glucógeno son hidratos de carbono con función de reserva de energía en plantas y animales, respectivamente. Algunos hidratos de carbono también cumplen una función estructural, como por ejemplo la celulosa, que forma la pared celular que rodea a las células vegetales, o la quitina, que forma una capa externa rígida e impermeable en muchos insectos con función de sostén y protección.

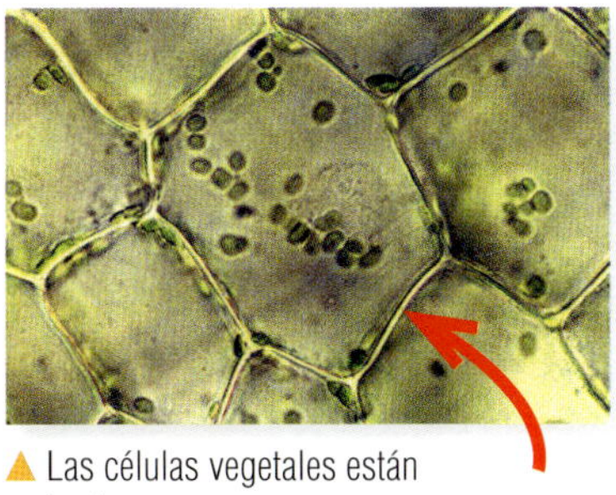

Las células vegetales están rodeadas por una capa gruesa y resistente, llamada pared celular, compuesta por celulosa.

Proteínas

Las proteínas son biomoléculas formadas por carbono, oxígeno, nitrógeno y pequeñas cantidades de otros elementos. La bacteria *Escherichia coli*, que vive en el intestino grueso de los humanos, contiene alrededor de 3.000 proteínas distintas, y los humanos pueden tener hasta 5 millones de proteínas diferentes. Sin embargo, las proteínas están constituidas sobre la base de veinte moléculas más pequeñas, llamadas **aminoácidos**, que se unen entre sí en distinto orden y cantidad. Las proteínas tienen funciones estructurales, ya que forman parte de los músculos, cartílagos y membranas celulares. Por ejemplo, la miosina tiene la propiedad de contraerse y estirarse, y por eso permite la contracción y el trabajo muscular; el colágeno está presente en los cartílagos y la queratina forma el pelo y las uñas. Algunas proteínas especializadas, llamadas **enzimas**, intervienen en las reacciones bioquímicas que ocurren en el cuerpo de los seres vivos. La hemoglobina es una proteína presente en los glóbulos rojos que permite el transporte de oxígeno a todo el cuerpo. Además, las proteínas tienen función de defensa y regulación, porque constituyen los **anticuerpos** y forman parte de diversas hormonas.

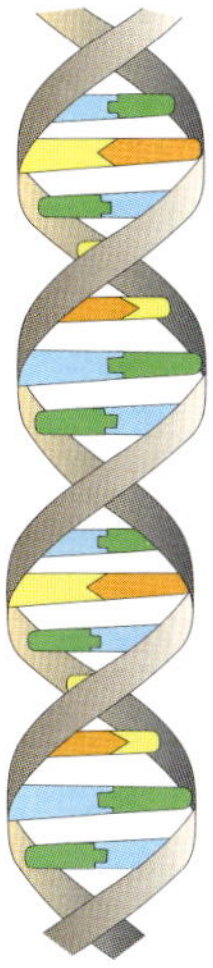

Estructura de doble hélice del ADN.

Ácidos nucleicos

Los ácidos nucleicos son grandes biomoléculas formadas por unidades llamadas **nucleótidos**. Cada nucleótido tiene carbono, hidrógeno, oxígeno, nitrógeno, fósforo y un azúcar. El **ácido desoxirribonucleico** (**ADN**) es un ácido nucleico presente en todas las células de los seres vivos. Está formado por dos cadenas de nucleótidos enfrentadas y unidas, que forman una estructura de doble hélice, semejante a una escalera caracol. El ADN lleva la información que determina que los seres vivos sean y funcionen de determinada manera. También contiene la información para fabricar todas las proteínas. Esa información está organizada en porciones de ADN llamadas **genes**. Es la molécula de la **herencia**, ya que se transmite de generación en generación.

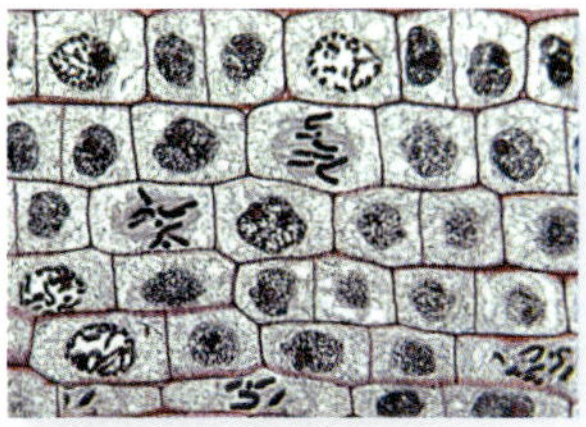

El ADN puede encontrarse en un sector de la célula, como en las bacterias, o rodeado por una membrana, en el núcleo, como en las células vegetales de la fotografía y en la gran mayoría de los seres vivos.

ACTIVIDADES

11. ¿Cuál es la principal diferencia entre las biomoléculas y las sustancias inorgánicas?

12. ¿Qué relación hay entre las proteínas y el ADN?

13. ¿Qué significa que el ADN es una molécula portadora de información?

4 Niveles de organización de la materia

Es posible diferenciar distintos niveles de complejidad en la forma en que la materia se asocia para formar parte de los seres vivos, llamados **niveles de organización de la materia**.

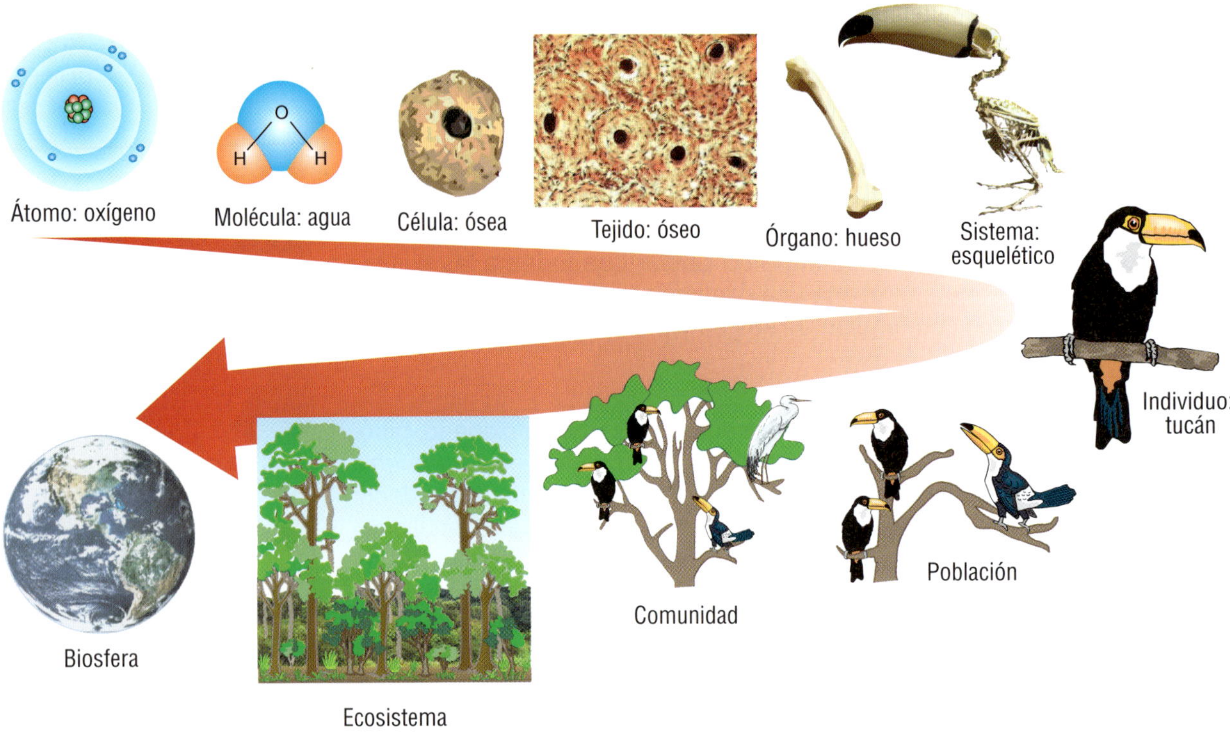

Átomo: las partículas subatómicas, como los protones, neutrones y electrones, están organizadas formando átomos, como el átomo de oxígeno.

Molécula: puede estar formada por la unión de dos o más átomos, como la molécula de agua H_2O, o por un solo átomo, como la molécula de Helio, He.

Célula: en este nivel es donde aparece la vida propiamente dicha. La célula es la unidad funcional y estructural de los seres vivos, que puede desarrollar todas las funciones vitales. Los glóbulos rojos y los osteocitos son ejemplo de células.

Tejido: Las células especializadas pueden agruparse para formar tejidos, como el tejido óseo, nervioso o epitelial.

Órgano: cuando dos o más tejidos se organizan para cumplir una función determinada, forman un órgano, como el cerebro, el hueso o el hígado.

Sistema: cuando distintos órganos se asocian para cumplir con una función en particular, se forman los sistemas de órganos, como el sistema respiratorio, el sistema excretor, el sistema circulatorio y el sistema reproductor.

Individuo: este nivel está representado por los organismos individuales, como el mono, el ceibo o el cormorán.

Población: cuando los seres vivos se relacionan entre sí y con el ambiente en el que viven, se comienza a hablar de los niveles de organización ecológicos.
La población es un conjunto de individuos que coexisten en un mismo lugar y en un tiempo determinado; está formada por individuos de la misma especie que se reproducen entre sí, como los lobos marinos.

Comunidad: es el conjunto de poblaciones de distintos seres vivos que coexisten en un mismo lugar y en un tiempo determinado.

Ecosistema: Las comunidades integran un nivel superior: el ecosistema. Es el conjunto formado por el ambiente y los seres vivos de distintas poblaciones que viven en él y que establecen relaciones entre sí.

Biosfera: El conjunto de los ecosistemas de nuestro planeta constituye la Biósfera. Está compuesta por todos los seres vivos del planeta y su entorno.

5 Los organismos y los niveles de organización

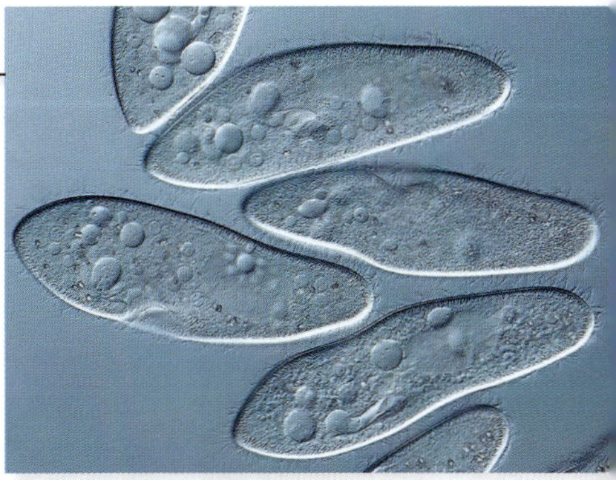

▲ Paramecios, organismos con nivel de organización celular.

Algunos organismos están formados por una sola célula, y otros por millones de células. Según la cantidad de células y la forma en que estén organizadas pertenecen a distintos niveles de organización.

- **Nivel celular:** es el nivel de organización más simple de los individuos. Las bacterias, las levaduras y algunos protistas como las amebas y los paramecios tienen nivel de organización celular. También pertenecen al nivel celular algunos organismos que, si bien están formados por muchas células, estas no llegan a formar tejidos, como ocurre con las esponjas.

- **Nivel colonial:** está representado por conjuntos más o menos sencillos de células, las colonias. Todas las células de la colonia cumplen funciones similares y, si son separadas de la colonia, pueden seguir viviendo. Las colonias pueden ser filamentosas, ramificadas o tridimensionales de forma esférica. Las esponjas y varios tipos de algas tienen nivel de organización colonial. Son una forma de organización intermedia entre los organismos unicelulares y los pluricelulares.

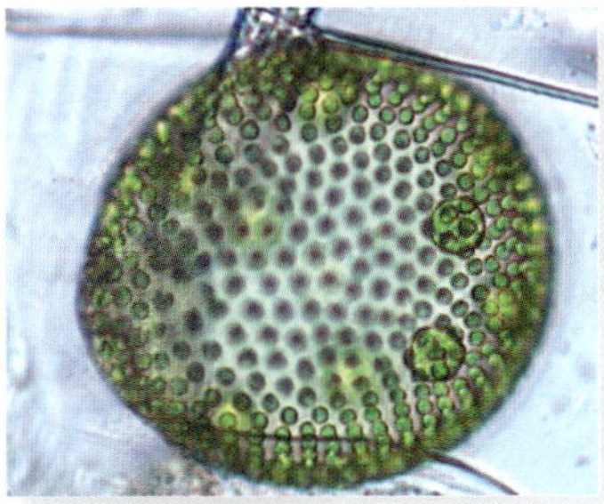

◄ Volvox es un alga de nivel colonial.

- **Nivel tisular:** en este nivel, distintos grupos de células cumplen tareas específicas diferentes. En este caso, las células no pueden vivir aisladas. Los musgos y los cnidarios, como las anémonas, las medusas y los corales, presentan este nivel de organización.

◄ Medusa, nivel tisular.

- **Nivel de órganos:** algunos seres vivos tienen pocos órganos, pero que no se asocian para formar sistemas. Es el caso de las plantas y los platelmintos o gusanos planos.

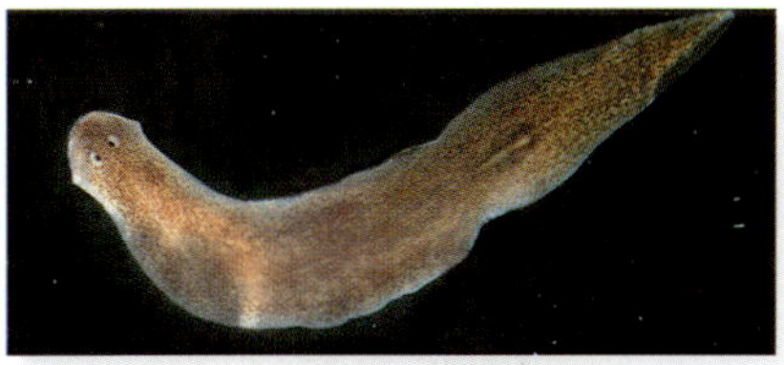

▲ La planaria, un platelminto, es un organismo que se ubica en el nivel de órganos.

- **Nivel de sistema de órganos:** Todos los vertebrados y los invertebrados superiores, como los artrópodos, alcanzan este nivel de organización.

◄ Esqueleto de ballena franca austral. Los distintos tipos de hueso forman el sistema esquelético o esqueleto.

- **Nivel de organismo:** muchos organismos están formados por varios sistemas de órganos que funcionan de manera coordinada y permiten que se puedan llevar a cabo las funciones vitales.

► Pingüino de Magallanes. Los sistemas de órganos de los organismos se asocian y funcionan coordinadamente.

▲ La raíz, el tallo y las hojas son los órganos de las plantas.

▲ Oso hormiguero.

▲ Tucán.

▲ Caballito de mar.

▲ Yacaré overo.

A pesar de su aspecto tan diferente, estos animales tienen mucho en común, por ejemplo una columna vertebral que forma parte de un esqueleto interno; cuerpo recubierto por un tegumento, o piel; anexos tegumentarios, escamas, placas, plumas o pelos; sistema digestivo completo; sistema circulatorio con un corazón y vasos sanguíneos, y sistema excretor formado por riñones.

6 Unidad y diversidad de funciones y estructuras

Hemos visto que todos los seres vivos están formados por las mismas unidades básicas: las células. Poseen además un tipo de moléculas que les son exclusivas: las biomoléculas, y están estructurados en distintos niveles de organización. También mantienen su medio interno en equilibrio, se relacionan con el ambiente, se reproducen, se nutren, tienen un ciclo de vida y evolucionan. Sin embargo, los seres vivos no son todos iguales, presentan distintas formas de organización y diferentes estructuras que les permiten llevar a cabo estas funciones.

Si observan las fotografías de un yacaré, un caballito de mar, un oso hormiguero y un tucán verán que su apariencia es muy distinta. Sin embargo estos animales comparten muchos atributos estructurales y funcionales, como por ejemplo, todos tienen un esqueleto con columna vertebral. Es decir que es posible identificar atributos comunes entre los seres vivos que nos dan una cierta idea de unidad.

Estos dos conceptos, unidad y diversidad de funciones y estructuras, están relacionados con el proceso de la evolución. Como veremos más adelante, los seres vivos actuales y pasados tienen un antepasado común, un origen en común.

La unidad, que se manifiesta a través de las características compartidas, se debe a que todos los organismos están más o menos emparentados, ya que descienden de un ancestro común. La diversidad se comprende por los distintos cambios que han experimentado los seres vivos a lo largo del proceso evolutivo, a través de millones de años.

Veamos algunas similitudes y diferencias entre los vertebrados, animales con columna vertebral.

	Mecanismos internos para regular la temperatura corporal	Sistema respiratorio	Sistema circulatorio	Reproducción	Anexos tegumentarios
	No poseen	Branquias	Corazón con dos cavidades y vasos sanguíneos	Sexual	La mayoría con escamas
	No poseen	Branquias (larva) y pulmones (adultos)	Corazón con tres cavidades y vasos sanguíneos	Sexual	Piel
	No poseen	Pulmones	Corazón con cuatro cavidades (cocodrilos) y vasos sanguíneos	Sexual	Placas o escamas
	Poseen	Pulmones	Corazón con cuatro cavidades y vasos sanguíneos	Sexual	Plumas
	Poseen	Pulmones	Corazón con cuatro cavidades y vasos sanguíneos	Sexual	Pelos

ACTIVIDADES

14. ¿Qué es lo que da unidad a los seres vivos?

15. ¿Cómo se pone en evidencia la diversidad de los seres vivos? ¿Cuáles son los ejemplos que se plantean en esta página?

16. ¿Qué factores agregarían que evidencien la diversidad?

Árboles de parentesco: representación de la evolución de los seres vivos

Si pensamos en una familia, podemos establecer relaciones de parentesco entre sus distintos integrantes: los hermanos entre sí son parientes próximos, y también lo son con sus padres, pero son parientes más lejanos de los abuelos, los tíos, los primos o los bisabuelos. Las relaciones de parentesco de una familia se pueden organizar en un gráfico llamado **árbol genealógico**. En estos gráficos se representan los antepasados y los descendientes de los individuos en un **tiempo histórico**.

Pero en Biología, son los atributos compartidos los que reflejan los distintos grados de parentesco. Existen diferentes clases de atributos, la presencia de alas o de aletas, llamados atributos morfológicos, que junto con otros —como los atributos de desarrollo, fisiológicos, de comportamiento y moleculares— evidencian que todos los seres vivos derivan de un ancestro común. Es a partir de estas evidencias que se establecen relaciones de parentesco entre las distintas especies, es decir que se establecen sus **relaciones filogenéticas**.

Las relaciones filogenéticas se representan en un gráfico llamado **árbol filogenético**, donde se muestra el grado de parentesco de un grupo de organismos. El grupo de organismos representados puede ser acotado, como el caso del árbol filogenético del caballo. El árbol permite interpretar los cambios que han experimentado estos animales en **tiempo geológico**. También existen árboles filogenéticos de plantas, hongos, insectos, invertebrados, vertebrados, antecesores de los seres humanos, etcétera. En los árboles filogenéticos se señalan con palabras o dibujos al ancestro común del que descienden los demás. Las ramas en las que se divide el árbol representan el origen de nuevas especies. Algunas de ellas se extinguieron por completo, y otras, antes de hacerlo, originaron especies con características similares a la original. Las ramas más altas representan los seres vivos de la actualidad.

Dependiendo de cuál sea nuestro objetivo, el árbol puede ser más o menos abarcativo. Incluso, teniendo en cuenta la idea de que todos los seres vivos derivan de un ancestro común, los biólogos han construido el árbol de la vida, con el que se pueden interpretar las relaciones filogenéticas de la biodiversidad del planeta conocida hasta el momento.

Árbol filogenético de las plantas verdes

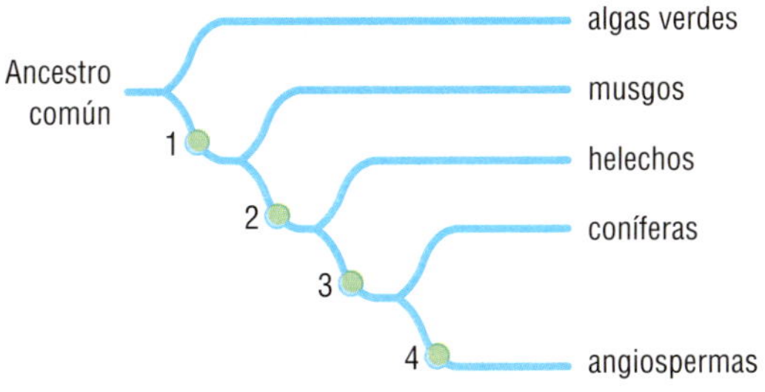

1. Ancestro común con embriones.
2. Ancestro común con tejido vascular.
3. Ancestro común con semillas.
4. Ancestro común con ovario y frutos.

Árbol filogenético del caballo

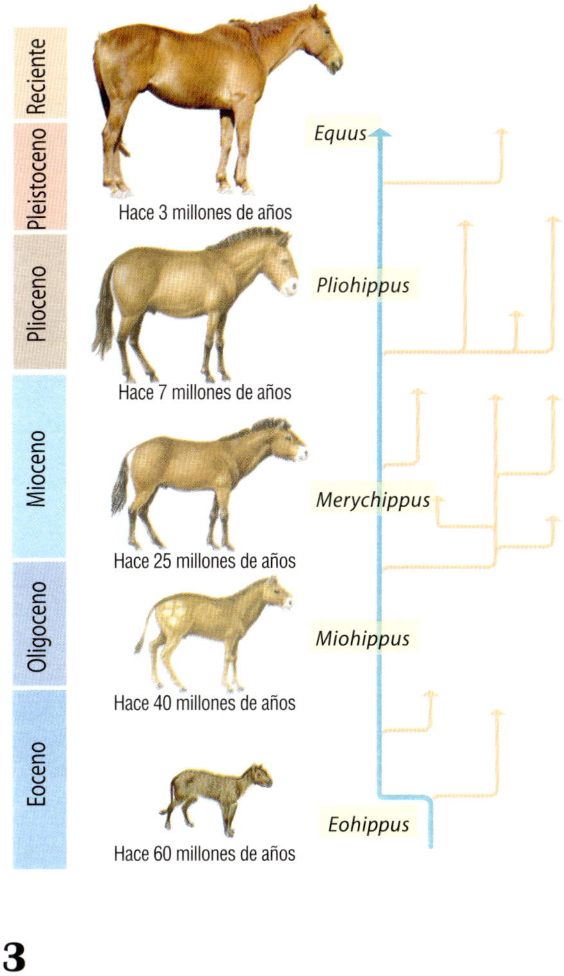

8 El laboratorio de Ciencias naturales

Para trabajar en el laboratorio, es necesario conocer previamente los materiales, aparatos e instrumentos que se utilizan con mayor frecuencia para llevar a cabo las actividades y experiencias en el área de las Ciencias naturales. Los materiales de vidrio son especialmente resistentes a las sustancias químicas y al calor. Los elementos de metal sirven para armar dispositivos donde se sujetan o apoyan los materiales de vidrio. Además, en el laboratorio siempre resulta útil tener tijera, papel absorbente, cinta de papel, trapo rejilla y marcador indeleble.

1. **Soporte universal**: consiste en un soporte con una base, o pie, y un vástago sobre el que se sujetan agarraderas, la doble nuez y otros dispositivos utilizados en las experiencias de laboratorio.
2. **Agarraderas**: se emplean para sujetar diversos elementos al soporte universal, como tubos de ensayo, balones, etcétera.
3. **Bureta**: permite medir y dosificar pequeños volúmenes de líquidos. Tiene una llave que controla el pasaje del líquido.
4. **Balón**: es un recipiente de vidrio que se emplea para realizar reacciones químicas o calentar líquidos.
5. **Aro**: sostiene telas metálicas y embudos.
6. **Doble nuez**: sujeta aros, agarraderas y otros materiales al soporte universal.
7. **Gradilla**: generalmente es de metal o madera y se usa para colocar los tubos de ensayo en forma vertical.
8. **Cápsula de porcelana**: se emplea para calentar o fundir sustancias sólidas y evaporar líquidos.
9. **Mechero de Bunsen**: es un elemento que se conecta a la red de gas para encender una llama. Se emplea para calentar sustancias o mantener el área de trabajo lo más libre de microorganismos posible, debido al calor liberado por la llama.
10. **Matraz aforado**: permite medir un volumen fijo y exacto.
11. **Embudo**: sirve para trasvasar líquidos de un recipiente a otro.
12. **Mortero**: se utiliza para moler o triturar sustancias sólidas.
13. **Erlenmeyer**: es un recipiente cuyo diseño permite mezclar o agitar las sustancias que se mezclan, evitando las salpicaduras.
14. **Pipeta graduada**: se utiliza para extraer líquidos de los recipientes y medir volúmenes.
15. **Pinza de madera**: sujeta los tubos de ensayo mientras se calientan sobre la llama del mechero.
16. **Probeta**: es un recipiente cilíndrico con una escala graduada que permite medir volúmenes.
17. **Trípode**: es una base sobre la que se coloca la rejilla metálica.
18. **Varillas de vidrio**: se emplean para mezclar sustancias.
19. **Rejilla metálica**: se coloca sobre el trípode, entre la llama del mechero y el recipiente de vidrio que se desea calentar.
20. **Vaso de precipitados**: es un recipiente de vidrio que se usa para mezclar, calentar o disolver sustancias.
21. **Tubos de ensayo**: son de diverso diámetro y longitud, se emplean para colocar sustancias que deben ser calentadas o mezcladas.
22. **Termómetro de laboratorio**: permite medir la temperatura.
23. **Vidrio de reloj**: se utiliza para colocar muestras de líquidos, pequeños organismos para su observación con lupa o para tapar vasos de precipitado.
24. **Espátula**: como si fuera una cuchara chica, permite tomar pequeñas cantidades de sustancias sólidas.

9 El trabajo en el laboratorio

El laboratorio es el lugar adecuado para realizar las exploraciones y experiencias del área de Ciencias naturales. Allí se manejan diversas sustancias y muestras biológicas que requieren técnicas y tratamientos apropiados, por lo que se deben respetar las normas básicas de seguridad.

El laboratorio debe ser un lugar limpio, ventilado y con buena iluminación. Es importante que cuente con instalaciones de agua, gas y electricidad, piletas de lavado y un sistema de eliminación de residuos. Deberá contar con matafuego y un botiquín de primeros auxilios; ambos tendrán que ubicarse a la vista y en un lugar de fácil acceso.

Las siguientes son algunas recomendaciones para sacar el máximo provecho de las prácticas que llevarán a cabo en el laboratorio, y cumplir con algunas normas básicas de seguridad.

▲ Alumnos trabajando en un laboratorio escolar.

Antes de ingresar al laboratorio

1. Lean atentamente la planificación del trabajo práctico: el objetivo, los materiales que van a utilizar, el procedimiento y las observaciones que realizarán.
2. Retiren los accesorios personales que puedan ocasionar riesgos de accidentes mecánicos o químicos, como collares y pulseras. Para quienes tengan el cabello largo, es aconsejable recogerlo.
3. En lo posible, cúbranse con guardapolvo o uniforme.
4. Utilicen siempre los elementos de protección indicados para cada experiencia, como barbijo, guantes, cofia y anteojos de seguridad.
5. Comuniquen rápidamente al profesor o ayudante de laboratorio cualquier complicación durante el desarrollo de la experiencia.
6. Lleven un cuaderno o anotador de laboratorio donde conste en detalle las sustancias, reactivos o muestras biológicas que utilizarán y los resultados de la experiencia.

Dentro del laboratorio

1. Sigan las medidas de seguridad en el manejo de equipos, materiales y reactivos.
2. No ingieran alimentos o bebidas dentro del laboratorio.
3. Eviten los desplazamientos bruscos y los traslados con corridas de un lugar a otro.
4. Mantengan la mesa del laboratorio limpia y ubiquen en ella solo los elementos de trabajo.
5. Rotulen todos los recipientes con etiquetas o marcador indeleble.
6. Si manejan líquidos, deben volcarse lentamente para evitar salpicaduras.
7. Si calientan una sustancia dentro de un tubo de ensayo, no orienten la boca del tubo hacia ninguna persona ni hacia ustedes mismos.
8. El material de vidrio calentado tarda bastante tiempo en enfriarse, por lo que es importante sujetarlo con protección para no quemarse.

Antes de retirarse del laboratorio

1. Coloquen los residuos de la experiencia en el lugar determinado para tal fin.
2. Guarden los frascos con los reactivos no utilizados.
3. Laven el material de vidrio y guárdenlo limpio, seco y ordenado.
4. Verifiquen que las llaves de paso de los mecheros de gas estén cerradas.

ACTIVIDADES

17. Conversen entre ustedes:

a. ¿Conocían los materiales para trabajar en el laboratorio? ¿Cuáles sí? ¿Cuáles no?
b. ¿Por qué es importante mantener el orden en el laboratorio?
c. ¿Qué ventajas tiene conocer y conversar sobre la experiencia que van a realizar antes de ir al laboratorio?
d. ¿Por qué es importante cumplir con las normas de seguridad del laboratorio?

18. Antes de comenzar las experiencias, realicen una visita al laboratorio y anoten todas las dudas que les surjan para comentárselas al docente.

10 La nutrición en las levaduras

Las levaduras son microorganismos que como todos los seres vivos llevan a cabo la función de nutrición. Esta función comprende varios procesos, entre ellos: incorporación de gases como el oxígeno; incorporación y aprovechamiento de nutrientes a partir de los alimentos; eliminación de desechos, como el gas dióxido de carbono. La eliminación de gases como producto de desecho se puede poner en evidencia, por ejemplo, por la producción de burbujas.

Objetivos

En esta actividad comprobarán uno de los aspectos de la nutrición de las levaduras, en este caso, la eliminación de desechos en forma de gas.

Materiales

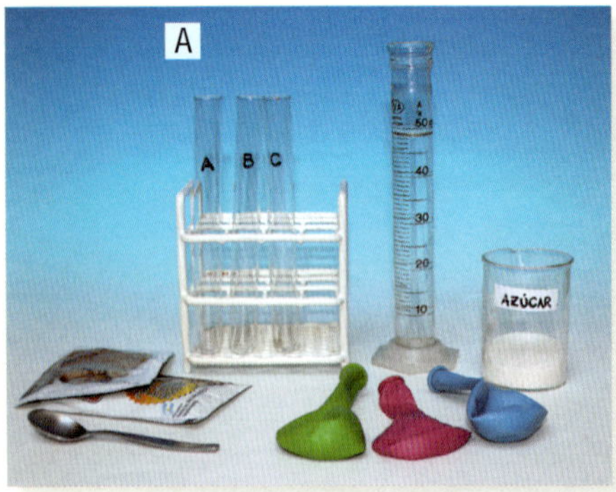

Tres tubos de ensayo, gradilla, 4 sobres de levadura, probeta, agua tibia, azúcar, una cuchara de té, 3 globos que se ajusten a la boca de los tubos de ensayo, reloj. Foto A

Procedimiento

1. Rotulen los tubos de ensayo como A, B y C, y colóquenlos en la gradilla.
2. Con la probeta, agreguen 10 ml de agua tibia en cada tubo. Foto B
3. En el tubo A, pongan 2 cucharadas de levadura. En el B, dos cucharadas de levadura y dos de azúcar, y en el C, dos de azúcar.
4. Coloquen un globo en las bocas de los tubos de ensayo. Foto C
5. Observen lo que sucede al cabo de 15 minutos, y vuelvan a observar a los 30 minutos. ¿Se forman burbujas? ¿Qué sucede con el tamaño del globo en cada tubo?
6. Registren sus observaciones en una tabla como la siguiente. Pueden hacerle modificaciones si lo consideran necesario.

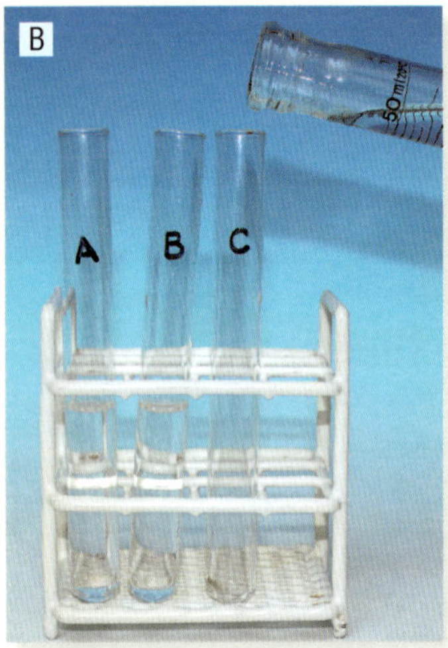

	A los 15 minutos		A los 30 minutos	
	Producción de burbujas	Volumen del globo	Producción de burbujas	Volumen del globo
Tubo A (levadura)				
Tubo B (levadura + azúcar)				
Tubo C (azúcar)				

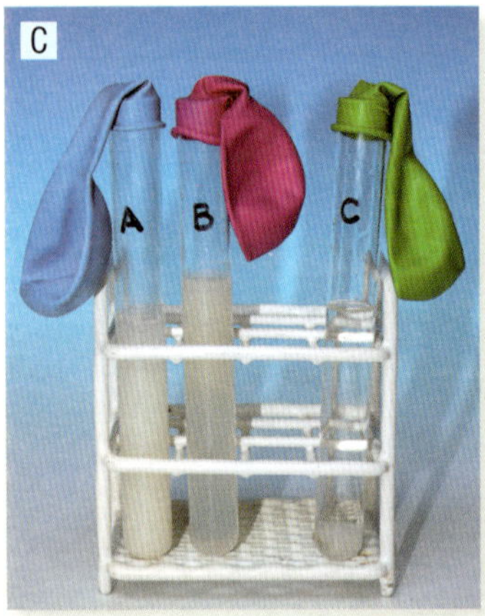

Resultados para reflexionar

1. ¿Por qué creen que uno de los tubos lleva solamente levadura y otro solamente azúcar?
2. ¿Para qué utilizan el azúcar las levaduras?
3. ¿En cuál o cuáles de los tubos se formaron burbujas? ¿A qué se debe?
4. ¿En alguno de los tubos no observaron cambios? ¿En cuál o cuáles? ¿Por qué creen que sucede esto?
5. ¿Qué indica el aumento en el volumen del globo? ¿Con qué función de los seres vivos pueden relacionarlo? ¿Por qué?
6. ¿Qué aprendieron en esta experiencia?

Las biomoléculas: componentes de los seres vivos

Las biomoléculas cumplen diferentes funciones: estructural, reguladora y energética. La mayoría de los seres vivos incorporan glucosa al ingerir alimentos –seres vivos o sus productos. Pero a diferencia de los animales y de otros seres vivos, las plantas son las únicas que producen su propio alimento mediante el proceso de fotosíntesis, es que las plantas producen una biomolécula fundamental con función energética: la glucosa. Además, mediante diversos procesos, las plantas pueden combinar miles y miles de moléculas de glucosa y así fabricar, por ejemplo, celulosa o almidón.

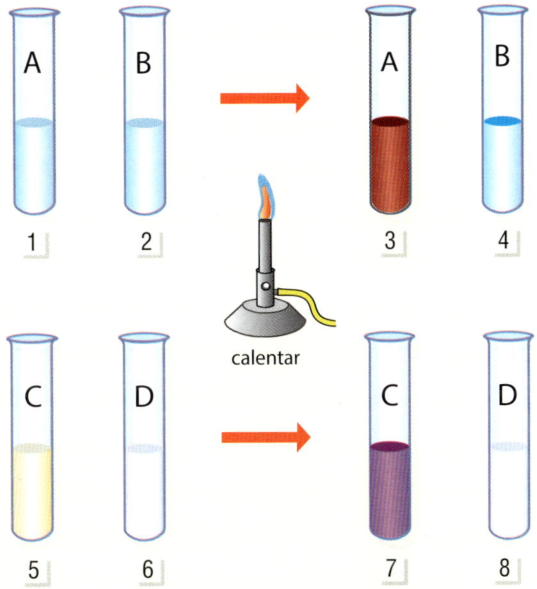

1 colocar una pizca de glucosa y 5 ml de agua, agitar, agregar 2 ml de Fehling A y 2 ml de Fehling B, calentar.

2 colocar una pizca de azúcar y 5 ml de agua, agitar, agregar 2 ml de Fehling A y 2 ml de Fehling B, calentar.

3 **Rojo:** reacción de Fehling positiva.

4 **Azul:** reacción de Fehling negativa.

5 colocar una pizca de almidón y 5 ml de agua, agitar, agregar una gota de Lugol.

6 colocar 5 ml de agua, agitar, agregar una gota de Lugol.

7 **Violeta oscuro:** reacción positiva (presencia de almidón).

8 **No cambia de color:** reacción negativa (ausencia de almidón).

Objetivos

En esta actividad aprenderán a reconocer en diversas muestras la presencia de dos tipos de biomoléculas, la glucosa y el almidón.

Materiales

Glucosa, almidón, azúcar, agua, trozos de papa, durazno, manzana, ciruela, melón, naranja, etc., agua, diez tubos de ensayo, gradilla, espátula, varilla de vidrio, pipetas, mechero, reactivo de Fehling A y B (para el reconocimiento de glucosa), solución de Lugol (para el reconocimiento de almidón).

Procedimiento

1. Tomen cuatro tubos de ensayo y rotúlenlos A, B, C y D. Luego realicen la experiencia indicada en el esquema de arriba. Los tubos A y B servirán para comprobar la presencia o ausencia de glucosa. Los tubos C y D servirán para comprobar la presencia o ausencia de almidón.
2. Viertan 5 ml de agua en cada uno de los seis tubos restantes. Luego coloquen los trozos de papa en un tubo, el azúcar en otro y los distintos tipos de fruta en el resto de los tubos (un tipo de fruta por cada tubo). Luego, ensayen la presencia de glucosa agregando Fehling y calentando, como hicieron antes, y la presencia de almidón, agregando una gota de Lugol. Comparen el color obtenido con el color de los tubos A, B, C y D.
3. Registren lo que observaron en una tabla.

Resultados para reflexionar

1. ¿En qué muestras detectaron glucosa? ¿En cuáles encontraron almidón?
2. ¿En alguna muestra detectaron glucosa pero no almidón, o viceversa? ¿A qué creen que se deba esto?
3. ¿En alguna muestra no encontraron ni glucosa ni almidón? ¿A qué creen que se deba esto?
4. ¿Qué función creen que tendrán la glucosa y el almidón en los seres vivos de donde proviene cada una de las muestras ensayadas?
5. ¿Qué aprendieron en esta experiencia?

► Soluciones con glucosa (A), sin glucosa (B), con almidón (C) y sin almidón (D) luego de agregar reactivo de Fehling en A y B, y lugol en C y D.

19. Reúnanse en grupos. Lean el siguiente texto y luego respondan las preguntas.

Los virus son microorganismos que se encuentran en el límite entre lo que puede ser considerado un ser vivo y la materia inanimada. Están formados por una molécula de ácido nucleico y proteínas. No pueden reproducirse por sí mismos, pero penetran en el interior de las células de otros seres vivos, las destruyen y utilizan los materiales celulares para fabricar nuevos virus.

a. ¿Qué funciones y características de los seres vivos reúnen los virus? ¿Cuáles no?
b. ¿Consideran que los virus son seres vivos? ¿Por qué?

20. Observen las siguientes imágenes y luego respondan: ¿con qué función o funciones de los seres vivos relacionan cada una de ellas? ¿Por qué?

21. Lean la siguiente frase y luego conversen.

En la reproducción sexual, los nuevos individuos tienen información nueva, que surge de la combinación de la información de sus progenitores.

a. ¿Por qué la reproducción sexual es una fuente que promueve la diversidad de seres vivos? ¿Por qué la reproducción asexual no tiene esta característica?
b. ¿Qué relación creen que hay entre la reproducción sexual y la evolución de las especies?

22. Redacten un breve texto en el que expliquen por qué la nutrición es un concepto amplio que comprende varios procesos.

23. Lean la siguiente frase, y luego respondan:

Todos los seres vivos, sin importar el grupo al que pertenecen, están formados por los mismos materiales: biomoléculas y sustancias inorgánicas.

a. ¿Por qué las moléculas inorgánicas no se consideran biomoléculas?
b. ¿Por qué se considera al ADN como la molécula de la herencia?

24. Coloquen verdadero (V) o falso (F) según corresponda.

a. Los seres formados por más de una célula se denominan pluricelulares. ◯

b. La capacidad de los seres vivos de captar estímulos y generar respuestas constituye la función de relación. ◯

c. El equilibrio interno de un organismo no puede experimentar ningún cambio, es un equilibrio estático. ◯

d. El proceso de eliminar los desechos al ambiente forma parte de la función de nutrición. ◯

25. Lean el siguiente texto y luego respondan:

Las plantas, las algas y algunas bacterias son organismos autótrofos ya que mediante el proceso de fotosíntesis elaboran su propio alimento: la glucosa. En cambio, los animales son organismos heterótrofos, tienen que tomar la glucosa y otras sustancias orgánicas de otros seres vivos o de sus restos, es decir, no pueden elaborar sus propios alimentos.

a. ¿Podrá sobrevivir un organismo heterótrofo si solo dispone para alimentarse de sustancias inorgánicas, como agua y distintos tipos de minerales?

b. Investiguen cómo obtienen los alimentos los hongos, y digan si son organismos autótrofos o heterótrofos.

c. Las paredes celulares de las plantas tienen un componente denominado celulosa. Averigüen qué es la celulosa y cómo la obtienen las plantas.

Autoevaluación

1. A los seres vivos se los considera sistemas:

a. cerrados. ☐
b. abiertos. ☐
c. aislados. ☐

2. Los seres vivos:

a. solo están formados por compuestos inorgánicos. ☐
b. solo están formados por biomoléculas. ☐
c. están formados por compuestos inorgánicos y biomoléculas. ☐

3. En la reproducción asexual:

a. no intervienen células sexuales. ☐
b. los nuevos individuos son diferentes de los que les dieron origen. ☐
c. intervienen por lo menos dos individuos. ☐

4. Las biomoléculas son:

a. los hidratos de carbono, el agua, las enzimas y el ADN. ☐
b. los glúcidos, los aceites, los minerales y los ácidos nucleicos. ☐
c. los hidratos de carbono, los lípidos, las proteínas y los ácidos nucleicos. ☐

5. A los hidratos de carbono también se los denomina glúcidos por:

a. su sabor ácido. ☐
b. su sabor amargo. ☐
c. la glucosa, un hidrato de carbono de sabor dulce. ☐

6. El almidón es un hidrato de carbono con función:

a. estructural. ☐
b. de reserva. ☐
c. regulatoria. ☐

7. El glucógeno es una sustancia de reserva que se forma por:

a. la unión de dos moléculas de glucosa. ☐
b. la unión de moléculas de glucosa y lípidos. ☐
c. la unión de miles de moléculas de glucosa. ☐

8. Para reconocer la presencia de glucosa en las muestras, se utiliza:

a. Lugol. ☐
b. reactivo de Fehling. ☐
c. alcohol. ☐

9. Podemos afirmar que un sistema es un ser vivo si comprobamos que:

a. se mueve. ☐
b. emite luz. ☐
c. se nutre. ☐

10. El nivel en el que aparece la vida es el:

a. molecular. ☐
b. de tejidos. ☐
c. celular. ☐

2 El origen de la vida

▲ Erupciones volcánicas, seguramente muy comunes en la Tierra primitiva.

▲ Recreación del aspecto del fondo del mar hace 460 millones de años. *Museo Smithsoniano de Historia Natural.*

▲ Los estromatolitos son depósitos fósiles con forma de cúpula o domo, donde se registran las primeras evidencias de los procesos químicos característicos de la vida celular.

Cómo se originó la Tierra y la vida en ella son preguntas que estuvieron siempre presentes en la humanidad a lo largo de la historia. Estos enigmas siguen siendo motivo de fascinación para muchos y un desafío para los científicos. Según las teorías actualmente aceptadas, la formación del Universo ocurrió hace miles de millones de años, a partir de una enorme explosión llamada la "Gran explosión" o "Big Bang". La materia del Universo, que en un primer momento se dispersó, comenzó luego a agruparse; se formaron las estrellas, los planetas y entre ellos, la Tierra. La atmósfera de esta Tierra primitiva carecía de oxígeno libre (O_2). Estaba constantemente bombardeada por rayos, polvo volcánico y nubes de vapor caliente. Era una atmósfera densa, húmeda, caliente y tóxica. Debieron pasar millones de años hasta que se formaron las primeras estructuras, similares a células, que comenzaron a multiplicarse, conquistaron los distintos ambientes y poblaron la superficie de la Tierra. De esa primera "marea" de microorganismos, similares a bacterias, surgieron los antecesores de todos los seres vivos.

ACTIVIDADES

1. ¿Cómo era la Tierra en sus comienzos?
2. ¿Era un lugar apropiado para el desarrollo de la vida?
3. ¿Cómo habrán sido las primeras formas de vida? ¿Cómo se habrán originado?

La Tierra en sus comienzos

La Tierra se formó hace aproximadamente 4.600 millones de años. En aquel momento, la temperatura era cercana a los 1.730 °C, y no existía ninguna forma de vida. Por eso, en sus inicios, nuestro planeta era un lugar muy distinto del que conocemos actualmente. Se trataba de una esfera caliente de roca fundida con una atmósfera compuesta solamente de gas hidrógeno. Tales condiciones hacían de la Tierra un lugar inhóspito en el que no podían existir seres vivos tal cual los conocemos en la actualidad.

Sin embargo, con el correr del tiempo, se fueron generando muchos cambios que permitieron la aparición de las primeras formas de vida. Entre esos cambios se encuentran, por ejemplo, la diferenciación del núcleo terrestre hace aproximadamente 4.450 millones de años. Luego, la Tierra fue aumentando de tamaño por el aporte de meteoritos que chocaban contra su superficie. Estos impactos generaron vientos solares que limpiaron el hidrógeno de la atmósfera. Al mismo tiempo, a la atmósfera se sumaron agua en forma de vapor y gases, como el monóxido de carbono, el amoníaco, el metano y el sulfuro de hidrógeno proveniente de las erupciones volcánicas. Esta **atmósfera inicial** carecía de oxígeno libre (O_2); el oxígeno se encontraba combinado con el hidrógeno, con metales y con otros elementos químicos. Esta ausencia de oxígeno libre resultó de suma importancia para impedir la destrucción de las moléculas que comenzaron a formarse en aquel entonces. Pero por otro lado, la falta del gas ozono (O_3), formador de la capa de ozono, permitía el pasaje de radiación ultravioleta, que era letal para los agregados moleculares.

Los primeros océanos, llamados **protoocéanos**, se formaron hace 4.200 millones de años, a partir de la interacción de la roca fundida y el vapor de agua proveniente de los cometas (cuerpos formados por hielo), la fusión de rocas volcánicas y el aporte del dióxido de carbono y otras sustancias congeladas. Aun así, la Tierra seguía siendo un lugar inhóspito debido a la elevada temperatura, superior a los 500 °C. Aunque por otro lado, este ambiente resultó favorable para la formación de los primeros seres vivos, **organismos hipertermófilos** –tolerantes a temperaturas muy elevadas– constituidos por células **procariotas**, es decir, células **carentes de núcleo** y de **membranas internas**. Es posible que algunos organismos procariotas actuales sean similares a aquellos procariotas ancestrales.

En las aguas termales del Parque Nacional Yellowstone, Estados Unidos, fueron aislados los primeros organismos hipertermófilos, *Thermus aquaticus*, por Thomas Brock, en 1969.

Aspecto que puede haber tenido la orilla de un océano temprano, hace 3.500 millones de años, donde se formaron los estromatolitos. Museo Smithsoniano de Historia Natural.

Compuestos orgánicos e inorgánicos

Los compuestos orgánicos son los que contienen carbono, generalmente combinado con oxígeno, hidrógeno, nitrógeno y azufre. El resto de los compuestos se consideran inorgánicos, aunque existen algunas excepciones de compuestos inorgánicos que también tienen carbono, como el dióxido de carbono, y los grupos cianuro, carbonato y bicarbonato.

Las fuentes hidrotermales submarinas son grietas ubicadas en el fondo de los océanos por donde fluye agua del interior de la Tierra a altas temperaturas. En la actualidad, constituyen un "laboratorio natural" ya que en ellas se forman toda clase de compuestos sencillos, y existen condiciones semejantes a las que había cuando surgieron los primeros organismos.

ACTIVIDADES

4. ¿Cuándo se originó la Tierra? ¿Cómo era inicialmente?
5. ¿Qué cambios permitieron que surgieran formas de vida en la Tierra?
6. ¿Qué características poseían los primeros seres vivos?

▲ Tales de Mileto fue un gran matemático y astrónomo griego. En la época en que vivió no existía una diferencia clara entre lo vivo y lo no vivo. Al observar los ríos y los mares concluyó que el agua tenía vida propia porque se movía por sí sola. Para Tales, el agua era el elemento primero, el origen de todas las cosas que existen, incluso el origen de los seres vivos.

2 Las hipótesis sobre el origen de la vida

Hace algunos siglos, la pregunta sobre cómo y cuándo surgió la vida se respondía casi sin demasiadas cuestiones: la vida surgía espontáneamente de la materia inanimada, por ejemplo de la tierra o del agua. Se suponía por aquel entonces que de una hoja de árbol en descomposición podían surgir peces o aves, según donde cayera la hoja.

Los primeros registros donde constan hipótesis relacionadas con el origen de la vida datan de la Antigua Grecia. El naturalista griego Anaximandro (610-546 a.C.) propuso un origen espontáneo de ciertas criaturas, a partir del calentamiento del agua y de la tierra. Por otro lado, el griego Tales de Mileto (640-547 a.C.) sugirió que el agua tenía las propiedades para generar la vida, mientras que Anaxímenes, contemporáneo de Tales de Mileto, consideró que era el aire el que poseía esas propiedades. Aristóteles (384-322 a.C.) sostenía que la vida se había producido por la conjunción de cuatro elementos primarios: fuego, aire, agua y tierra; y Empédocles (483-430 a.C.) pensaba que además existían ciclos continuos de construcción y destrucción de vida.

El origen de la vida según Oparin y Haldane

En su libro *El origen de la vida*, de 1924, el bioquímico ruso Alexander Oparin propuso que mucho antes de que aparecieran las primeras biomoléculas, tuvo que ocurrir un proceso que comenzó en la materia química inorgánica y concluyó en la materia viva. En su libro, define este proceso como "evolución química", y postula que en condiciones carentes de oxígeno, como en la atmósfera primitiva, podrían haberse producido reacciones químicas espontáneas de las cuales surgieron las biomoléculas constituyentes de las primeras células. Estos compuestos orgánicos se habrían nutrido del mismo **caldo primordial** del cual emergieron.

Años más tarde, John B. S. Haldane, biólogo británico, sin conocer la obra de Oparin, llegó a las mismas conclusiones.

Según Haldane, la formación de moléculas orgánicas a partir de moléculas inorgánicas sucedió en un medio acuoso caliente, o caldo, sujeto a evaporación.

▲ Alexander I. Oparin (1894-1980). Postuló que si la atmósfera primitiva carecía de oxígeno, se habrían producido reacciones químicas espontáneas en las que se sintetizaron los constituyentes orgánicos o biomoléculas de las primeras células.

Las investigaciones posteriores a la teoría de Oparin y Haldane

A partir de las ideas de Oparin y Haldane, incluso de investigaciones posteriores, se fueron estableciendo las condiciones que habrían permitido el surgimiento de la vida a partir de la materia no viva. Como resultado de estas investigaciones, se postularon etapas o fases en las que se fueron desarrollando estos eventos. Los postulados y el orden en que sucedieron aún se encuentran en discusión, pero en general son aceptados. Veamos cuáles son los principales:

- A partir de la interacción entre el Sol y la Tierra se produjeron temperaturas adecuadas para la formación de agua líquida.
- A la vez, había átomos en cantidad suficiente que en la actualidad forman parte de las moléculas de los seres vivos: **carbono**, **oxígeno**, **nitrógeno**, **hidrógeno**, **fósforo**, **azufre** y **metales**.
- En aquel momento, la atmósfera **carecía de oxígeno libre**, y esto permitió que las primeras moléculas sencillas que se formaron no se destruyeran a través del proceso de oxidación.
- Posteriormente, se formaron **moléculas más complejas** (aminoácidos, nucleótidos, ácidos grasos, azúcares), y luego macromoléculas (proteínas, ácidos nucleicos y polisacáridos).

- Las macromoléculas se ensamblaron formando agregados organizados, los **prebiontes**, que no eran estructuras vivas (no eran una célula).
- El medio interno de los prebiontes comenzó a diferenciarse del medio externo, esto dio origen a los **proteinoides**.
- Más tarde, los proteinoides comenzaron a absorber materiales del medio de forma selectiva, dejando pasar algunas sustancias pero no otras. Este proceso dio origen a agregados de partículas de forma esférica, denominados **coacervados**.
- Estas pequeñas esferas quedaron rodeadas de una doble membrana; luego adquirieron la capacidad de reproducirse mediante la división, y terminaron diferenciándose en la **primera célula**, también llamada **ancestro común**.

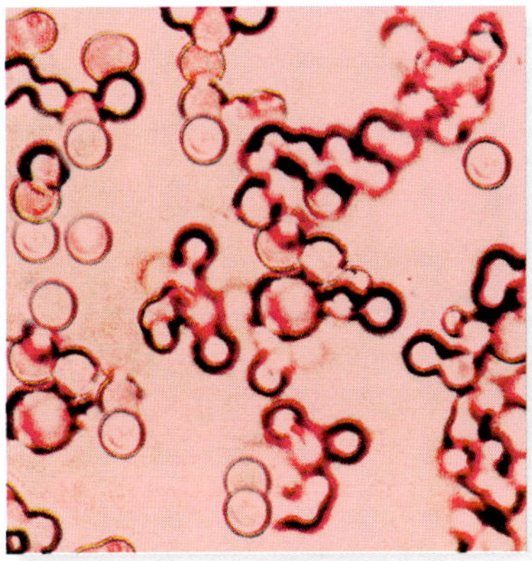

▲ Agitando una solución con agua, proteínas y lípidos es posible formar pequeñas estructuras esféricas cuya superficie las separa del medio externo. Este mecanismo pudo haber sido uno de los primeros pasos en la formación de las membranas que rodean las células.

El experimento de Miller y Urey

En el año 1953, los científicos estadounidenses Stanley Miller (1930-2007) y Harold Urey (1893-1981) realizaron un experimento en el que simularon las condiciones de la atmósfera primitiva. Mediante este experimento obtuvieron gran cantidad de los aminoácidos que forman las proteínas de los seres vivos. Si bien en un principio no lograron gran aceptación en la comunidad científica, más tarde otros investigadores llegaron a los mismos resultados.

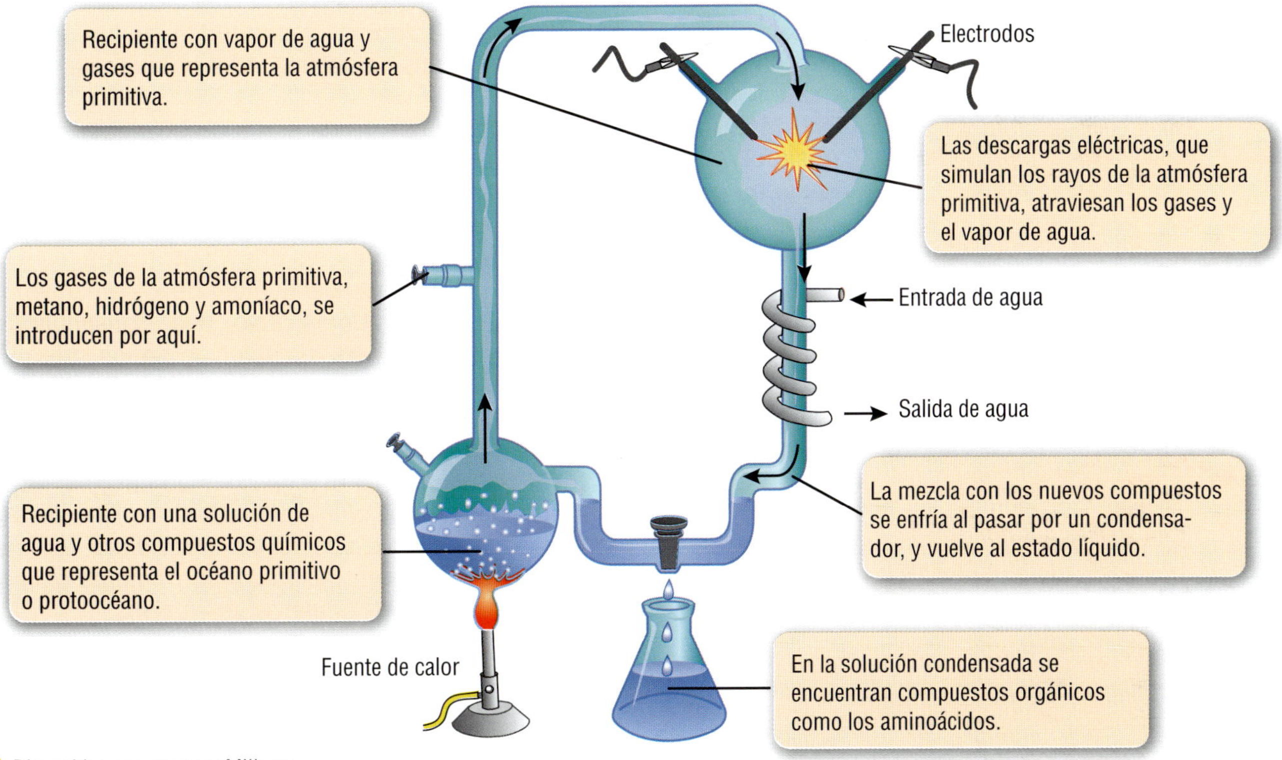

▲ Dispositivo que armaron Miller y Urey para su experimento.

ACTIVIDADES

7. ¿Cuáles son las teorías sobre el origen de la vida? ¿Qué postula cada una?

8. ¿Cuál creen que fue la importancia del experimento de Miller y Urey?

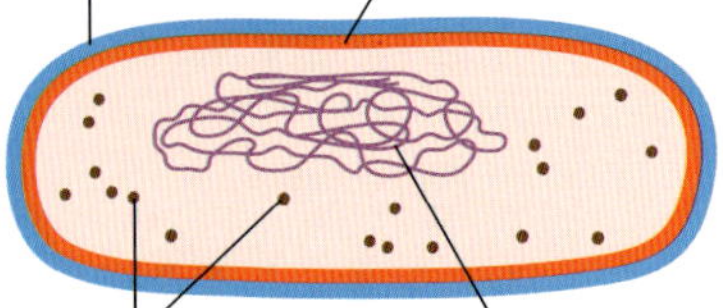

▲ Esquema de célula procariota similar a las primeras células.

Heterótrofos, autótrofos, aerobios y anaerobios

Es muy importante tener presente estos cuatro conceptos fundamentales que comenzaron a estudiar en el primer capítulo:

1. Los organismos heterótrofos, como los animales, son los que no pueden elaborar compuestos orgánicos para utilizarlos como fuente de alimento; tienen que consumir otros organismos o sus productos.
2. Los organismos autótrofos, en cambio, producen sus compuestos orgánicos para usarlos como fuente de alimento a partir de compuestos inorgánicos, como lo hacen las plantas mediante la fotosíntesis.
3. Los organismos aerobios son los que utilizan el oxígeno libre o molecular (O_2) para obtener energía de los alimentos.
4. Los organismos anaerobios viven en ausencia de oxígeno.

3 Las primeras células

En la actualidad, existen dos tipos diferentes de células: las **procariotas**, sin núcleo celular, y las **eucariotas**, con núcleo celular. Si bien ambos tipos celulares tienen grandes diferencias, comparten tres características fundamentales:

1. Están formadas por una membrana semipermeable, llamada **membrana plasmática**, que separa el medio externo del medio interno de la célula.
2. Tienen **ribosomas**, que son estructuras en donde se sintetizan las proteínas.
3. Poseen **material genético** o ADN.

Estas tres características son las que les habrían permitido a las primeras células multiplicarse y elaborar sus propias proteínas.

Las células procariotas son **más antiguas** que las eucariotas, y por lo tanto, las células procariotas se asemejan a las **células primitivas**.

Al igual que en la actualidad, que existen seres vivos formados por una sola célula, como las bacterias, **los primeros seres vivos eran unicelulares**.

Debido a las condiciones de la Tierra primitiva, sin oxígeno pero con abundantes moléculas sencillas, se sostiene que los primeros organismos unicelulares debieron ser **anaerobios** –vivían en ausencia de oxígeno–, y **heterótrofos** –su fuente de alimento eran las moléculas sencillas.

Los primeros fotosintetizadores

Estos primeros organismos, anaerobios y heterótrofos, se fueron multiplicando y su número aumentó considerablemente. Así, la fuente de alimentos fue disminuyendo.

Con el transcurso del tiempo, algunos de estos organismos habrían desarrollado la capacidad de utilizar el dióxido de carbono (CO_2) presente en el ambiente y la energía proveniente del sol para sintetizar su propio alimento. Este fue un paso trascendental: era el comienzo de los **primeros organismos fotosintetizadores**, es decir, **autótrofos**.

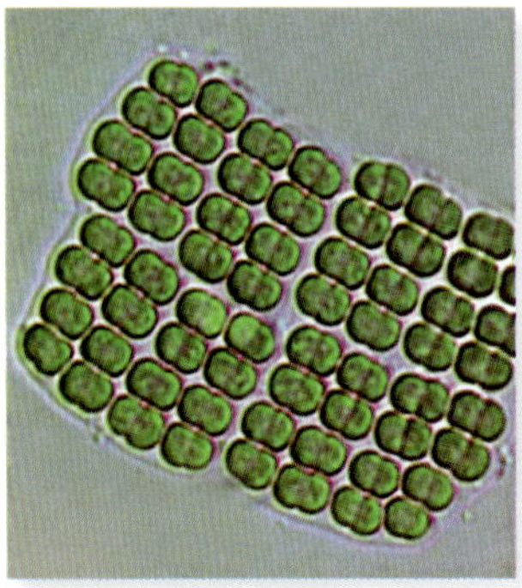
► Las cianobacterias actuales se suponen semejantes a los primeros organismos fotosintetizadores, surgidos hace aproximadamente 2.500 millones de años.

El aumento del número de los organismos fotosintetizadores tuvo una consecuencia primordial para la evolución de los seres vivos en la Tierra: la **producción de oxígeno libre** (O_2), ya que como consecuencia de la fotosíntesis se liberó oxígeno al aire. Además, durante este período se formó la **capa de ozono**, que actuó como un filtro contra los perjudiciales rayos ultravioleta del sol, que hubieran destruido las primeras biomoléculas y los primeros seres vivos.

Origen de las células eucariotas

Una de las principales diferencias entre las células procariotas y las eucariotas, además de que las primeras no tienen núcleo celular, es que las células eucariotas poseen **organelas**, es decir, **compartimientos internos delimitados por membranas**.

La presencia de organelas en las células eucariotas les permitió mantener los distintos materiales dentro de cada organela separados del resto de otros materiales. Con el paso del tiempo, cada organela se especializó en una función diferente. Por lo tanto, el origen de las células eucariotas está directamente relacionado con el surgimiento de estos compartimientos: las organelas.

La formación del núcleo

Posiblemente, una de las primeras etapas de la secuencia evolutiva que va de la célula procariota a la eucariota haya consistido en la pérdida de la pared celular de la célula procariota. Esto permitió la formación de pliegues de la membrana celular y un aumento de su superficie. Algunos de estos pliegues pudo haber rodeado el material genético, separarse de la membrana celular y constituir un precursor del núcleo celular.

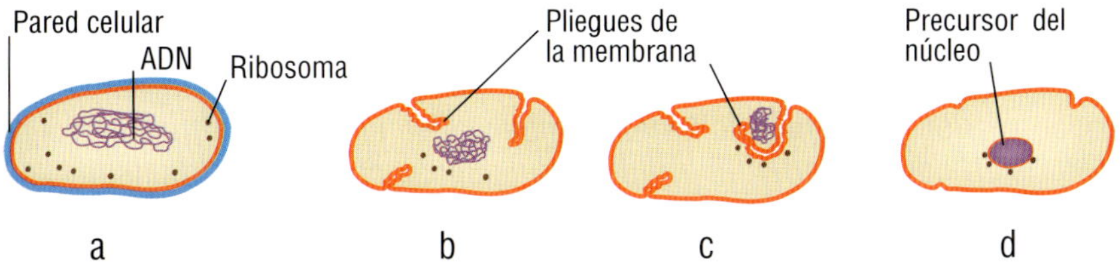

a. Célula procariota.
b. Pérdida de la pared celular y formación de pliegues de la membrana.
c. Los pliegues rodean el material genético.
d. Se forma el precursor del núcleo de las células eucariotas.

La teoría endosimbiótica

En el año 1970, la bióloga estadounidense Lynn Margulis postuló una teoría para explicar el origen de las células eucariotas: la **teoría endosimbiótica**.

Esta teoría sostiene que las organelas de las células eucariotas se originaron a partir de organismos procariotas que fagocitaron (introdujeron en el interior de la célula) a otros organismos procariotas. En algunos casos, los procariotas fagocitados no fueron destruidos y sobrevivieron dentro del procariota que los fagocitó. De esta manera se estableció una relación de colaboración y dependencia entre ambos organismos, que vivían uno dentro de otro, llamada **endosimbiosis**.

De acuerdo con esta teoría, los organismos procariotas, que comenzaron a utilizar el oxígeno para obtener energía (aerobios), vivían simbióticamente dentro de otros procariotas que los habían fagocitado. Con el paso del tiempo, estos procariotas aerobios se transformaron en organelas fundamentales de la célula eucariota: las **mitocondrias**. Las mitocondrias son las organelas donde se lleva a cabo la respiración celular con el fin de obtener energía.

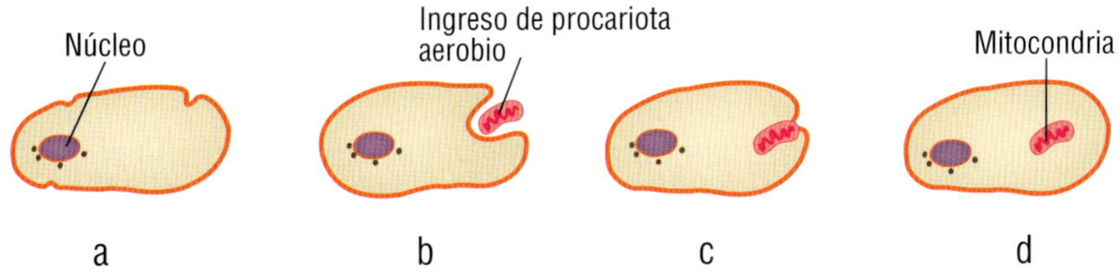

Primera endosimbiosis.
En una primera etapa, se habrían originado las mitocondrias a partir de la relación simbiótica entre ambas células procariotas. Este tipo de célula eucariota habría dado origen a los seres vivos pluricelulares heterótrofos.

Mediante el mismo mecanismo, los organismos procariotas fotosintetizadores pudieron haber dado origen a otras organelas de las células eucariotas: los **cloroplastos**. En los cloroplastos se lleva a cabo la fotosíntesis.

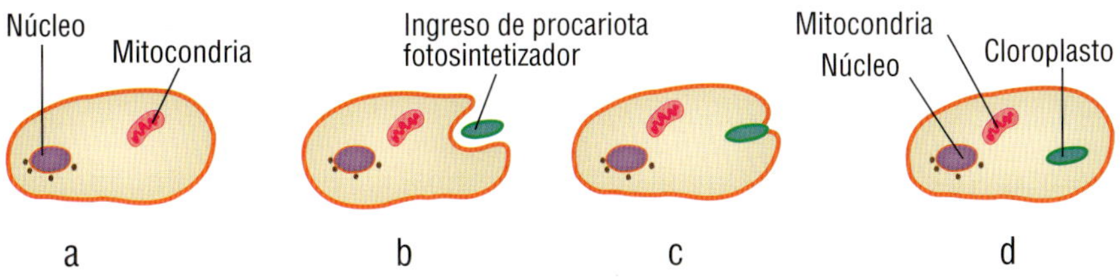

Segunda endosimbiosis.
En una segunda etapa, se habrían originado los cloroplastos a partir de la incorporación de otra célula procariota fotosintética. Este tipo de célula eucariota habría dado origen a los seres vivos pluricelulares autótrofos fotosintéticos.

4 La relación entre la superficie y el volumen

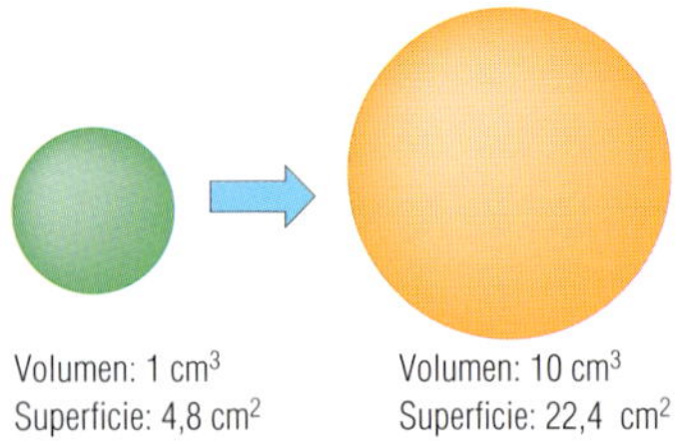

▲ Una célula de 1 cm^3 de volumen aumenta su tamaño 10 veces, hasta alcanzar los 10 cm^3. La superficie de la célula inicial es de 4,8 cm^2, mientras que la de la célula de mayor tamaño es de 22,4 cm^2. Esto quiere decir que si bien el volumen aumentó 10 veces, la superficie aumentó solo 4,6 veces.

El aumento del tamaño de la célula tiene un límite que está dado por la capacidad de la célula de intercambiar materiales con el ambiente a través de su superficie. Veamos un ejemplo.

En la ilustración se puede notar que a medida que el volumen aumenta, la superficie también lo hace, pero en menor medida. En otras palabras, si la superficie de las esferas representara la membrana plasmática, entonces una célula de mayor tamaño tendría una menor superficie de intercambio con el medio que otra de menor tamaño. Esto representa una desventaja para las células de mayor tamaño que tienen un gasto energético mayor y que, por lo tanto, requieren de un mayor intercambio de materiales con el medio. Entonces, de acuerdo con estas circunstancias, ¿cómo es que existen seres vivos de gran tamaño? ¿Cómo se resuelve en estos casos la relación entre la superficie y el volumen?

La fotografía muestra una reconstrucción del *Tiktaalik roseae* a partir de los restos fósiles de una cabeza de 375 millones de años. Representa un estadio intermedio en el camino evolutivo de los peces a los animales terrestres.
Evolutivamente, la multicelularidad y la especialización de funciones permitieron que muchos organismos aumentaran el tamaño del cuerpo. De acuerdo con los registros fósiles, se supone que los primeros organismos pluricelulares surgieron hace aproximadamente 1.000 millones de años.

El origen de los organismos pluricelulares

Los seres vivos pluricelulares están formados por más de una célula Estos organismos pueden alcanzar un gran tamaño debido a la asociación de millones de células pequeñas que guardan una relación adecuada entre la superficie y el volumen, lo que permite un buen intercambio de materiales a través de la membrana.

Una de las hipótesis acerca del origen de los seres vivos pluricelulares es la de la colonia de organismos flagelados.

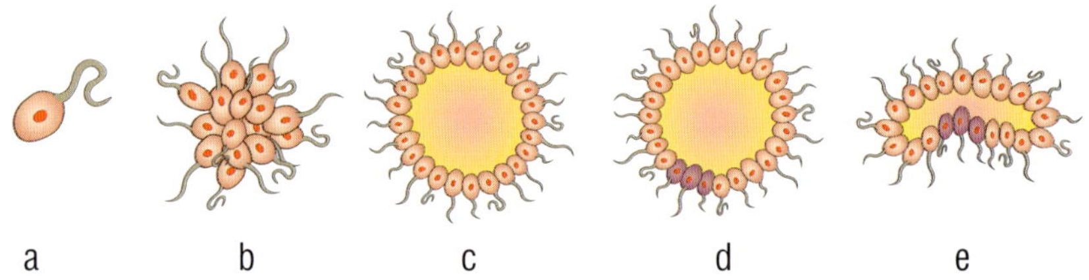

a. En un principio existían seres vivos unicelulares flagelados eucariotas.
b. Muchos de estos seres vivos se "asociaron", constituyendo agregados.
c. Los flagelados se organizaron formando una esfera, aunque no estaban aún especializados en alguna función en particular.
d. En el agregado, ciertas células empezaron a especializarse en diversas funciones.
e. Las células comenzaron a migrar, a asociarse y a cumplir funciones específicas, constituyendo así los primeros tejidos.

A partir de que las células comenzaron a especializarse en funciones particulares, y desarrollaron la capacidad de mantenerse unidas luego de la división celular, fue posible el surgimiento de organismos pluricelulares. Con el tiempo, esa especialización fue cada vez mayor. Algunas células empezaron a cumplir distintas funciones, como obtener alimento, transportar nutrientes y sustancias de desecho, realizar fotosíntesis o acumular sustancias de reserva, entre muchas otras. La especialización de un grupo de células en una función determinada fue el origen de los tejidos, y estos a su vez, al combinarse, el origen de los órganos y luego de los sistemas de órganos.

ACTIVIDADES

9. ¿Cuáles son las ventajas y desventajas de células de mayor tamaño frente a las de un tamaño menor?
10. ¿Cómo se resuelven estas desventajas en organismos pluricelulares?
11. ¿Qué ventajas tiene la multicelularidad?

5 La comunicación de la ciencia

La ciencia es una actividad humana que pretende producir cambios en el mundo que nos rodea mediante la producción de conocimientos, la formulación de explicaciones a hechos observables, la construcción de modelos, etcétera. Las personas que se dedican a esta actividad son los científicos, quienes a través de tareas de investigación son los promotores de esos aportes.

Existen distintos objetos de estudio y diferentes formas de investigar. Algunos científicos estudian las sociedades del pasado a través del análisis de documentos históricos. Otros estudian los mecanismos de acción de alguna enfermedad mediante la realización de experimentos en el laboratorio.

Cualquiera sea el objeto de estudio o la forma de proceder en las investigaciones, los científicos comunican a la sociedad el resultado de los trabajos y sus conclusiones mediante comunicaciones que pueden estar dirigidas a otros científicos, a los estudiantes o el público en general. A esta actividad se la llama **comunicación de la ciencia**. En algunos casos, esta comunicación la realizan las mismas personas que investigan, y en otros, personas especializadas en comunicación de la ciencia.

En tanto la ciencia es una actividad que modifica la realidad, es importante conocer los distintos formatos mediante los cuales se comunica la información científica. Esto permite saber dónde encontrar la información que estamos buscando, reconocer cómo está organizada y a quién está dirigida.

▼ *Science* y *Nature* son revistas científicas especializadas en temas de biología y medicina.

▲ *Historia natural* y *Revista del Museo Argentino de Ciencias Naturales* son revistas científicas que se publican en nuestro país, especializadas en diversos temas de Ciencias naturales.

Distintos formatos de la comunicación de la ciencia

En general, se reconocen formatos escritos y digitales. Veremos dos de los principales formatos de comunicación de la ciencia.

- **Revistas científicas.** Son publicaciones periódicas en las que aparecen los trabajos de investigación. Se presentan en formato impreso y también en versión online. Son utilizadas por los científicos para presentar los resultados de una investigación. En general, el lenguaje es de carácter técnico. Existe una gran diversidad de revistas científicas, aunque en líneas generales, la principal diferencia radica en el área de estudio a la que hacen referencia. Por ejemplo, hay revistas especializadas en temas de biología, historia, medicina, sociología, etcétera.
- **Artículos sobre ciencia.** Son publicaciones periódicas que aparecen en medios de comunicación escritos como los diarios o digitales. En general, se incluyen en una sección especial llamada Ciencia, o Ciencia y tecnología, o bien dentro de la sección Sociedad. Allí, un periodista, generalmente especializado en la comunicación de la ciencia, relata trabajos de investigación llevados a cabo por científicos en un lenguaje más coloquial. También en este tipo de artículos se incluyen novedades en temas de tecnología.

Clarín

Así era el super dinosaurio que encontraron en la Patagonia

◀ Dependiendo de cada publicación, los artículos sobre ciencia pueden estar incluidos en distintas secciones de los diarios.

ACTIVIDADES

12. ¿A quiénes están dirigidas las revistas científicas y los artículos científicos?

13. ¿Qué semejanzas y diferencias encuentran?

14. Debatan entre ustedes por qué creen que la comunicación de la ciencia es importante para toda sociedad.

15. Ingresen al link que figura más abajo. Encontrarán el experimento de Miller original publicado en la revista *Science* en 1953. Si bien el artículo está en inglés, intenten identificar distintas partes del artículo, como el título del trabajo, el resumen, los autores, el año de la publicación original. http://goo.gl/XP20F (link original: *http://www.abenteuer-universum.de/pdf/miller_1953.pdf*)

16. ¿Qué son las fuentes hidrotermales submarinas? ¿Cómo se relacionan con el estudio del origen de los seres vivos?

17. ¿Cuál creen que fue la importancia del caldo primordial respecto de las teorías sobre el origen de la vida?

18. Enumeren y expliquen las características que comparten entre sí todas las células.

19. ¿En qué consiste la teoría endosimbiótica? ¿Cuáles son sus principales postulados?

20. Coloquen V (verdadero) o F (falso) según corresponda.

a. En la Tierra primitiva ya existían los átomos que en la actualidad forman parte de las moléculas de los seres vivos: carbono, oxígeno, nitrógeno, hidrógeno, fósforo, azufre y metales. ☐

b. La atmósfera primitiva carecía de oxígeno libre. Esto impedía que se formaran las primeras células, ya que no tenían oxígeno para respirar. ☐

c. Primero se formaron moléculas sencillas; luego, moléculas más complejas (aminoácidos, nucleótidos, ácidos grasos, azúcares), y posteriormente, macromoléculas (proteínas, ácidos nucleicos y polisacáridos). ☐

d. Las macromoléculas se ensamblaron formando agregados organizados, los prebiontes, que no eran ni estructuras vivas ni células. ☐

e. Los proteinoides comenzaron a diferenciarse y dieron origen a los prebiontes. ☐

f. Los proteinoides comenzaron a absorber materiales del medio de forma selectiva, dejando pasar algunas sustancias pero no otras. De este modo dieron origen a los coacervados. ☐

g. Los coacervados se rodearon de una doble membrana, adquirieron la capacidad de reproducirse mediante la división y terminaron diferenciándose en la primera célula o ancestro común. ☐

21. ¿La membrana plasmática se encuentra en el interior de la célula o rodeando la célula?

22. Las células procariotas, ¿tienen membrana plasmática? ¿Y las eucariotas?

23. En la Tierra primitiva, sin oxígeno libre, los primeros organismos eran anaerobios y heterótrofos.

a. ¿Los organismos heterótrofos, producen su propio alimento o necesitan incorporar el alimento del exterior?

b. Los organismos anaerobios, ¿utilizan oxígeno para obtener energía de los alimentos? ¿Y los aerobios?

24. ¿Qué producto se liberó a la atmósfera como consecuencia de la fotosíntesis de los primeros organismos fotosintetizadores? ¿Qué importancia tuvo esto en la composición de la atmósfera?

25. Los primeros organismos fotosintetizadores ¿eran autótrofos o heterótrofos?

26. ¿Qué importancia tuvo la formación de la capa de ozono en la evolución de los seres vivos?

27. ¿Con qué estructuras de las células eucariotas se puede relacionar el surgimiento de este tipo de células?

28. Una de las teorías que explica cómo pudo haberse originado el núcleo celular postula que el material genético fue rodeado por el plegamiento de una membrana, ¿cuál era la membrana?

29. Observen el siguiente esquema y comparen la superficie y el volumen de 1 cubo, 8 cubos y 64 cubos

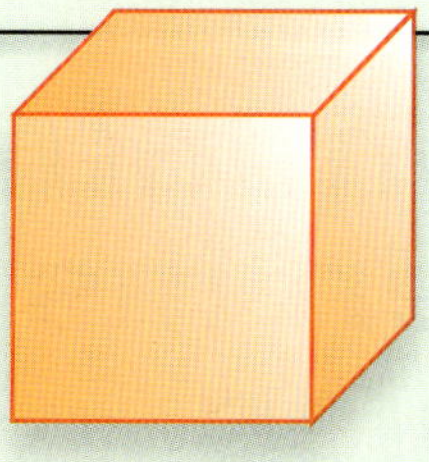

▲ 1 cubo.

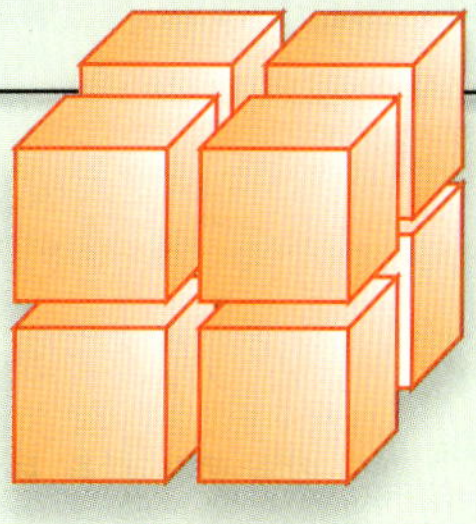

▲ 8 cubos.

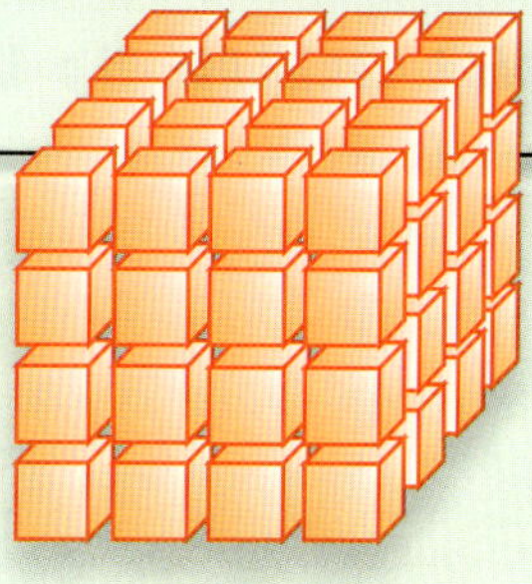

▲ 64 cubos.

Cantidad de cubos	1	8	64
Longitud del lado de cada cubo	4 cm	2 cm	1 cm
Superficie	96 cm^2	192 cm^2	384 cm^2
Volumen	63 cm^3	64 cm^3	64 cm^3
Superficie/volumen	1,5	3	6

a. ¿La relación entre la superficie y el volumen es la misma en cada caso?
b. ¿En qué caso la superficie es mayor?
c. ¿Cómo pueden relacionar este fenómeno con el crecimiento de una célula?
d. ¿Por qué en la naturaleza el tamaño de las células se ve limitado?
e. ¿Qué relación pueden encontrar entre este ejemplo y el surgimiento de los organismos pluricelulares?

Autoevaluación

1. La edad aproximada de la Tierra es de:
a. 4.600 años.
b. 46.000 años.
c. 4.600 millones de años.

2. La temperatura de la Tierra primitiva era:
a. muy elevada.
b. similar a la actual.
c. extremadamente baja.

3. La atmósfera primitiva:
a. era rica en O_2.
b. carecía de oxígeno libre.
c. era rica en ozono.

4. Los primeros organismos hipertermófilos eran:
a. pluricelulares.
b. unicelulares eucariotas.
c. unicelulares procariotas.

5. Los prebiontes:
a. eran las primeras células.
b. eran los primeros seres vivos.
c. no eran una célula.

6. Se supone que las mitocondrias surgieron:
a. al mismo tiempo que los cloroplastos.
b. antes que los cloroplastos.
c. después que los cloroplastos.

7. Las células procariotas:
a. carecen de núcleo.
b. tienen núcleo verdadero.
c. tienen organelas.

8. El origen de las mitocondrias fueron:
a. organismos unicelulares procariotas y aerobios.
b. organismos unicelulares eucariotas y autótrofos.
c. ninguno de los anteriores.

9. El origen de los cloroplastos fueron:
a. organismos unicelulares eucariotas y heterótrofos.
b. organismos unicelulares procariotas y autótrofos.
c. ninguno de los anteriores.

10. Las células procariotas están presentes en:
a. organismos unicelulares.
b. organismos pluricelulares.
c. organismos unicelulares y pluricelulares.

3 La continuidad de la vida en las condiciones actuales

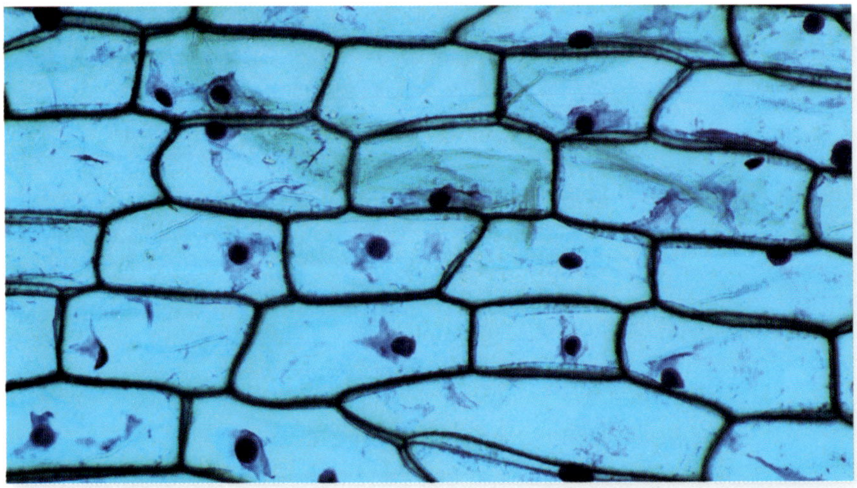

▶ Células de cebolla vistas con microscopio óptico.

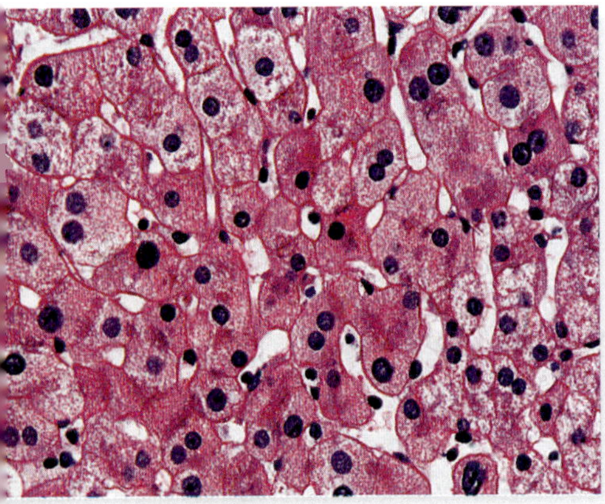

▲ Células animales vistas con microscopio óptico.

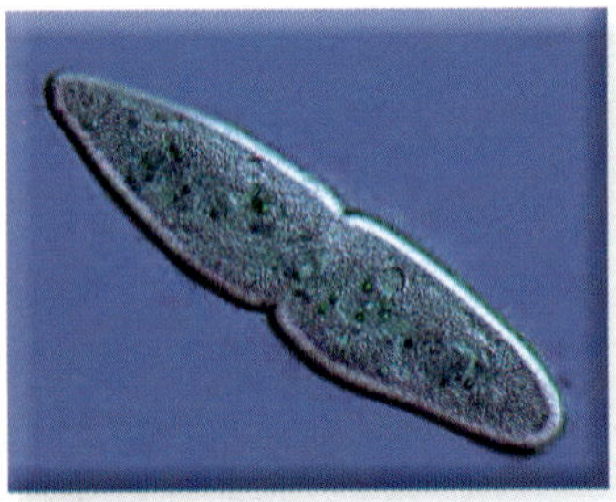

▲ Mediante el proceso de división celular, los paramecios, organismos unicelulares, pueden reproducirse asexualmente.

Los antiguos griegos creían que las ranas, las salamandras y las anguilas se originaban espontáneamente en el barro. Más tarde, naturalistas famosos aún se atrevían a demostrar que los ratones podían surgir de los granos de trigo alojados en un saco. Y si bien es cierto que los ratones consumen trigo, no surgen espontáneamente de los granos. ¿Por qué pudo haberse sostenido por tanto tiempo este error?

El origen de los seres vivos, que actualmente nos parece tan obvio, es un tema que ha ocupado a muchísimos investigadores a lo largo de la historia de la ciencia, y llegó a generar dos corrientes antagónicas: los que sostenían que un ser vivo solo podía originarse de otro ser vivo, biogenistas, y los que afirmaban que algunos seres vivos podían formarse por generación espontánea a partir de elementos inertes, abiogenistas.

Si observan con el microscopio un paramecio, verán que al cabo de unas horas se habrá multiplicado tan solo por un tipo de división denominada fisión binaria, un modo de reproducción asexual que no implica el intercambio genético de dos progenitores, como ocurre en la reproducción sexual, donde esta se realiza a partir de células sexuales especiales, los gametos.

La teoría celular moderna afirma que toda célula se origina de células previas.

ACTIVIDADES

1. ¿Cómo demostrarían ustedes que la teoría que afirmaba que los ratones se formaban espontáneamente de los granos de trigo carece de sentido?
2. ¿Siempre se supo claramente que toda célula proviene de células previas?
3. Al comparar una célula "vegetal" y una "animal" pueden observar similitudes y diferencias entre ellas. ¿Podrían indicarlas?

1 La generación espontánea

En el capítulo anterior analizamos lo que pensaban los antiguos griegos sobre el origen de la vida, y también que en presencia de una atmósfera reductora, es decir, en ausencia de oxígeno, y bajo condiciones especiales (como las recreadas por el experimento de Miller y Urey) se pueden ensamblar moléculas y macromoléculas, como las proteínas y el ADN. Aún en la Edad Media y hasta el siglo XIX se continuaba discutiendo acerca del origen espontáneo de la vida en las condiciones actuales, con observaciones aparentemente comprobadas e incluso sostenidas por científicos de gran reputación en aquella época. En definitiva, salían moscas de la carne, anguilas del barro y ratones de los sacos de trigo, y no había una explicación alternativa que fuera aceptada por la mayoría de los naturalistas para estas observaciones, más que el haberse originado espontáneamente, lo que constituyó la base de la **teoría de la generación espontánea**.

▲ Durante muchos años se pensó que las anguilas se originaban en el barro.

El experimento clásico de Van Helmont

En el siglo XVI, el científico Jean-Baptiste van Helmont, autor de trabajos sobre la fisiología de las plantas, afirmaba que era posible realizar la generación espontánea de ratones si se colocaba, en un lugar oscuro, una botella de boca ancha con "ropa transpirada" junto con algunos granos de trigo. Aseguraba que cierto "principio vital" ingresaba en los granos de trigo, haciendo que en 21 días los granos cambiaran a ratones adultos y capaces de cruzarse entre sí.

La creencia de que la vida podía surgir por generación espontánea a partir de la materia inerte estuvo muy extendida durante los siglos XVII y XVIII. Las deficientes técnicas o métodos de observación confirmaban casos de generación espontánea, como los gusanos y las moscas que aparecían en la carne.

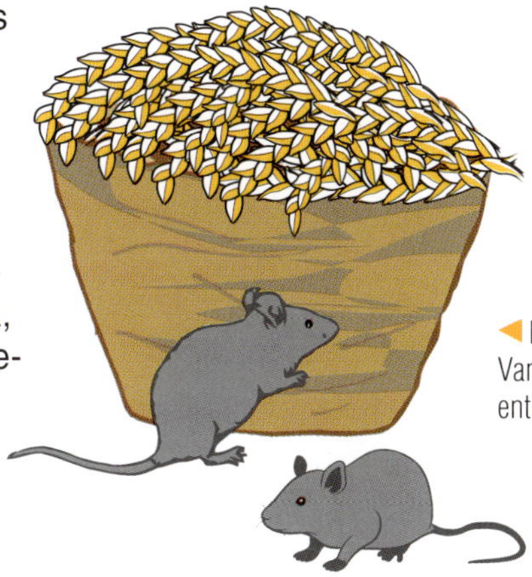

◄ En el experimento de Van Helmont aparecían ratones entre los granos de trigo.

2 Las primeras objeciones a la generación espontánea

En 1668, una de las primeras objeciones a la teoría de la generación espontánea se debió al médico florentino Francesco Redi, quien sostenía que "...luego de que el Creador Supremo había engendrado los animales y las plantas, no había vuelto ya a crear ningún otro ser vivo". Como estudioso de los insectos, Redi realizó una serie de experimentos para demostrar que la "carne putrefacta" no originaba los gusanos que solían encontrarse en ella, sino que eran producto del desarrollo de "huevos fecundados" depositados en la carne por moscas hembra. En uno de estos experimentos, Redi colocó serpientes muertas en una caja que dejó descubierta, sobre la que rápidamente comenzaron a sobrevolar moscas. Al cabo de tres días pudo notar que la caja se había llenado de larvas que consumieron la carne de las serpientes. Luego de 20 días, algunas larvas adquirieron consistencia dura, semejante a la de las pupas de las orugas, y una semana más tarde surgieron moscas del mismo tipo de las que habían sobrevolado la caja.

▲ En la carne en descomposición aparecían larvas de mosca.

Redi continúa experimentando

Ante sus observaciones, Redi supuso que no era la carne en sí misma sino las moscas las que habían originado las larvas, ya que estas siempre aparecían después de la presencia de las primeras. Descartó así la idea de la generación espontánea, y propuso en su lugar una nueva hipótesis, según la cual las moscas eran las productoras de larvas que, a su vez, constituían una etapa del desarrollo hacia la formación de nuevas moscas adultas. En definitiva, Redi observó que las moscas entraban y salían de los tarros abiertos y concluyó que si estas no tenían acceso a la carne, no aparecían gusanos.

Si bien las observaciones de Redi no bastaron para rechazar la idea de la generación espontánea, con la demostración del supuesto de que la "putrefacción no creaba seres vivos" muchos hombres de ciencia comenzaron a desestimar la teoría de la generación espontánea de insectos, ranas y ratones, aunque algunos (incluso el propio Redi) siguieron admitiendo la posibilidad de que los intestinos de los animales produjeran los "gusanos" (vermes) que los habitaban.

Redi sometió la nueva hipótesis a experimentación. Tomó cuatro frascos y colocó un animal muerto en cada uno, una serpiente en el primero, un pez en el segundo, una anguila en el tercero y un trozo de carne en el cuarto. Dejó los frascos abiertos y dispuso otros cuatro tapados en las mismas condiciones. Al cabo de varios días, solo observó larvas en los frascos abiertos, es decir en los que pudieron entrar las moscas, pero no encontró nada en los frascos tapados. De esta manera, Redi llegó a la conclusión de que la carne de animales muertos no produce gusanos por generación espontánea, sino que estos surgen de los huevos que depositan las moscas. Para tener en cuenta: si bien Redi encontró moscas alrededor de los distintos frascos, al cabo de unos días detectó que solo había "gusanos blancos" en los que habían permanecido abiertos. También observó la presencia de huevos de moscas, y concluyó que eran depositados por las hembras, que luego se desarrollaban como larvas (gusanos blancos).

1. En los frascos destapados aparecieron larvas y moscas.

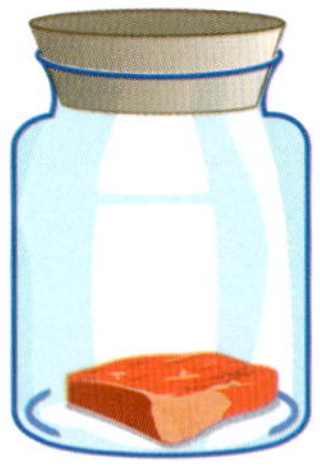

2. En los frascos tapados no aparecieron larvas ni moscas.

▲ Experimento de Redi.

ACTIVIDADES

4. Recreen el experimento de Redi de acuerdo con lo que se indica a continuación.

Materiales: tres frascos transparentes, uno con tapa; un trozo de tela de mosquitero; hilo para atar; varios trozos de carne.

Procedimiento

1. Enumeren los frascos del uno al tres.
2. Coloquen un trozo de carne en cada frasco.
3. Dejen destapado el frasco uno, tapen con la tela de mosquitero el frasco dos y coloquen una tapa en el frasco tres.
4. Dejen los frascos a la intemperie, protegidos de la entrada del agua de lluvia. Tengan en cuenta que al cabo de un tiempo la carne despedirá mal olor.
5. Observen el contenido de los frascos durante varios días.

Resultados

a. ¿Qué aspecto tienen los trozos de carne en cada frasco?
b. ¿En qué frasco se observó la presencia de larvas?
c. ¿A qué se debe la ausencia de larvas en el frasco dos?
d. Destapen el frasco tres, ¿a qué se debe el mal olor de la carne si el frasco estaba tapado?
e. ¿Cuál es la hipótesis que se pone a prueba en este experimento?

3 Las primeras observaciones microscópicas

La inquietud humana por conocer lo muy pequeño data de la Antigüedad. Ya en el año 77, el sabio romano Plinio el Viejo (23-79) describió la forma de agrandar la imagen de los objetos con una esfera de vidrio. En el siglo XIII, Roger B. Bacon (1214-1292) informaba que una lente convexa podía ser útil para ver cosas pequeñas. Alrededor del 1500, la experimentación con las lentes llevó a la invención de los anteojos, y en el 1600 condujo a la invención del microscopio. Y aunque nadie sabe a ciencia cierta quién fue el primero en fabricar el microscopio óptico, se suele adjudicar la invención al holandés Anton van Leeuwenhoek (1632-1723). Sus microscopios fueron los mejores de la época, y realizó notables aportes al conocimiento científico.

▲ Anton van Leeuwenhoek.

Los animálculos de Leeuwenhoek

Entre los importantes descubrimientos de Leeuwenhoek se cuenta la observación de lo que él llamó animálculos, y que en realidad configuraban todo tipo de células, móviles o inmóviles, además de bacterias, levaduras, algas, protozoos e incluso células humanas, como las primeras células sanguíneas observadas. Entre las móviles, distinguió los primeros espermatozoides, células del esperma, que a partir de entonces sustentaron la **teoría espermista**. Esta teoría afirmaba que en los espermatozoides humanos había adultos en miniatura, preformados en la célula. Se oponía a la teoría ovista, que concluía que el hombre preformado estaba en el óvulo y no en el espermatozoide. Tanto las teorías preformacionistas como las ideas de la generación espontánea pronto serían reemplazadas.

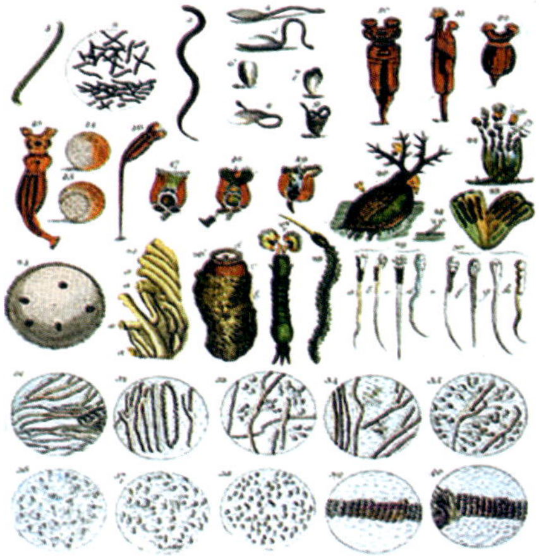

▲ Animálculos. Dibujos de Leeuwenhoek.

4 La continuidad del debate sobre la generación espontánea

Van Leeuwenhoek era contemporáneo de Redi, y en 1674, a través de microscopios simples que él mismo construyó, descubrió en diferentes muestras (por ejemplo de agua estancada) organismos que no se observaban a simple vista. El debate acerca de la generación espontánea adquirió un nuevo impulso, esta vez en relación con los microorganismos. Estas observaciones no pudieron ser explicadas por Leeuwenhoek, y las conclusiones que derivaron dividieron a filósofos y naturalistas, planteándose una nueva etapa en el debate.

En definitiva, ante resultados similares, surgían dos explicaciones diferentes de los hechos:

- Los **abiogenistas** sostenían que los microorganismos se formaban por generación espontánea a partir de la paja y del agua.
- Los **biogenistas** explicaban que el aire debía contener microorganismos que, al caer en el agua, tenían la capacidad de desarrollar otros semejantes a ellos.

Atmósfera reductora y abiogénesis

Si bien los primeros organismos surgieron a partir de la materia inanimada, fue en una atmósfera primitiva muy diferente de la actual, sin oxígeno, y a través de un largo proceso evolutivo de millones de años. La teoría de la generación espontánea sostenía, en cambio, que algunos organismos se originaban de la materia inanimada, pero no como producto de millones de años de evolución, sino de manera instantánea, y en una atmósfera cargada de oxígeno.

ACTIVIDADES

5. Describan en qué consiste la teoría de la generación espontánea.
6. ¿Qué visión tenían los filósofos griegos acerca de esta cuestión?
7. Expliquen por qué fue tan importante el descubrimiento del microscopio óptico y de qué manera significó un apoyo a la teoría de la generación espontánea.

Un nuevo eslabón en el debate sobre la generación espontánea

En la segunda mitad del siglo XVIII se produjo una aguda controversia entre dos sacerdotes católicos y naturalistas, el irlandés John Turberville Needham y el italiano Lazzaro Spallanzani.

Ambos sacerdotes realizaron pruebas experimentales en las que sometieron recipientes al calor y realizaron observaciones microscópicas con las que intentaron defender sus puntos de vista totalmente opuestos: John Needham, el espontaneísmo o abiogenismo, y Lazzaro Spallanzani, el antiespontaneísmo o biogenismo.

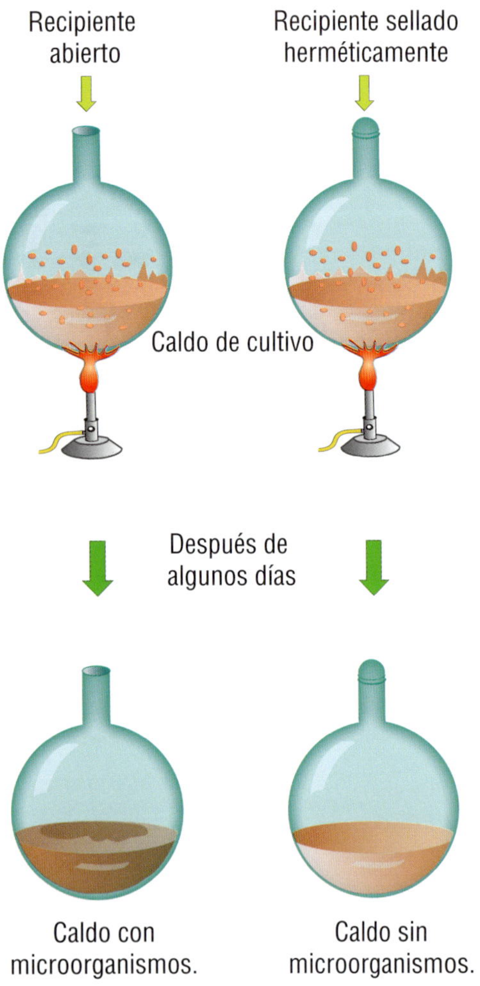

▲ Experimento de Spallanzani.

Para comprobar la teoría de la generación espontánea, Needham preparó infusiones en frascos, a los que luego cubrió con cenizas lo suficientemente calientes como para destruir cualquier microorganismo que pudiera existir al comienzo de la prueba. Dado que al cabo de un tiempo observó con el microscopio que en los cultivos aparecían microorganismos, sostuvo que en algunas materias orgánicas existe una “fuerza organizadora o vital” capaz de “crear seres vivos microscópicos”. Estos experimentos concebidos de acuerdo con las ideas de la época fueron un importante espaldarazo para la teoría de la generación espontánea.

Spallanzani, por su parte, decidió hervir caldos de cultivo en recipientes abiertos y en recipientes sellados de manera hermética. Luego de unos días, solo encontró microorganismos en los recipientes abiertos; en los recipientes sellados no observó ningún “animálculo” por lo que se declaró contrario a la doctrina de la generación espontánea, y consideró insostenible la existencia de la “fuerza vital”.

A pesar de las pruebas aportadas por ambos, el problema de la existencia o no de la “generación espontánea” no tuvo un corte definitivo y las opiniones continuaron divididas. Así, por ejemplo, algunos científicos planteaban si John Needham no tendría razón al sostener que la “acción del calor afecta el aire” y que, por lo tanto, bajo esas condiciones es imposible que ocurra la “generación espontánea”. Para ellos, el aire resultaba imprescindible para “iniciar la vida”. Por el contrario, “los opositores” proclamaban que el aire solamente era el “vehículo” que introducía en los cultivos (las infusiones) los “gérmenes que producían la putrefacción de la materia orgánica”.

Se acerca el final de la controversia espontaneísta-antiespontaneísta

A lo largo de muchos años, los científicos continuaron aportando pruebas a favor y en contra de la generación espontánea, hasta que en 1858 Félix Arquímedes Pouchet presentó en la Academia de Ciencias de París un trabajo sustentado en gran cantidad de datos experimentales, en los cuales aparentemente confirmaba la generación espontánea. Con el propósito de esclarecer la confusión causada, el 30 de enero de 1860, la Academia de Ciencias de París instituyó un premio bajo el lema: “Para arrojar, mediante experimentos cuidadosamente dirigidos, nueva luz sobre la cuestión de la llamada generación espontánea”. En ese momento entró en escena el gran científico francés Luis Pasteur.

5 Pasteur y el fin de la teoría de la generación espontánea

Luis Pasteur, quien por aquel entonces se hallaba efectuando otras investigaciones, decidió "dar un paso decisivo para resolver, sin la menor confusión, la célebre cuestión de la generación espontánea". Para hacerlo, buscó la forma de poner las infusiones en contacto con "aire puro", es decir, libre de microorganismos, con lo cual, según su teoría, se evitaba la contaminación. Abocado a esta tarea, preparó infusiones que repartió en varios recipientes, y mientras el líquido se enfriaba, selló el cuello de los frascos con calor. Luego tomó algunos y los llevó a lo alto de una montaña, donde él suponía que el aire estaba libre de polvo y microorganismos, los abrió por un tiempo y los volvió a sellar. Para exponer sus resultados ante la Comisión de la Academia Francesa de Ciencias, llevó consigo algunos de los matraces, que a pesar de haber transcurrido mucho tiempo no mostraban vestigios de generación espontánea. Abrió uno de ellos y analizó el aire que contenía para comprobar que su composición era normal.

Luego abrió otro matraz y dejó la infusión en contacto con el aire. Tres días después comprobó que en el recipiente se habían desarrollado microorganismos, por lo que concluyó que la infusión era capaz de admitir el desarrollo de seres vivos, aunque estos no se hubieran detectado anteriormente. Cabe destacar que algunos de los matraces que utilizó Pasteur se encuentran en la actualidad en exposición, y aún no hay signos de generación espontánea.

Estos resultados dieron origen a una nueva serie de experimentos. Pasteur comenzó a trabajar modificando los matraces de manera tal, que **sin necesidad de sellarlos** pudieran quedar libres de contaminación. Así fue que calentó los cuellos para darles **forma de S**, con la idea de que los microorganismos que pudieran entrar con el aire **quedasen retenidos en la curvatura**, evitando de este modo el contacto con la infusión. Después procedió **a hervir las infusiones** y dejó salir el vapor por el cuello, con lo que no solo libró de microorganismos la infusión, sino que también el cuello de los recipientes.

Los resultados finales mostraron que aunque los matraces no habían sido sellados, las infusiones en su interior no se contaminaron. De esta manera **quedó definitivamente refutada la teoría de la generación espontánea** propuesta por los abiogenistas.

Pasteur observó que:

a. Los microorganismos presentes en el aire no llegaban al medio de cultivo al quedar retenidos en las curvaturas del tubo.
b. La **fuerza vital del aire no existía**, ya que si bien este podía entrar en el interior del frasco, el medio de cultivo no se contaminaba con microorganismos.

Pouchet y sus colaboradores, al considerar que el tribunal estaba en contra de sus ideas, no aceptaron participar del debate y se retiraron del concurso.

▲ Luis Pasteur (1822-1895).

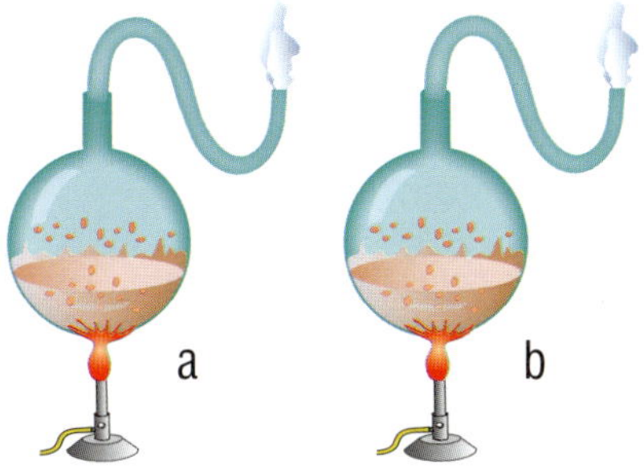

1. Pasteur puso a hervir caldo de carne en dos matraces con cuello en forma de "S" .

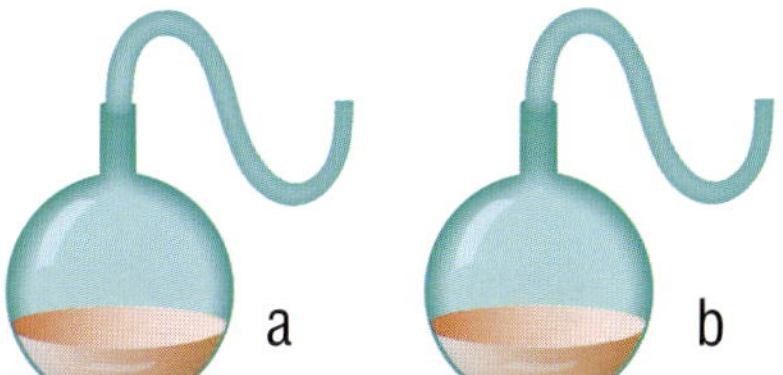

2. Los dejó enfriar y unas semanas más tarde comprobó la ausencia de microorganismos.

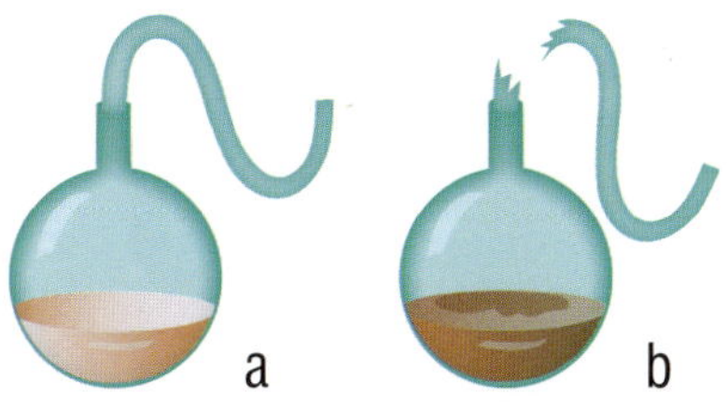

3. Luego cortó el cuello del matraz (b). Al cabo de un tiempo, el caldo del matraz (a) no presentó cambios, mientras que el caldo del matraz (b) se cubrió de gran cantidad de microorganismos.

▲ Experimentos de Pasteur.

6 El viaje hacia la moderna teoría celular

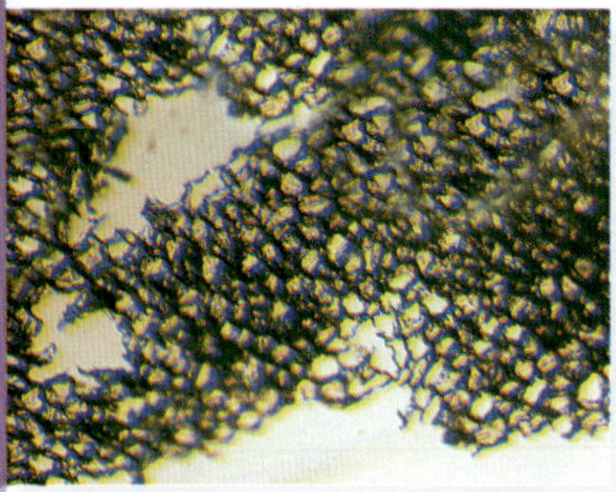

▲ Células de corcho vistas con el microscopio óptico.

Además de las investigaciones realizadas por Pasteur, que confirmaron que los seres vivos se originan a partir de otros seres vivos preexistentes, y una vez que fue superada la controversia entre ovistas y espermistas acerca de hombres en miniatura en las células sexuales, la posibilidad de ampliar las imágenes a través del microscopio logró dilucidar por fin la constitución de los seres vivos. Así fue que se arribó a una de las **teorías centrales de la biología**: la **teoría celular**. Pero ¿cómo fue el camino recorrido hasta llegar a la teoría celular, y qué postula dicha teoría?

En el siglo XVIII, el científico e inventor inglés **Robert Hooke** (1635-1703) examinó gran cantidad de materiales a través del microscopio; entre sus observaciones, hubo una que tuvo enorme importancia: la que realizó sobre delgadas láminas de corcho. Según relata, el corcho estaba formado por pequeñas celdillas, que más tarde denominó **células**, acuñando de esta manera un término cuyo significado se ampliaría a lo largo de la historia de la ciencia. Aproximadamente un siglo después de las primeras observaciones de Hooke, se sumaron los aportes de otros investigadores.

► Matthias Schleiden. Propuso que todas las plantas estaban compuestas por células.

Alrededor de 1838, el botánico **Matthias Schleiden** (1804-1881) propuso que los cuerpos de todas las plantas estaban compuestos por células y productos celulares. Al año siguiente, el zoólogo **Theodor Schwann** (1810-1882) llegó a la misma conclusión con respecto a los animales; todas las evidencias indicaban que la célula era la unidad estructural de los seres vivos. Casi conjuntamente con estos hechos apareció el interrogante, ¿de dónde surgen las células?

► El zoólogo Theodor Schwann postula que también los animales estaban constituidos por células.

Algunos biólogos observaron que las células tenían la capacidad de dividirse y dar origen a dos nuevas células hijas, pero recién en 1859 el médico **Rudolf Virchow** (1821-1902) propuso que todas las células provienen de células preexistentes. Con la tecnología disponible en ese entonces, era muy difícil comprobar este hecho. Recién a partir de 1900, los investigadores dotados de microscopios cada vez más potentes procedieron a describir la anatomía de la célula como una estructura compuesta por una membrana externa que encerraba un material de aspecto gelatinoso, el citoplasma. No pasó demasiado tiempo para que se percataran, además, de que las células no solo eran las **unidades estructurales** de los seres vivos, sino que también eran las **unidades funcionales**, ya que a través de ellas se llevaban a cabo todas las funciones que caracterizan la vida. Posteriormente, lograron analizar la estructura de las células en profundidad y reconocer distintas **organelas** especializadas en cumplir con las diversas funciones vitales.

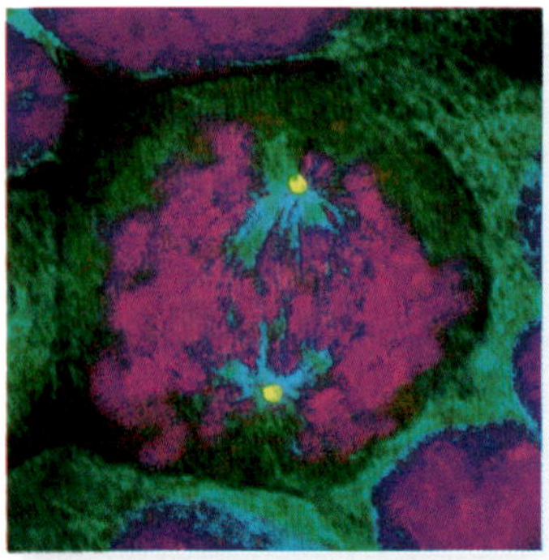

▲ Las células diploides del cuerpo humano duplican sus cromosomas antes de dividirse, de modo que cada célula hija mantiene un doble juego de cromosomas.

También quedó claro que en el cuerpo humano y en otros seres pluricelulares había dos clases de células: las **células diploides**, con dos juegos cromosómicos, uno materno y otro paterno, que formaban parte de la mayoría de los tejidos corporales, como la piel, y las **células haploides**, con un único juego cromosómico (el materno o el paterno), que funcionaban como gametos, o células sexuales, el espermatozoide y el óvulo.

7 Postulados de la teoría celular

En la actualidad, la teoría celular postula que:

1. La célula es la **unidad estructural y funcional** de los seres vivos. Es una unidad estructural porque todos los organismos vivos están constituidos por células, ya sea una (unicelulares) o más células (multicelulares); y es una unidad funcional porque en las células se llevan a cabo todas las funciones vitales.
2. La célula es la **unidad reproductora y hereditaria** de los seres vivos. Todas las células se originan a partir de otras células preexistentes, y transmiten su información a la descendencia.
3. La célula es la **unidad evolutiva y adaptativa** de los seres vivos. La célula está sujeta a las transformaciones evolutivas, y como consecuencia, se produce su adaptación al ambiente.

La teoría celular, en esencia, considera a las células como la unidad más pequeña en la cual la vida puede existir, y donde se manifiestan todas las características asociadas a ella. Es decir que a pesar de la diversidad de formas, tamaños y funciones de los seres vivos, en todos hay un factor común elemental: la célula.

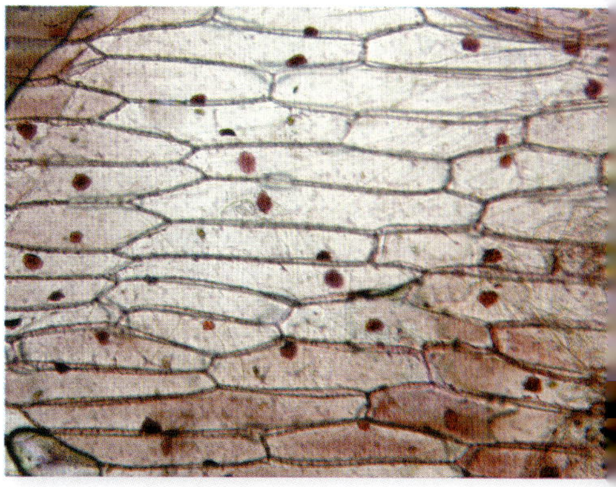

▲ Células vegetales.

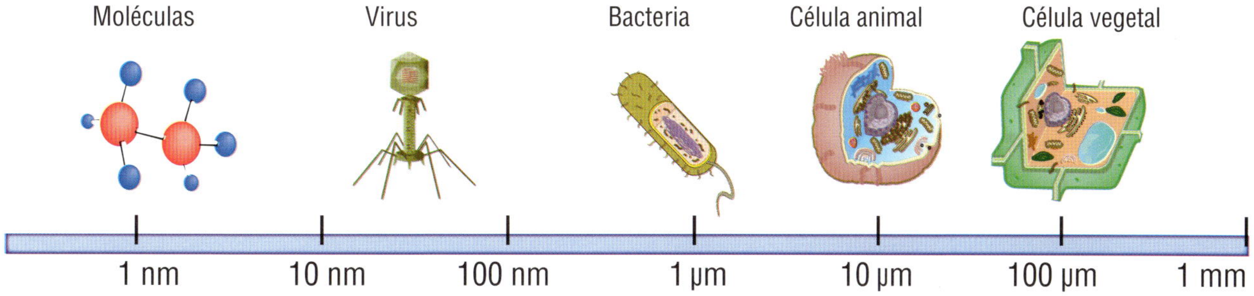

▲ Tamaños relativos de distintos tipos de células, virus y moléculas pequeñas.
Medidas equivalentes:
1 mm (milímetro)
= 0,001 µm (micrómetro)
= 0,000001 nm (nanómetro)

8 Dos tipos básicos de células

Como ya hemos visto en el capítulo anterior, existen dos tipos básicos de célula: la **procariota** y la **eucariota**.

La célula procariota (del prefijo latino *pro*, antes, y del griego *karyon*, núcleo o centro) es la más simple. En vez de un núcleo celular, posee el material genético usualmente libre o disperso en el citoplasma; este material genético (ADN, o ácido desoxirribonucleico) tiene forma circular o de anillo.

Las células eucariotas (del prefijo griego *eu*, verdadero) se caracterizan por tener **núcleo celular** envuelto por una membrana nuclear, o carioteca; elevada compartimentalización, con diversos tipos de **organelas** rodeadas de **membranas internas**. Desde los protozoos, como las amebas, hasta los seres humanos están formados por estas células. En las siguientes páginas ampliaremos los conocimientos sobre estos dos tipos celulares.

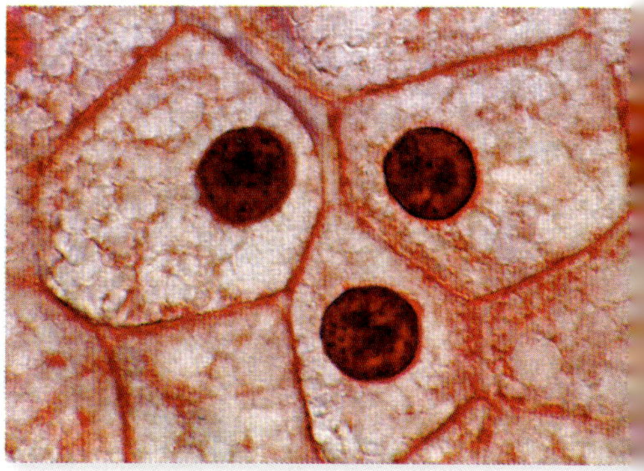

► Células animales.

ACTIVIDADES

8. Expliquen a qué llamó Hooke "celula". ¿Podrían afirmar que realmente Hooke descubrió la célula?
9. Expliquen los principales aportes de Schwann, Schleiden y Virchow a la teoría celular.
10. Enuncien de qué manera queda definido el concepto de célula según la teoría celular.

9 Las células procariotas actuales

Las células procariotas, al igual que las eucariotas, poseen membrana plasmática, ribosomas y material genético. El ADN de las células procariotas no está rodeado por una membrana, **carecen de núcleo**. Tampoco tienen organelas internas rodeadas por membranas. Las células procariotas solo están presentes en organismos unicelulares, como las bacterias. Muchas tienen una pared celular rígida y algunas, flagelo.

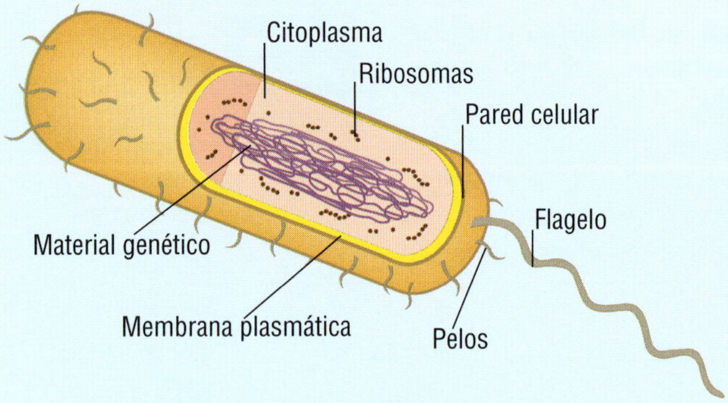

▲ **Modelo de célula procariota.**

Citoplasma: está formado por una parte semilíquida y partículas sólidas suspendidas.

Material genético (ADN): se encuentra libre en el citoplasma, es decir que las células procariotas carecen de núcleo. La molécula de ADN tiene forma circular.

Membrana plasmática: es el límite de la célula y la separa del medio externo.
Regula el pasaje de sustancias hacia adentro y hacia afuera de la célula.

Ribosomas: es donde se realiza la síntesis de proteínas.

Pared celular: presente en muchas células procariotas, rodea la membrana plasmática, le otorga rigidez a la célula y mantiene su forma. Tiene una composición química muy distinta de la composición de la pared celular de las células eucariotas.

Flagelo: presente en algunas células procariotas, permite el desplazamiento.

Pelos: prolongaciones presentes en algunas células procariotas. Son más cortas que los flagelos.

10 Las células eucariotas actuales

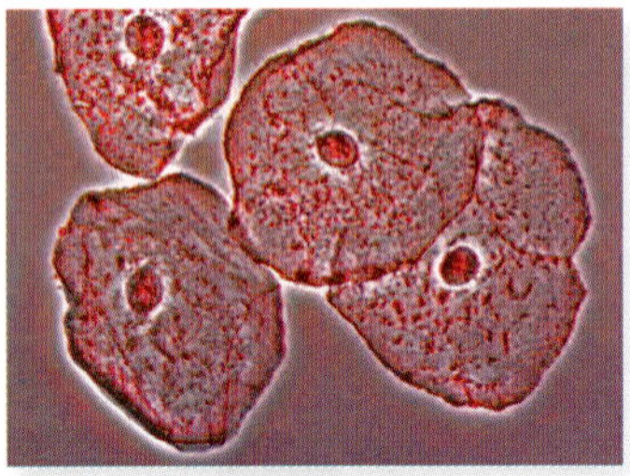

▲ Célula epitelial humana vista a través del microscopio.

▲ Células vegetales en las que se pueden distinguir los cloroplastos.

Las células eucariotas son más complejas que las procariotas, y aproximadamente diez veces más grandes. Además de **membrana plasmática**, **citoplasma** y **ribosomas**, poseen el material genético (ADN) protegido en el interior del **núcleo celular**, rodeado de una membrana doble y porosa, la **membrana nuclear**, o **carioteca**. El ADN se encuentra asociado a un tipo de proteínas básicas, las histonas. Estas células se caracterizan por tener compartimientos internos, con estructuras llamadas **organelas**, delimitadas por **membranas internas**, o **endomembranas**, que las separan del resto de la célula. Presentan **citoesqueleto**, o esqueleto celular, formado por proteínas contráctiles, **flagelos complejos** y un tipo de división celular característica, denominada **mitosis**, durante la cual se autoduplica el material genético.

Entre las células eucariotas más comunes se encuentan las de las plantas terrestres y las de los metazoos o animales. Ambos tipos celulares se asemejan en muchas de sus características, como la presencia de núcleo celular, endomembranas, citoesqueleto y mitocondrias. Pero las células vegetales típicas **carecen de centríolos y de flagelos**; están rodeadas de **paredes celulares de celulosa** y otros componentes; **poseen cloroplastos**, y presentan **vacuolas** para almacenar agua y sustancias que toman del medio o que producen ellas mismas.

Las células animales, a diferencia de las vegetales, **poseen centríolos y flagelos**, **carecen de paredes celulares** y también de **cloroplastos**.

Esquema de célula eucariota animal y vegetal con sus organelas.

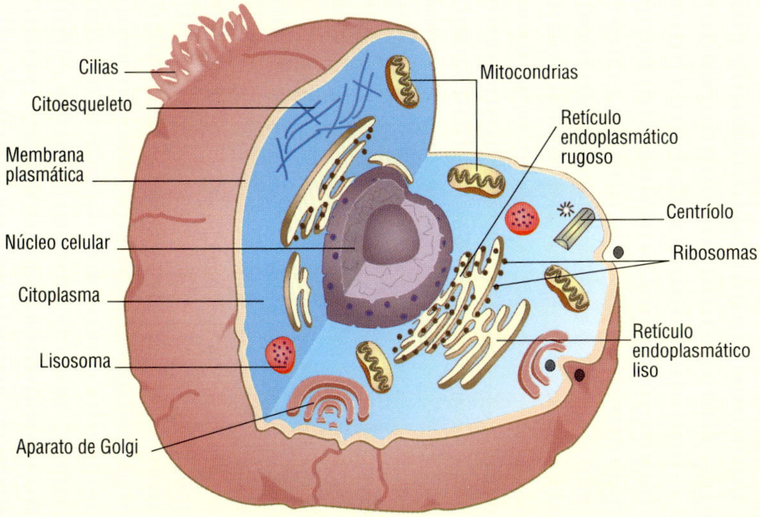

▲ **Célula animal**

Citoplasma: está formado por agua, enzimas y otras sustancias orgánicas e inorgánicas y está atravesado por el citoesqueleto.

Ribosomas: a diferencia del resto de las organelas, no se encuentran rodeados por membrana. Intervienen en la síntesis de proteínas.

Vacuolas: almacenan agua y otras sustancias. Ocupan un gran espacio en el interior de la célula, colaborando en el mantenimiento de su forma.

Centríolos: intervienen en la organización del interior de la célula en el momento de la división celular.

Cloroplastos: son las organelas en donde se lleva a cabo el proceso de fotosíntesis. En su interior se encuentra la clorofila que capta la luz solar.

Núcleo celular: es una estructura rodeada por una doble membrana que contiene la información hereditaria (ADN) y regula la actividad celular.

Citoesqueleto: es un conjunto de fibras que intervienen en el mantenimiento de la forma de la célula y funciona como un sistema de sostén a través del cual se movilizan los materiales y se deslizan las organelas.

Mitocondrias: son el sitio donde se lleva a cabo la respiración celular, proceso por el cual se obtiene la energía de los alimentos (glucosa) a partir de su oxidación.

Retículo endoplasmático rugoso: en su interior se sintetizan proteínas que envían al exterior de la célula o que quedan en su interior, dentro de vesículas.

Retículo endoplasmático liso: participa en la síntesis de lípidos y modifica proteínas que se sintetizan en el retículo endoplasmático rugoso.

Aparato de Golgi: está constituido por sacos en cuyo interior se modifican y acondicionan proteínas y lípidos para su distribución.

Lisosomas: contienen enzimas que sirven para digerir materiales de origen externo o interno, es decir que intervienen en la digestión celular de sustancias que ingresan a la célula o de organelas envejecidas.

Membrana plasmática: actúa como una barrera semipermeable que regula la entrada y salida de ciertas sustancias, dentro y fuera de la célula.

Cilias: son estructuras presentes en algunas células animales. Al agitarse, mueven líquido o atrapan partículas. Son típicas de células que tapizan las vías respiratorias.

Pared celular: estructura semirrígida y porosa que se ubica por fuera de la membrana celular. Está compuesta principalmente por celulosa. Tiene orificios a través de los cuales pueden pasar sustancias de una célula a otra.

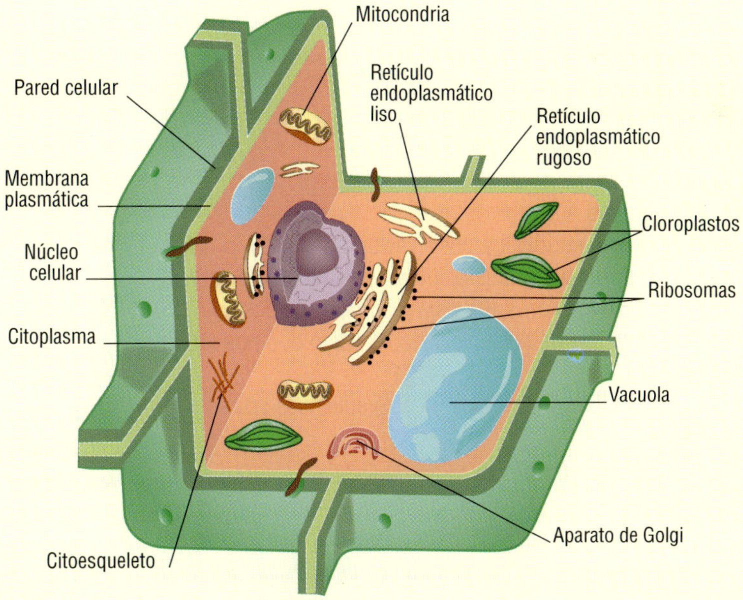

▲ **Célula vegetal**

Técnicas para observar células en el microscopio

En la sección Técnicas/Procedimientos del capítulo 5 se desarrolla el uso del microscopio óptico. Aquí veremos algunas técnicas que se pueden utilizar para observar células con el microscopio. Ante todo es necesario saber que con el microscopio óptico se puede observar:

- la forma general de la mayoría de las células procariotas;
- la forma general de las células eucariotas;
- algunas organelas eucariontes: núcleo, nucléolos, cromosomas, mitocondrias, cloroplastos, flagelos, cilias, centríolos, vacuolas, pared celular. Estas estructuras se identifican con claridad utilizando alguna técnica para teñir las muestras con colorantes.

Cómo realizar el preparado

Existen distintas técnicas para preparar el material que se desea observar con el microscopio, ya sean células o microorganismos.

El preparado se puede observar colocando la muestra sobre un portaobjetos, luego se agrega una gota de agua y se cubre con un cubreobjetos.

Pero a veces es necesario fijar la muestra para que no se mueva. Una de las formas de fijarla es deshidratarla mediante la aplicación de calor. Para hacerlo, se toma el portaobjetos con una pinza de madera y se pasa el portaobjetos sobre la llama del mechero con movimientos rápidos, de modo que la muestra se vaya secando lentamente. Es importante mantener cierta distancia de la llama, para que la muestra no se caliente en exceso. Foto A

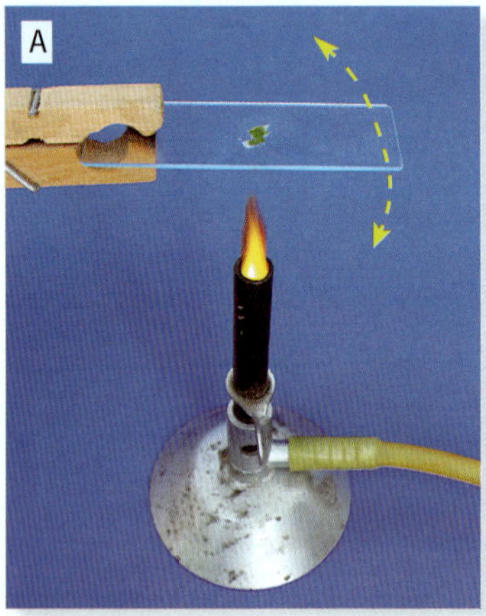

Tinción o coloración. La observación directa de la muestra podría desilusionar a cualquiera, ya que las células son prácticamente incoloras. Por esta razón, se han desarrollado distintas técnicas de tinción para colorear lo que nos interesa observar.

Podemos diferenciar dos tipos de colorantes, los vitales y los no vitales.

Los **colorantes vitales** son los que ejercen su acción en las partes vivas de las células sin alterar su metabolismo, como el verde de metilo (utilizado para diferenciar estructuras vegetales) y el azul de metileno (que tiñe estructuras celulares y núcleo).

Los **colorantes no vitales** son los que se aplican sobre células muertas, como el conjunto hematoxilina-eosina que tiñen núcleo y citoplasma, y violeta de genciana, safranina y fucsina básica que tiñen el núcleo celular.

El montaje de la muestra para la observación microscópica

Los portaobjetos y cubreobjetos deben encontrarse limpios, preferentemente enjuagados con alcohol y secos. La preparación del material deberá realizarse sobre una superficie libre de suciedad y plana. Como hemos visto, las muestras se pueden montar sobre el portaobjetos con una gota de agua. Otras dos técnicas para montar las muestras son el **squash**, o aplastado, y el **frotis**, o extendido.

Squash: consiste en aplastar la muestra entre el portaobjetos y el cubreobjetos.

Primero, con la ayuda de pinzas y agujas, se disgrega el material y se cubre con un cubreobjetos. Luego se coloca un papel secante sobre el cubreobjetos y se presiona suavemente con el dedo pulgar tratando de no romper el cubreobjetos. Fotos B y C

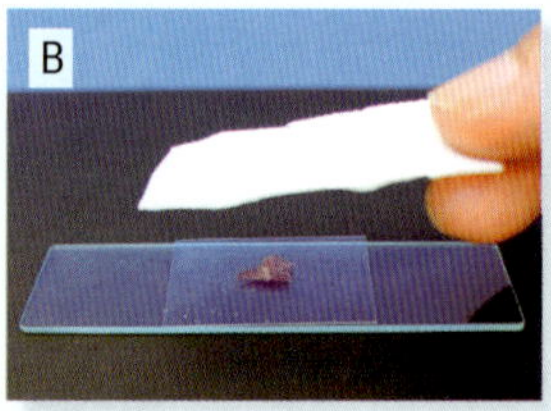

Frotis: consiste en esparcir el material, generalmente líquido, de modo que quede distribuido en forma pareja formando una delgada capa. Para lograrlo, se utiliza un segundo portaobjetos que se desliza sobre el primero desde un extremo al otro. El procedimiento es el siguiente:

- Se coloca una gota de la muestra sobre un extremo del portaobjetos.
- Se apoya sobre la gota un borde del segundo portaobjetos formando un ángulo agudo.
- La gota se extenderá por capilaridad a todo el ancho del portaobjetos. Cuando esto haya ocurrido, se debe deslizar el portaobjetos hacia el otro extremo con un movimiento uniforme. Foto D

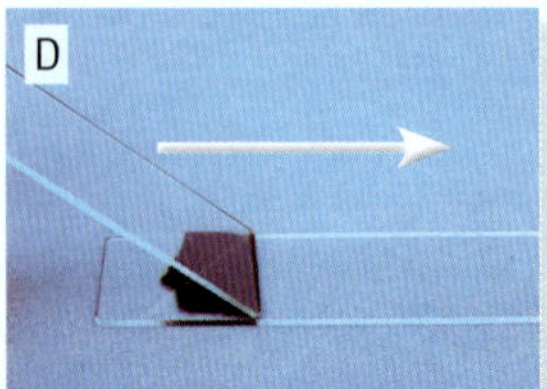

12 Preparación y observación microscópica de células vegetales vivas

Para obtener un tejido vegetal para la observación microscópica se puede recurrir a las catáfilas de cebolla (escamas u hojas modificadas que rodean el bulbo o tallo subterráneo) y a las pequeñas hojas de elodea (una planta acuática). Como toda hoja, la catáfila y la elodea poseen un tejido superficial muy delgado y transparente, la epidermis, formada por una única capa de células.

Materiales

Microscopio; portaobjetos; cubreobjetos; gotero; bisturí o cortante; aguja de disección; pinza de disección; papel absorbente; placa de Petri; pinza de madera; cebolla; elodea; colorante azul de metileno o verde de metilo acético.

Procedimiento

Observación de células de cebolla

1. Con el bisturí o el cortante hagan un corte en V en la cara interna de una hoja de cebolla (catáfila). Foto A
2. Tomen la pinza y retiren un delgado trozo de la hoja cortada. Luego separen, con la ayuda de la aguja de disección, una laminilla de epidermis, traslúcida como el celofán. Foto B
3. Coloquen la laminilla sobre un portaobjetos procurando que quede estirada; pueden ayudarse con agujas de disección. Coloquen el portaobjetos con la muestra sobre la placa de Petri.
4. Agreguen tres a cuatro gotas de colorante azul de metileno o de verde de metilo acético sobre la muestra. Dejen que el colorante actúe alrededor de cinco minutos. Foto C
5. Laven el preparado dejando caer unas gotas de agua con un cuentagotas. Foto D
6. Coloquen un cubreobjetos a 45° y déjenlo caer sobre la muestra como si fuese la tapa de un libro. Limpien el exceso de líquido con papel absorbente. Foto E
7. Pongan el preparado en el microscopio y observen la muestra con el menor aumento, luego utilicen aumentos mayores. Foto F
8. Describan y dibujen lo observado, coloquen las referencias de las estructuras que reconozcan.

Observación de células de elodea

1. Seleccionen y coloquen una pequeña hoja de elodea sobre el portaobjetos (utilicen las más pequeñas).
2. Con la aguja de disección, raspen suavemente la parte media de la hoja.
3. Agreguen dos gotas de agua.
4. Cubran con el cubreobjetos. Colóquenlo a 45° y déjenlo caer sobre la muestra.
5. Describan y dibujen lo observado, coloquen las referencias de las estructuras que reconozcan. Vean si detectan movimientos del citoplasma celular.

Resultados para reflexionar

1. ¿Qué partes resalta el colorante?
2. Elijan una célula y dibújenla.
3. Con la ayuda del modelo de célula vegetal, señalen las partes que puedan reconocer en las células observadas.
4. ¿Qué estructuras les permiten afirmar que se trata de células eucariotas?
5. Identifiquen el núcleo, el citoplasma y la pared celular.

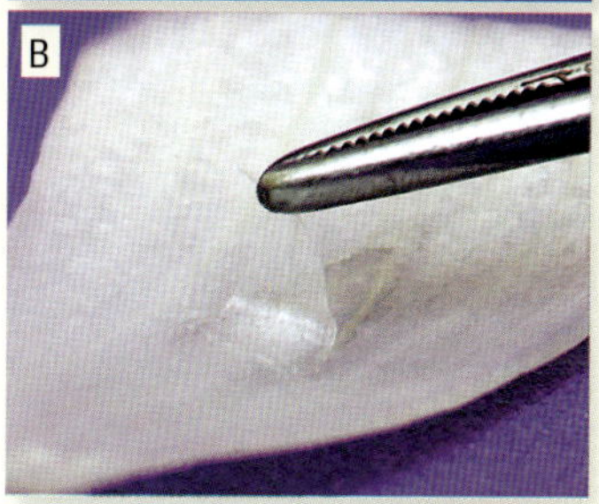

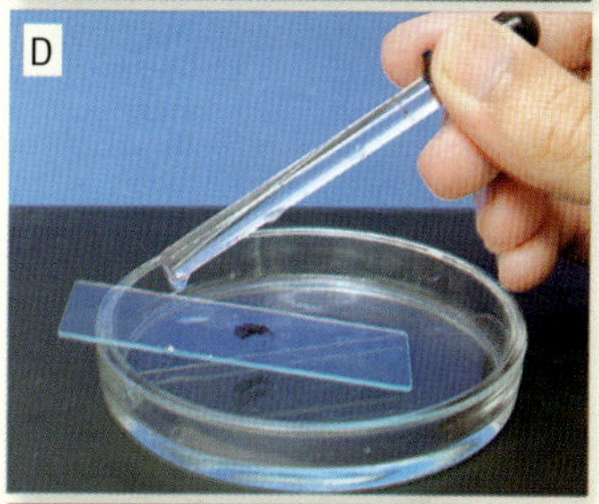

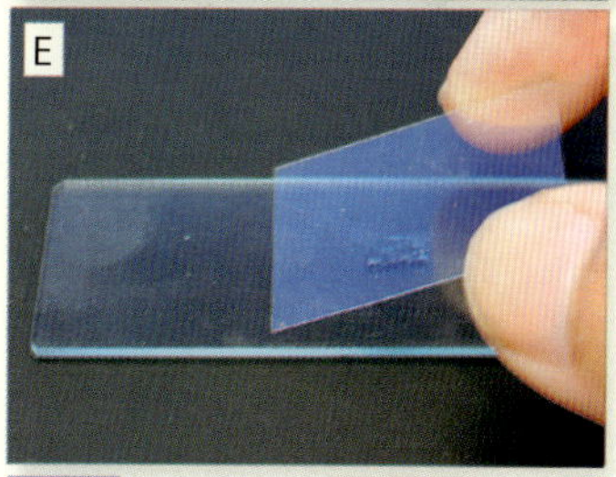

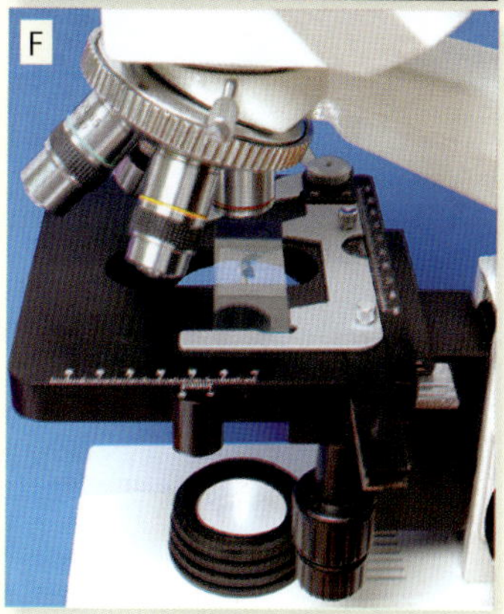

11. Analicen el experimento que realizó Pouchet.

Pouchet colocó agua hirviente en un frasco, lo cerró herméticamente y lo sumergió invertido dentro de una vasija de mercurio. Cuando el agua estuvo fría, destapó el frasco, introdujo oxígeno puro y enseguida una pequeña cantidad de heno previamente calentado en un horno a 100 °C, durante 30 minutos. Después de varios días, la infusión de heno se llenó de microorganismos y Pouchet afirmó que la "generación espontánea" de dichos seres no dejaba lugar a ninguna duda. ¿Cómo explicarían los resultados obtenidos por Pouchet?

12. Expliquen qué hipótesis propusieron los siguientes investigadores y cuáles fueron las principales conclusiones de sus experiencias:

a. Redi.

b. Pouchet.

c. Spallanzani

13. Describan el experimento principal realizado por Pasteur y respondan.

a. ¿Cuáles fueron las observaciones iniciales de Pasteur?

b. ¿Cuál fue el experimento fundamental de Pasteur?

c. ¿Qué explicaciones dio Pasteur?

d. En el Instituto Pasteur de París se exhiben algunos de los frascos originales utilizados por el científico. ¿Qué explicación darían al hecho de que los caldos de cultivo permanezcan a la fecha sin signos de descomposición?

14. ¿De qué manera se afirma que comprueban la inexistencia de la generación espontánea?

15. Expliquen detalladamente los fundamentos de la teoría celular. ¿De qué manera se aplican a los organismos pluricelulares?

16. Completen los siguientes esquemas con las referencias indicadas.

núcleo celular – ADN – citoesqueleto – mitocondrias – retículo endoplasmático rugoso – aparato de Golgi – lisosomas – membrana plasmática – citoplasma – ribosomas – retículo endoplasmático liso – centríolos – flagelo – cilias – pared celular – pelos

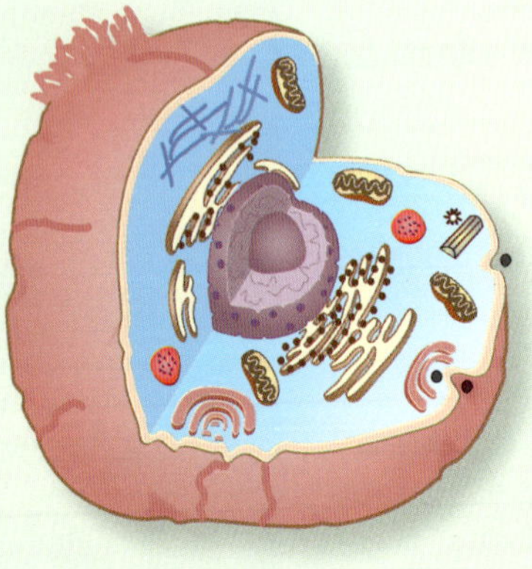

▲ **Célula 1**

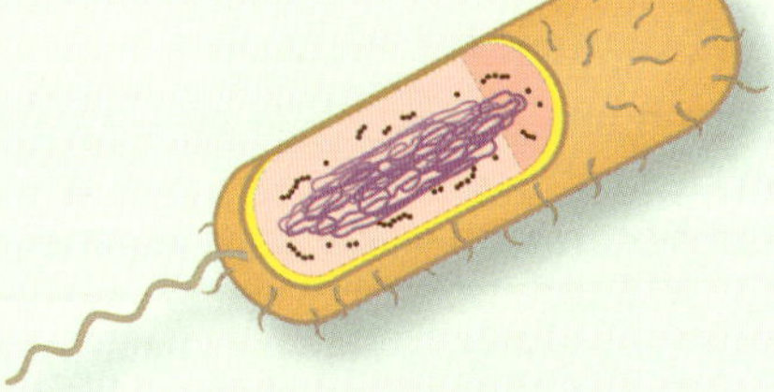

▲ **Célula 2**

¿Qué tipo de célula es cada una? ¿Cómo se dieron cuenta?

17. Un investigador calentó dos recipientes tapados, A y B, con caldo de carne a 100 °C, durante 30 minutos. Los dejó enfriar, destapó el recipiente B durante 10 segundos y lo volvió a tapar. Al cabo de unos días el recipiente B estaba lleno de microorganismos, mientras que el recipiente A no. ¿De dónde provienen los microorganismos del recipiente B? ¿Con qué experiencia de las estudiadas pueden relacionar los resultados obtenidos en este experimento?

18. Completen el siguiente cuadro:

Estructuras	Célula procariota	Célula eucariota
Núcleo		Tiene
Membrana plasmática	Tiene	
Citoplasma		
Ribosoma		Tiene
Estructura del ADN		Lineal
Organelas	No presenta	
Endomembranas		Tiene
Carioteca con poros		Tiene
Citoesqueleto	No presenta	

Autoevaluación

1. **La biogénesis es una teoría que afirma que:**
   - **a.** la materia inerte puede originar seres vivos. ☐
   - **b.** los seres vivos solo pueden originarse de otros seres vivos. ☐
   - **c.** los seres vivos solo pueden originarse por reproducción sexual. ☐

2. **El científico que a través de sus experimentos dio por concluida definitivamente la controversia sobre la generación espontánea y sentó las bases de la moderna teoría celular fue:**
   - **a.** Francisco Redi. ☐
   - **b.** Luis Pasteur. ☐
   - **c.** Félix Pouchet. ☐

3. **Needham y Spallanzani polemizaron acerca de cómo se originaban los seres vivos. Needham sostenía que:**
   - **a.** los seres vivos se habían originado hace millones de años por generación espontánea pero que en las condiciones actuales eso era imposible. ☐
   - **b.** en las condiciones actuales, los seres vivos surgían espontáneamente de la materia inerte, mientras Spallanzani, que era biogenista, postulaba que todo ser vivo provenía de otros seres vivos preexistentes. ☐
   - **c.** los seres vivos surgían de otros seres vivos preexistentes mientras que Spallanzani era partidario de la generación espontánea. ☐

4. **Los centríolos intervienen en:**
   - **a.** la captación de la energía solar para realizar fotosíntesis. ☐
   - **b.** la elaboración de lípidos y proteínas. ☐
   - **c.** la organización del interior de la célula en el momento de la división celular. ☐

5. **Una célula vegetal típica no posee:**
   - **a.** cloroplastos. ☐
   - **b.** vacuolas. ☐
   - **c.** centríolos. ☐

6. **La célula eucariota no siempre posee:**
   - **a.** mitocondrias. ☐
   - **b.** cloroplastos. ☐
   - **c.** ADN. ☐

7. **Los microorganismos no se desarrollaron en los matraces que Pasteur llevó a las altas montañas porque:**
   - **a.** la infusión no era capaz de admitir el desarrollo de seres vivos. ☐
   - **b.** el aire que contenían no era normal. ☐
   - **c.** el aire que contenían estaba libre de microorganismos. ☐

8. **El término célula fue utilizado por primera vez por:**
   - **a.** Robert Hooke. ☐
   - **b.** Matthias Schleiden. ☐
   - **c.** Theodor Schwann. ☐

9. **El médico Rudolf Virchow sostuvo que:**
   - **a.** las células de un ser vivo se originan por generación espontánea. ☐
   - **b.** las células se originan de otras preexistentes. ☐
   - **c.** las células se originan por reproducción sexual. ☐

10. **La teoría celular postula que:**
    - **a.** la célula constituye la unidad estructural y funcional de los seres vivos, y se origina de otras células preexistentes. ☐
    - **b.** la célula constituye la unidad estructural y funcional de los organismos unicelulares, ya que la unidad estructural y funcional de los organismos multicelulares es el tejido. ☐
    - **c.** existe solo un tipo de célula verdadera, la eucariota, ya que las procariotas no son consideradas células. ☐

4 Características de la reproducción, división celular y reproducción asexual

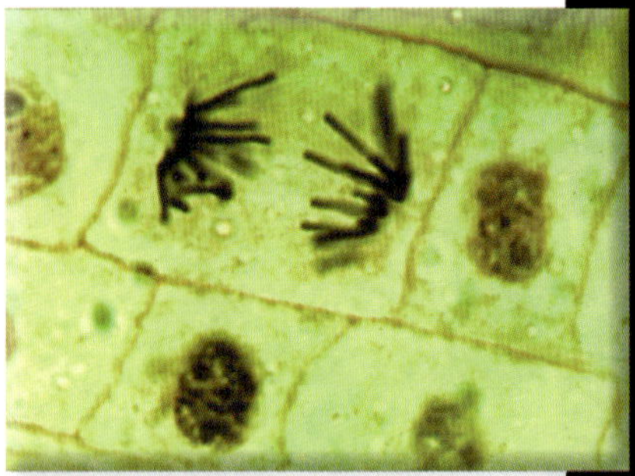

▲ Células vegetales vistas a través del microscopio en las que se pueden observar dos grupos de cromosomas durante una división celular.

◀ Reproducción asexual por gemación en la hidra de agua dulce.

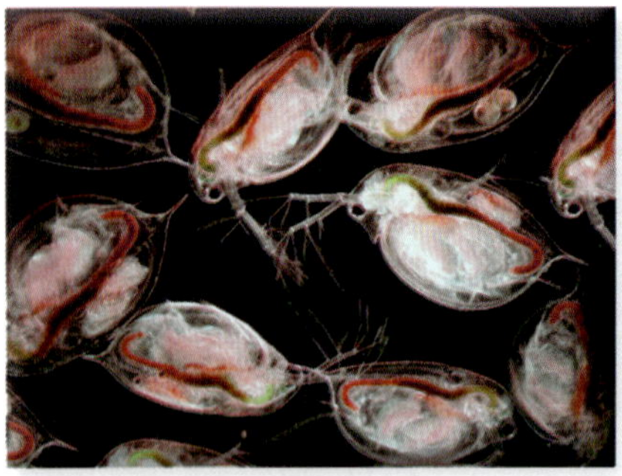

▲ La pulga de agua es un microorganismo que se reproduce asexualmente cuando las condiciones ambientales son favorables.

La capacidad de reproducirse es una de las características esenciales de los seres vivos. Sin embargo, las estrategias que estos utilizan para cumplir con la función reproductiva son diversas. Existen dos tipos de reproducción; la ***reproducción asexual****, donde un organismo o parte de él da origen a otro individuo genéticamente idéntico; y la* ***reproducción sexual****, con aportes genéticos provenientes de dos individuos diferentes, mediante la unión de dos células sexuales llamadas gametos, uno femenino y otro masculino.*

En este capítulo aprenderán las diferencias entre la reproducción asexual y la reproducción sexual, estudiarán el concepto de división celular (mitosis y meiosis), qué es el material genético y cómo se transmite la información de las células progenitoras a las células hijas. Finalmente, conocerán los distintos tipos de reproducción asexual en microorganismos, plantas y animales.

ACTIVIDADES

1. ¿Qué importancia tiene la reproducción en los seres vivos como individuos? ¿Y como especie?
2. ¿Cuáles son las distintas formas de reproducción que conocen? Den ejemplos.
3. Alguna de estas formas de reproducción, ¿puede ser utilizada para multiplicar plantas?
4. ¿Qué ventajas y desventajas piensan que tiene la reproducción asexual para una especie determinada?

Herencia y división celular

El material hereditario

Tanto las células procariotas como las eucariotas son portadoras del material hereditario, o **ADN** (ácido desoxirribonucleico), que interviene en la división celular y transmite, de una generación a otra, la información genética que determina las características propias de cada especie.

Pero ¿dónde se localiza este material hereditario? Mientras que en las células procariotas el ADN se encuentra en el citoplasma celular, en las células eucariotas este material se halla dentro del núcleo celular. El ADN, junto con ciertas proteínas, constituye la estructura conocida como **cromatina**, que tiene un aspecto laxo cuando la célula está en reposo y un aspecto condensado cuando la célula se prepara para dividirse. A esta estructura condensada en forma de bastón se la denomina **cromosoma**.

Cada cromosoma está constituido por unidades hereditarias llamadas **genes**. Estos genes son los que determinan las características comunes que identifican a una especie.

En las células eucariotas, los cromosomas se presentan en parejas. Por ejemplo, en el ser humano cada célula contiene 23 parejas de cromosomas, cada una de ellas constituida por dos cromosomas homólogos. Es decir, 46 cromosomas en total.

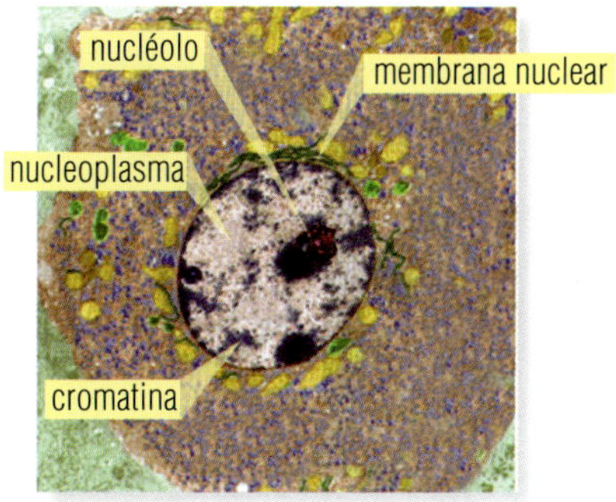

Microfotografía electrónica en la que se observa el núcleo de una célula animal.

Mitosis y meiosis

¿Cómo transmiten las células la información genética de una generación a otra? En las células eucariotas, la transmisión de la información genética se realiza mediante la **mitosis** y la **meiosis**.

La mitosis es el proceso mediante el cual una célula replica su ADN y se divide en dos células hijas que heredan la misma cantidad de cromosomas y, por lo tanto, la misma información genética que la célula progenitora. Se las conoce como **células diploides**.

En cambio, la meiosis es un tipo especial de división celular que tiene lugar durante la formación de las células sexuales, por medio de la cual las células hijas heredan solo la mitad del número de cromosomas de la célula madre. Se las denomina **células haploides**.

En los organismos procariotas el proceso de división celular es más simple que en los eucariotas, la única molécula de ADN del procariota se autoduplica, la célula se divide en dos y cada una hereda una réplica de la molécula de ADN original.

Genes y genoma

El genoma es todo el material genético que tiene un organismo. A menos que una persona tenga un gemelo idéntico, tiene un genoma único que determina sus características. Algunas características se pueden observar a simple vista, por ejemplo, el color de los ojos. Otras no, por ejemplo la composición química del ojo.

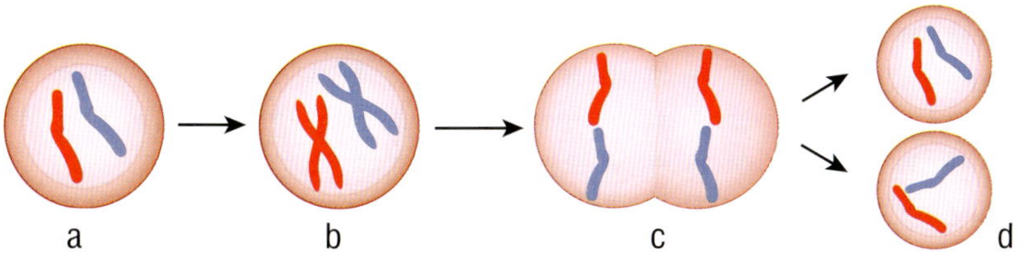

Esquema de la mitosis.
a. Célula diploide con un par de cromosomas homólogos.
b. Los cromosomas se duplican.
c. La célula se divide.
d. Como resultado se forman 2 células diploides con un par de cromosomas homólogos cada una.

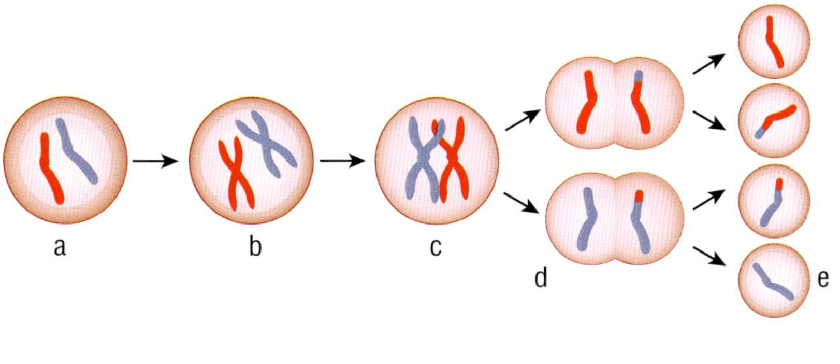

Esquema de la meiosis.
a. Célula diploide con un par de cromosomas homólogos.
b. Los cromosomas homólogos se duplican.
c. Los cromosomas homólogos intercambian parte de sus cromátidas.
d. La célula se divide (primera división meiótica).
e. Las células vuelven a dividirse (segunda división meiótica). Como resultado se obtienen 4 células haploides con 1 cromosoma cada una, la mitad del número de cromosomas que tenía la célula original.

2 Reproducción asexual

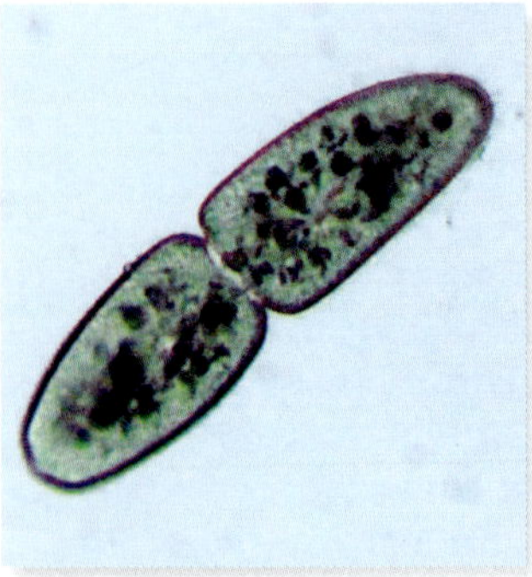

▲ Reproducción asexual de un paramecio por fisión binaria.

La **reproducción asexual** se caracteriza por la presencia de un único progenitor que se divide y origina uno o más individuos con idéntica información genética. Es decir, un solo organismo o una parte de ese organismo es capaz de originar individuos nuevos. Este proceso se lleva a cabo sin que sea necesaria la existencia de órganos reproductivos especiales, ni la producción de gametos y su unión. Es una forma de reproducción relacionada con la mitosis y no con la meiosis.

¿Cuáles son las ventajas de este tipo de reproducción? Un individuo aislado puede producir mayor número de descendencia y las poblaciones crecen más rápidamente.

Una de las desventajas de la reproducción asexual es que produce una descendencia sin variabilidad genética, es decir todos los descendientes tienen la misma información genética.

Reproducción asexual en microorganismos

Entre los microorganismos, las formas más frecuentes de reproducción asexual son la **fisión binaria**, la **gemación** y la **esporulación**.

Fisión binaria o bipartición

El mecanismo más generalizado de reproducción asexual entre los organismos unicelulares es la **fisión binaria**, o **bipartición**. El organismo se divide en dos partes aproximadamente iguales. Cada una de ellas crece hasta alcanzar el tamaño completo y el proceso puede renovarse. Bajo condiciones ideales, las bacterias pueden reproducirse por fisión cada veinte o treinta minutos. La mayoría de los protozoos, como la ameba y el paramecio, también se reproducen de esta manera.

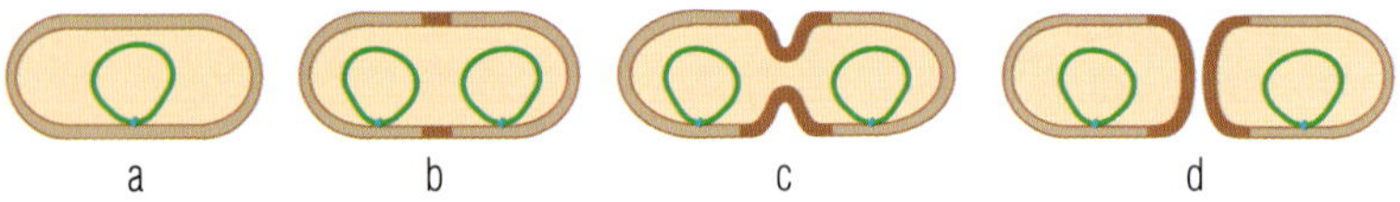

▲ Esquema de reproducción de una bacteria. (a) Célula bacteriana próxima a dividirse. (b) Se produce la replicación del ADN. (c) En la zona central de la célula comienza a crecer nuevo material de membrana y de pared. (d) La membrana y la pared se cierran, dividen el citoplasma en dos y se forman las células hijas.

Gemación

La **gemación** difiere de la fisión en que las dos partes producidas no son de igual tamaño. En las células de levadura, por ejemplo, se forma un abultamiento en cierta porción de la pared que se denomina yema. El núcleo de la célula progenitora se divide y uno de los núcleos hijos pasa a la yema. Luego, se produce la separación de la yema de la célula progenitora.

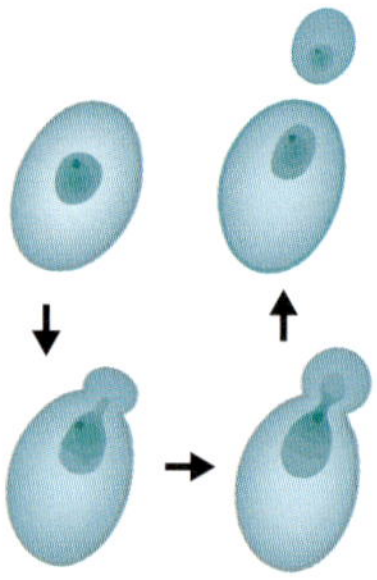

◀ Esquema de gemación. Se producen dos células hijas de diferente tamaño por la desigual distribución del citoplasma. El núcleo queda repartido por igual.

Esporulación

La reproducción de ciertas algas y algunos hongos se realiza por **esporulación**. Para que ocurra, se producen varias divisiones del núcleo sin que se produzca la división del citoplasma. Cada uno de esos núcleos, rodeado por una porción de citoplasma, constituye una **espora**. Cuando la membrana de la célula madre se rompe, las esporas se liberan.

Las bacterias pueden formar esporas, pero en este caso no son un mecanismo de reproducción, sino formas de resistencia frente a condiciones ambientales adversas.

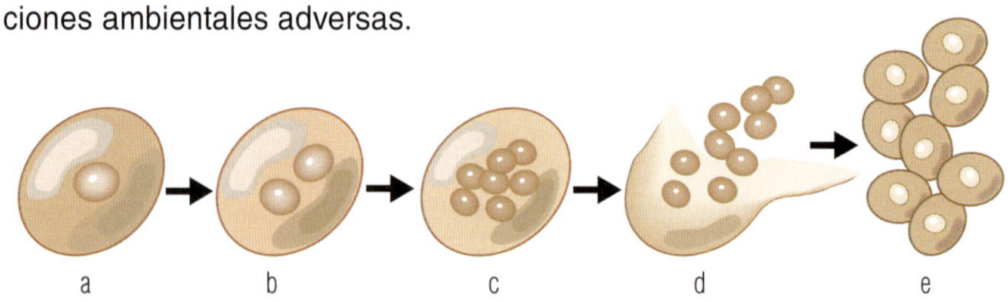

▶ Esquema de esporulación. (a) Célula madre. (b) El núcleo sufre sucesivas divisiones. (c) Los núcleos originados se rodean de citoplasma. (d) (e) Se liberan las esporas.

▲ Distintos tipos de órganos que intervienen en la multiplicación vegetativa: (a) estolón, (b) rizoma, (c) tubérculo, (d) bulbo, (e) raíces tuberosas, (f) propágulos.

Reproducción asexual en plantas

Muchas plantas que se reproducen sexualmente bajo determinadas condiciones también pueden dar origen a individuos idénticos mediante la **reproducción asexual**. ¿En qué consiste este tipo de reproducción? Por ejemplo, a partir de un órgano de una planta se puede desarrollar un individuo completo. Este mecanismo se denomina **multiplicación vegetativa**.

Existen distintos tipos de órganos que permiten la multiplicación vegetativa.

- **Estolones.** Ciertas plantas, como la frutilla o los "lazos de amor", generan una serie de tallos rastreros que comienzan por una pequeña yema y luego crecen. En ellos se desarrollan nuevas raíces, tallos y hojas. La nueva planta puede quedar unida o independizarse de la planta progenitora.
- **Rizomas.** Son tallos subterráneos con varias yemas que crecen de forma horizontal emitiendo raíces y brotes herbáceos de sus nudos. Por ejemplo, el jengibre.
- **Tubérculos.** Son tallos subterráneos que almacenan sustancias de reserva y, a partir de sus yemas (los llamados "ojos"), producen nuevos individuos. Por ejemplo, la papa.
- **Bulbos.** Son tallos subterráneos que poseen yemas de las que se originan nuevas plantas. Después de un determinado tiempo generan nuevos bulbos que, al separarse, producen plantas independientes de la progenitora. Por ejemplo, la azucena, el tulipán y el ajo.
- **Raíces tuberosas.** Son raíces engrosadas que almacenan sustancias de reserva y tienen la capacidad de desarrollar un tallo con yema que dará origen a una nueva planta. Por ejemplo, la batata y la zanahoria.
- **Propágulos.** De las hojas viejas se desarrollan raíces y se origina una nueva planta. Por ejemplo, la begonia, el geranio y la violeta africana.

Multiplicación vegetativa artificial

La multiplicación vegetativa artificial, o manipulada, es utilizada para la producción de plantas para el consumo y ornamentales. Veremos los tres métodos principales.

- **Injerto.** Un fragmento de tallo de una planta se introduce dentro del tallo o tronco de otra planta. Esta técnica se suele usar con frecuencia en árboles frutales con valor comercial, aunque también se utiliza en plantas ornamentales.
- **Esqueje, gajo o estaca.** Consiste en cortar o separar algunas ramas de la planta progenitora y enterrarlas en macetas o tierra húmeda (también se pueden sumergir en agua). Las ramas producirán sus propias raíces y comenzarán a brotar yemas. Por ejemplo, malvones, geranios, potus.
- **Acodo.** Se entierra una parte de una rama aún unida con el tallo y se espera que desarrolle raíces para luego separarla.

▼ Distintos tipos de técnicas para la multiplicación vegetativa artificial de las plantas: (a) injerto, (b) esqueje, (c) acodo.

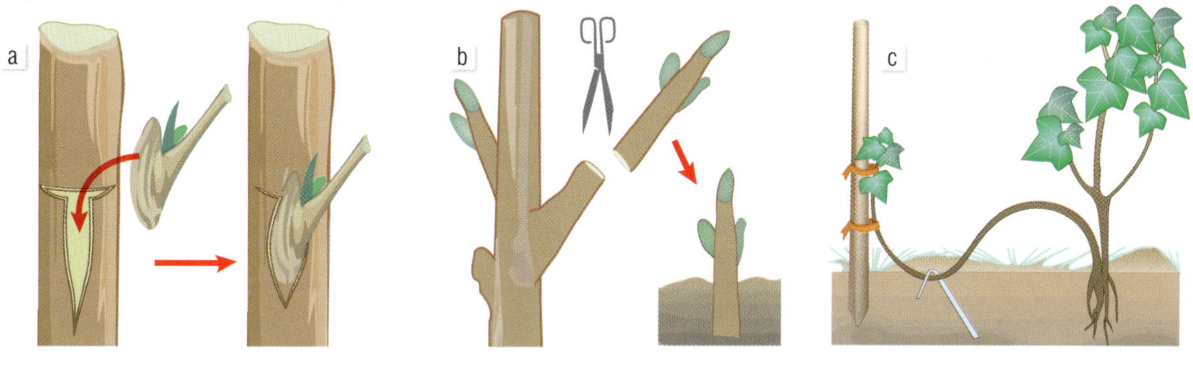

▲ Reproducción por gemación de la hidra de agua dulce.

Reproducción asexual en animales

Los animales que se reproducen asexualmente son invertebrados. En general, son especies sésiles (fijas a un sustrato) que no pueden buscar compañeros, o especies que viven en poblaciones dispersas y rara vez encuentran parejas potenciales. En la mayoría de los casos, las especies que se reproducen de esta forma también lo hacen de forma sexual.

Gemación o brotación

La **gemación** es habitual en cnidarios, como la hidra, las medusas, los corales y ciertas anémonas, y en algunas especies de esponjas marinas. Los nuevos organismos se forman a partir de yemas que se originan en el cuerpo del progenitor. Las yemas pueden separarse, como sucede en la hidra, o bien quedar unidas al progenitor, como ocurre en los corales, dando lugar a una colonia.

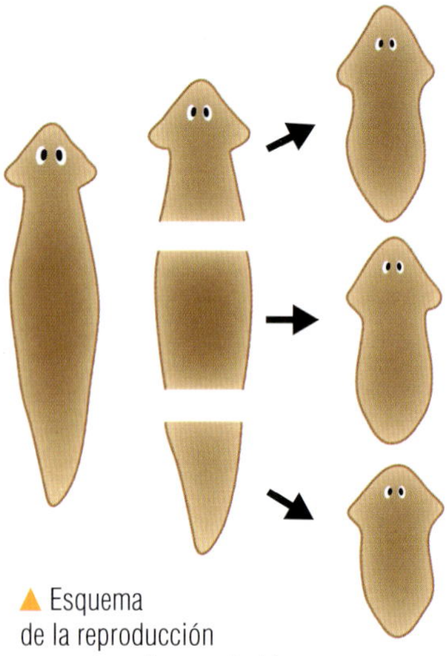

▲ Esquema de la reproducción asexual por fragmentación de una planaria.

Escisión o fragmentación

La **escisión** o **fragmentación** consiste en la división longitudinal o transversal de un organismo en dos o más fragmentos, que pueden transformarse en nuevos individuos. Varias especies de gusanos planos además de reproducirse sexualmente pueden hacerlo en forma asexual dividiéndose en dos o más fragmentos, cada uno de los cuales regenera un cuerpo completo. Un ejemplo muy conocido lo constituyen las planarias de agua dulce. Las estrellas de mar tienen la capacidad de originar individuos completos a partir de fragmentos de su cuerpo, siempre que conserven una parte de su disco central. Algunas especies de estrellas de mar fragmentan su disco central en dos y cada parte regenera los brazos y la parte del disco faltante. La fragmentación y posterior regeneración es una forma de reproducción asexual en muchos animales invertebrados.

Otros seres vivos tienen la capacidad de regenerar una parte de su organismo sin que este proceso constituya un tipo de reproducción asexual. Por ejemplo, cuando una lagartija pierde parte de su cola puede regenerarla. Pero el trozo cortado no puede generar un nuevo individuo. Por esto no hay que confundir la regeneración con la reproducción asexual por fragmentación.

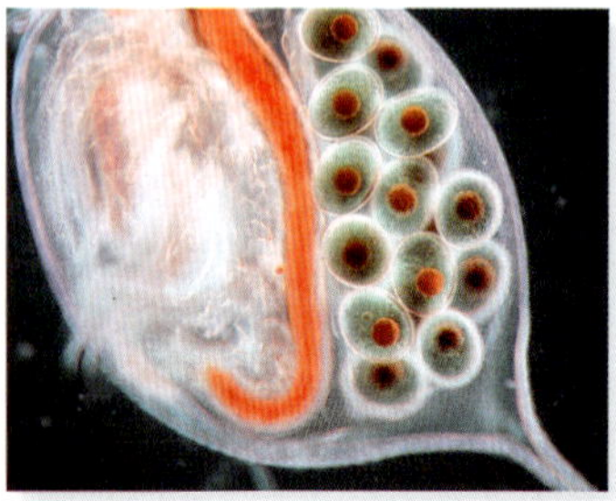

▲ Pulga de agua con huevos partenogenéticos.

Partenogénesis

Algunos autores consideran a la **partenogénesis** como una forma de reproducción asexual mientras que otros la proponen como un caso especial de reproducción sexual donde se desarrolla un embrión a partir de un gameto no fecundado. Los organismos generados son genéticamente idénticos al progenitor. Es una forma común de reproducción en artrópodos, aunque también puede ocurrir en algunas especies de peces, anfibios y reptiles.

En ciertas especies, la partenogénesis es parte del mecanismo que determina el sexo. Por ejemplo, en muchas hormigas y en la mayoría de las especies de abejas y avispas, los machos se desarrollan a partir de huevos no fecundados, mientras que las hembras lo hacen a partir de huevos fecundados.

ACTIVIDADES

5. Investiguen. En la naturaleza, ¿qué factores ambientales pueden provocar la fragmentación de un organismo marino?
6. ¿Cuál es la principal diferencia entre la reproducción por fragmentación y la regeneración de una parte del organismo que ocurre en algunos animales?
7. ¿En qué consiste la partenogénesis?

3 Crean el primer cromosoma sintético de la levadura de cerveza

Un equipo internacional de científicos logró la síntesis del cromosoma III de la levadura *Saccharomyces cerevisiae*. Esta levadura es una célula eucariota que comparte alrededor de 2.000 genes con el ser humano. Por eso la creación del primero de los 16 cromosomas de la levadura es un enorme avance en el novedoso y emergente campo de la ciencia conocido como biología sintética.

Cada cromosoma es una molécula de ADN plegada de una forma muy compacta, gracias a un gran número de proteínas. Como en la actualidad no se conoce cómo plegar una molécula de ADN para formar un cromosoma, el trabajo en el laboratorio consistió en construir el cromosoma sintético cortando y pegando trozos del cromosoma natural. Pegar estos trozos para formar el cromosoma sintético completo llevó casi 7 años de trabajo.

Luego, el cromosoma fabricado por los investigadores fue introducido con éxito en una célula de levadura.

Además de los expertos, han trabajado junto a ellos 60 estudiantes en la creación de este cromosoma de la levadura, conocido como SynIII. Los estudiantes han sido premiados apareciendo como coautores del artículo en la prestigiosa revista científica *Science*.

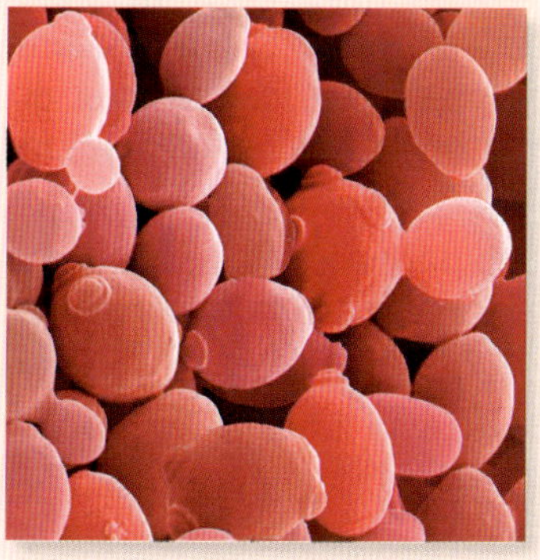

Levaduras en gemación vistas con microscopio electrónico de barrido, coloreadas artificialmente.

La levadura es muy valorada por los investigadores por sus múltiples usos en industrias clave, como la elaboración de cerveza, vino y pan.

Jef Boeke, del Centro Médico Langone de la Universidad de Nueva York, dijo que a pesar de haberle hecho más de 500 cambios al ADN del cromosoma, la levadura no solo es resistente sino que además adquirió nuevas funciones.

Tom Ellis, quien lidera el equipo británico, describió la creación del primer cromosoma sintético de un organismo eucariota como un logro inmenso: "La levadura es la reina de la biotecnología, y es genial usar biología sintética para agregarle nuevas funciones".

Su investigación incluye desarrollar genes sintéticos para levadura que permitirían producir antibióticos y convertir desechos de agricultura en biocombustible.

Mientras los críticos argumentan que la biología sintética supone interferir en la naturaleza con efectos desconocidos, Ellis y otros señalan que las levaduras que contienen material genético artificial solo pueden sobrevivir en un laboratorio con el apoyo de especialistas.

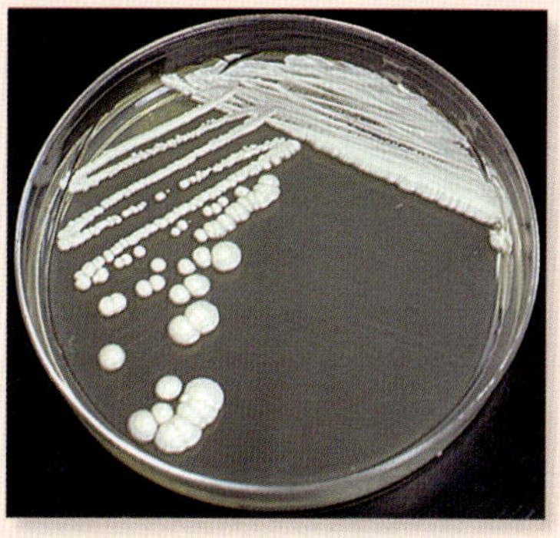

Cultivo de levaduras en placa de Petri.

Para señalar los beneficios de este trabajo, Boeke destaca la importancia de la levadura a lo largo de la historia de la humanidad y su potencial para el futuro: "La levadura tiene una relación industrial antigua con el hombre –la elaboración de pan y la destilación de bebidas alcohólicas– [...] y hoy esa relación va más allá porque estamos haciendo medicamentos, vacunas y biocombustible usando levadura. Incluso, se espera desarrollar organismos para la degradación de vertidos de hidrocarburos o productos de desecho".

"Pronto será viable sintetizar genomas eucarióticos, incluyendo genomas de animales y plantas", dicen los científicos en su trabajo. Boeke explicó que esto no es inminente, pero se está acercando. "Aún está lejos hacer cromosomas enteros para esos organismos, pero ciertamente los minicromosomas con decenas o cientos de genes están definitivamente en un futuro probable", dijo el científico.

Fuente: David Shukman, editor de ciencias de la BBC *(British Broadcasting Corporation)*. 27 de marzo de 2014.

ACTIVIDADES

8. ¿Cuál es la principal diferencia entre las biomoléculas y las sustancias inorgánicas?
9. ¿Qué relación hay entre las proteínas y el ADN?
10. ¿Qué significa que el ADN es una molécula portadora de información?

4 Reproducción de levaduras

Como hemos visto, las levaduras son organismos unicelulares que tienen la capacidad de transformar los azúcares —por ejemplo los de las frutas— en alcohol y dióxido de carbono. En determinadas condiciones, cuando en el medio hay abundancia de nutrientes, pueden reproducirse por gemación. Las células de levadura aumentan de tamaño y dan origen a nuevas células hijas, las cuales finalmente pueden separarse y convertirse en nuevos organismos.

Objetivos

La realización de la siguiente experiencia les permitirá observar cómo se reproducen las levaduras.

Materiales

Un vaso de precipitado de 100 ml, una varilla de vidrio, un gotero, portaobjetos, cubreobjetos, microscopio, trípode, tela metálica, mechero de Bunsen, una cucharita, un reloj, 50 ml de agua, 40 gr de azúcar, azul de metileno, 40 gr de levadura, un termómetro.

Procedimiento

1. Depositen la levadura en un vaso de precipitado y agreguen 50 ml de agua. Agiten la mezcla hasta obtener una solución. Foto A
2. Coloquen una gota de la solución en el portaobjetos, tapen con el cubreobjetos y observen a través del microscopio, primero con el objetivo de menor aumento y luego con el siguiente.
3. Realicen un esquema de las levaduras en sus carpetas.
4. Agreguen una cucharada de azúcar a la solución de levadura. Foto B
5. Mezclen bien y coloquen un termómetro para controlar la temperatura. Enciendan el mechero y pongan el vaso de precipitado con la solución sobre la tela metálica. Calienten suavemente hasta que la temperatura alcance los 35 °C, aproximadamente. Foto C
6. Agiten la solución y depositen una gota en otro portaobjetos. Añadan una gota de azul de metileno, cubran el preparado y repitan la observación. Foto D
7. Realicen un esquema de lo que observaron.

Resultados para reflexionar

1. ¿Qué observaron antes y después de agregar el azúcar y calentar?
2. ¿Mediante qué tipo de reproducción se reprodujeron las levaduras?
3. ¿Qué otros organismos se reproducen por gemación?

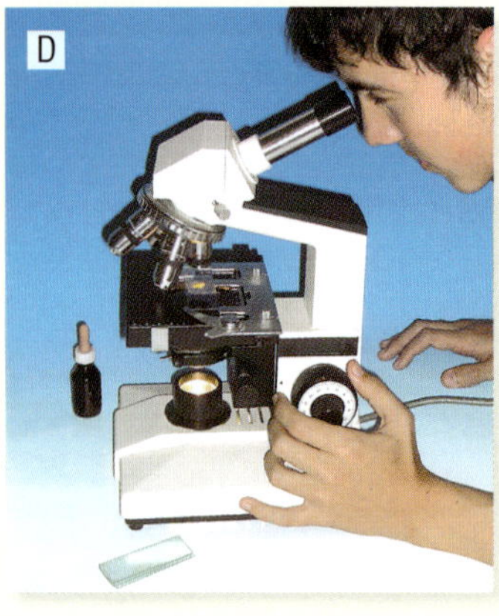

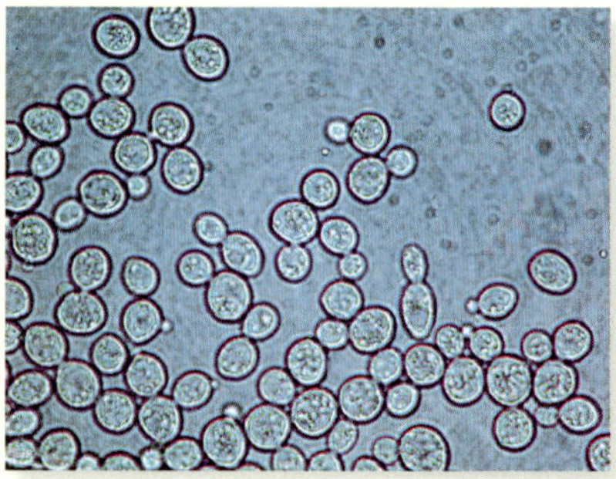

► Levaduras en proceso de gemación, teñidas con azul de metileno, vistas a través del microscopio.

5 Realización de un injerto

El injerto es un método de multiplicación vegetativa artificial en el cual se une una porción de tejido procedente de una planta —la **variedad** o **injerto** propiamente dicho— a otra porción de una planta fija —el **patrón**, **portainjerto** o **pie**.

Esta técnica se emplea habitualmente para propagar plantas frutales y ornamentales. Tiene algunas ventajas frente a otros modos de propagación:

- Permite utilizar patrones de plantas con elevadas cualidades, como resistencia a enfermedades, adaptación a tipos de suelo, vida productiva útil, etc., con injertos de otras variedades de alto valor comercial, como tamaño de frutos, color, sabor, etcétera.
- Puede servir para reproducir plantas que no producen semillas o cuya reproducción se hace muy difícil por otros métodos.
- Sirve para lograr plantas multifrutales, como por ejemplo producir naranjas, limones y mandarinas en un mismo árbol; y para producir plantas ornamentales multicolores o multiflorales haciendo injertos de variedades de diferentes colores o tipos de flores sobre un mismo patrón.

Objetivos

El objetivo de la siguiente experiencia será combinar un patrón con una rama que tenga mejores cualidades en lo que respecta a la calidad de la flor.

Se trata de un injerto que daña mínimamente al patrón y que emplea muy poco material vegetal. La mejor época para realizarlo es la primavera o el verano, cuando la corteza se puede extraer con mayor facilidad.

Antes de comenzar, debemos tener en cuenta ciertos aspectos para realizar un injerto con éxito:

- El injerto de especies del mismo género es el que mejores resultados da.
- Las partes a injertar deben mantenerse limpias y no deben tocarse con las manos.
- El injerto debe realizarse con cierta rapidez para evitar la suciedad y la desecación.
- Debe elegirse la época para el injerto, que dependerá del tipo de injerto y del clima.

Materiales

Una cinta plástica (no adhesiva) o rafia, un cortaplumas o cortante, un rosal, una rama joven de rosal con yema formada.

Procedimiento

1. Con ayuda de un adulto, realicen un corte en forma de T sobre el patrón. Foto A
2. Con mucho cuidado, separen la corteza del tronco. Foto B
3. Por otro lado, realicen un corte en forma de escudo sobre la rama joven. Deben incluir la yema. Foto C
4. Inserten inmediatamente el escudo por debajo de la corteza donde hicieron el corte en forma de T. Es necesario que ambas partes queden bien ajustadas una a la otra. Foto D
5. Aten el conjunto con cinta plástica o con rafia, ejerciendo cierta presión y dejando al descubierto la yema. Retiren la cinta después de dos semanas. Fotos E y F
6. Una vez que brote la yema injertada, procedan al corte de la rama patrón para favorecer la dominancia de la variedad.

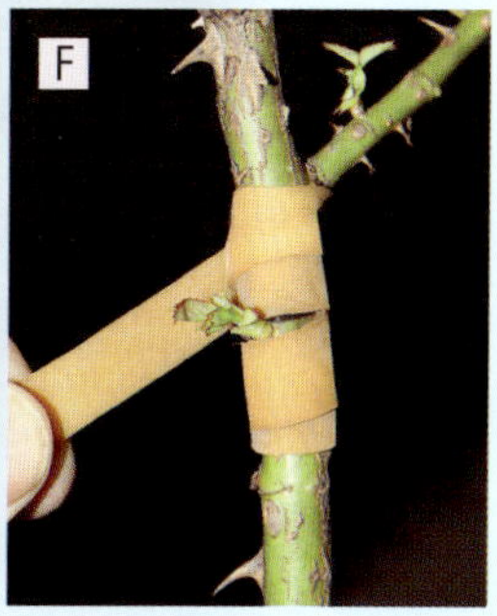

Resultados para reflexionar

1. ¿Qué es un injerto?
2. ¿A qué se denomina patrón?
3. ¿En qué situaciones se utiliza esta técnica?
4. Si el injerto no diese resultado, ¿cuáles serían las posibles causas del fracaso?
5. Den ejemplos de algunas de las plantas en las que se aplican métodos de multiplicación vegetativa artificial.

ACTIVIDADES

11. Completen el siguiente mapa conceptual. Den ejemplos de cada una de las formas de reproducción asexual.

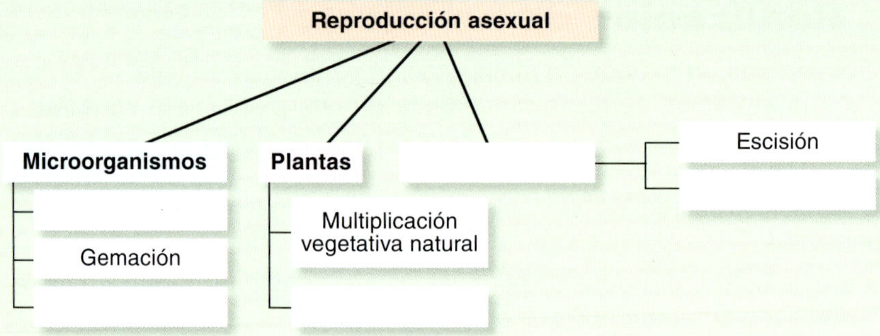

12. Indiquen cuáles de las siguientes afirmaciones son características de la reproducción asexual.

a. A partir de un solo individuo se originan muchos descendientes. ○
b. Posee gran variabilidad genética. ○
c. Es común en bacterias. ○
d. Requiere la formación de gametos. ○
e. Los descendientes son idénticos al progenitor. ○
f. Está relacionada con la meiosis. ○
g. Intervienen dos organismos. ○
h. Se produce con bastante rapidez. ○
i. Es común en insectos. ○
j. El ADN se autoduplica. ○

13. Elijan la definición correspondiente para cada una de las siguientes formas de multiplicación vegetativa:

- **raíces tuberosas**
- **estolones**
- **propágulos**
- **bulbos**
- **rizomas**
- **tubérculos**

a. Tallos rastreros que comienzan por una pequeña yema y luego crecen.
b. Hojas viejas de las que se desarrollan raíces y se origina una nueva planta.
c. Tallos subterráneos con varias yemas que crecen de forma horizontal.
d. Raíces engrosadas que almacenan sustancias de reserva y tienen la capacidad de desarrollar un tallo con yema que dará origen a una nueva planta.
e. Tallos subterráneos que poseen yemas de las que se originan nuevas plantas.
f. Tallos subterráneos que almacenan sustancias de reserva.

14. Respondan las preguntas.

a. ¿Cuál de las imágenes corresponde a reproducción por acodo? Márquenla con una tilde.

b. ¿De qué tipo de reproducción asexual se trata?
c. ¿Se produce en forma natural o artificial?
d. ¿Conocen algún ejemplo en el que se emplee este tipo de reproducción?

15. Escriban las definiciones de los términos que componen el siguiente acróstico.

a) BIPA**R**TICIÓN
b) M**E**IOSIS
c) PRO**P**ÁGULO
d) ESPO**R**ULACIÓN
e) RIZ**O**MA
f) ACO**D**O
g) B**U**LBO
h) **C**ROMOSOMA
i) ES**C**ISIÓN
j) M**I**TOSIS
k) ESTOL**Ó**N
l) I**N**JERTO

Autoevaluación

1. **La capacidad de reproducirse es:**
   - **a.** característica de algunos seres vivos.
   - **b.** característica de todos los seres vivos.
   - **c.** exclusiva de los animales.

2. **Una célula con 23 pares de cromosomas se divide por mitosis y da origen a:**
   - **a.** dos células con 23 cromosomas cada una.
   - **b.** dos células con 46 pares de cromosomas cada una.
   - **c.** dos células con 23 pares de cromosomas cada una.

3. **La meiosis es:**
   - **a.** un proceso de división celular del que resultan células haploides.
   - **b.** uno de los procesos que ocurren en la reproducción asexual.
   - **c.** una doble división celular que da como resultado dos células diploides.

4. **La mitosis se diferencia de la meiosis en que:**
   - **a.** la meiosis ocurre en mamíferos y la mitosis no.
   - **b.** la meiosis produce menor variabilidad genética que la mitosis.
   - **c.** la meiosis da lugar a cuatro células haploides y la mitosis a dos diploides.

5. **La multiplicación celular para un protozoo representa la principal forma de:**
   - **a.** aumentar el tamaño de la célula.
   - **b.** obtener variabilidad genética.
   - **c.** reproducción.

6. **La gemación es:**
   - **a.** la reproducción característica de los organismos unicelulares.
   - **b.** una forma de reproducción asexual.
   - **c.** la formación de esporas.

7. **En la fisión binaria se produce:**
   - **a.** intercambio de material genético entre ambos progenitores.
   - **b.** duplicación del material genético y segmentación de la célula madre para dar lugar a dos células hijas.
   - **c.** partición del material genético y segmentación de la célula madre para dar lugar a ocho células hijas.

8. **La multiplicación vegetativa por acodo consiste en:**
   - **a.** una forma de reproducción característica de los microorganismos.
   - **b.** una práctica en la que se corta una rama tierna de una planta y se la introduce en tierra húmeda.
   - **c.** una práctica en la que se entierra una rama de una planta y se espera que eche raíces antes de cortarla.

9. **Los rizomas son:**
   - **a.** tallos subterráneos con varias yemas que crecen de forma horizontal emitiendo raíces y brotes herbáceos de sus nudos.
   - **b.** raíces tuberosas.
   - **c.** tallos subterráneos que almacenan muchas sustancias nutritivas.

10. **Algunos animales pueden reproducirse por:**
    - **a.** escisión.
    - **b.** acodo.
    - **c.** fisión binaria.

5 Reproducción sexual

▲ Elefantes marinos, hembra (izquierda) y macho joven (derecha).

◀ Microfotografía de los estambres de una flor en la que se ven los granos de polen, estructuras que producen las células sexuales masculinas.

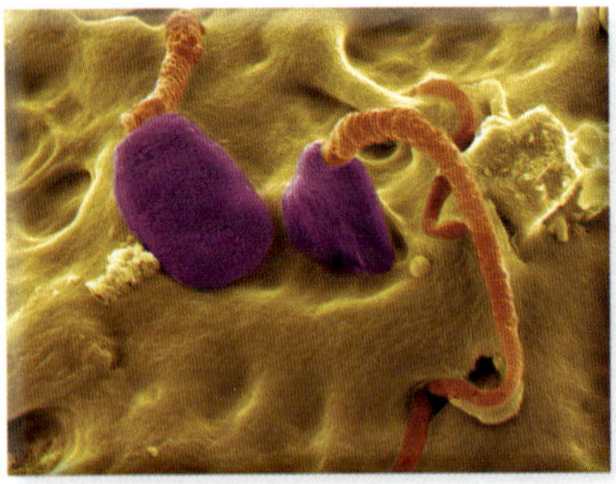

▲ Fotografía de dos espermatozoides en el momento en que uno de ellos penetra en el óvulo, tomada con microscopio electrónico de barrido y coloreada artificialmente.

Los elefantes marinos machos, como los que habitan en Península Valdés, se enfrentan en duras peleas con otros machos antes de poder llegar a aparearse con las hembras. La reproducción sexual presenta diferentes aspectos que varían según la especie; sin embargo, hay algo característico que la define: ocurre cuando dos células sexuales, una masculina y otra femenina, se unen para originar una tercera célula que contiene información genética de ambos progenitores, pero a su vez, es diferente de la de ellos. Estas células sexuales se forman en los órganos reproductores por división meiótica, como vimos en el capítulo anterior. En este capítulo profundizaremos los conceptos sobre meiosis y analizaremos sus distintas etapas. Veremos por qué la reproducción sexual asegura la variabilidad genética de las especies. Además, estudiaremos la reproducción sexual de las angiospermas, o plantas con flores, y los distintos tipos de reproducción sexual en animales junto con las características del desarrollo embrionario.

ACTIVIDADES

1. ¿Cuál es la condición necesaria para que haya reproducción sexual?
2. ¿Qué tipo o tipos de división celular se producen en la formación de gametos sexuales?
3. ¿Dónde se originan los gametos sexuales?
4. ¿Qué relación tiene la reproducción sexual con la variabilidad genética?
5. Den ejemplos de seres vivos que se reproduzcan sexualmente.

1 Las células sexuales

A diferencia de la reproducción asexual, en la reproducción sexual la información genética de los descendientes está conformada con el aporte de ambos progenitores a partir de la unión de las células sexuales, o **gametos**. Más adelante, veremos cómo la reproducción sexual es fuente de variabilidad genética.

En este tipo de reproducción intervienen dos fenómenos característicos: la formación de las células sexuales, o **gametos**, y su posterior unión, o **fecundación**.

Ya hemos visto que la formación de las células sexuales, o gametos, se produce mediante división meiótica. Como producto de la meiosis los gametos heredan solo la mitad del número de cromosomas de cada progenitor. Es decir que las **células diploides** se transforman en **células haploides**. Se trata de una **división reduccional**, pues el número de cromosomas de las células hijas está reducido a la mitad.

Durante la fecundación, el gameto masculino se une al gameto femenino y genera una célula huevo, o **cigoto**, que vuelve a ser una célula diploide.

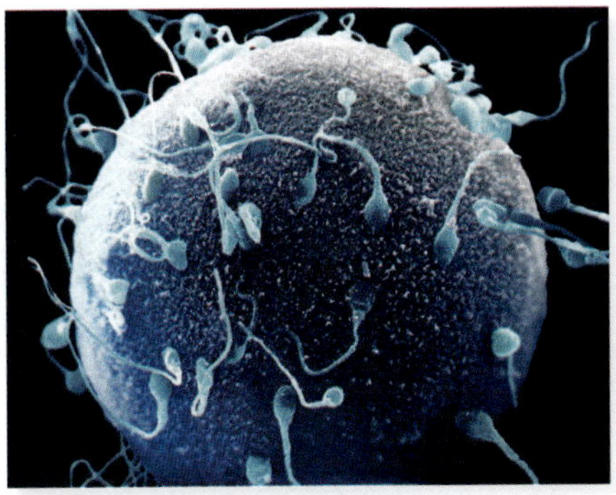

▲ Vista de un óvulo rodeado de espermatozoides a través de un microscopio electrónico de barrido.

2 Los cromosomas y la meiosis

Como resultado de la meiosis de una célula diploide (2n) se originan cuatro células haploides (n). Por ejemplo, los seres humanos tenemos en las células del cuerpo 23 pares de cromosomas, es decir 46 cromosomas en total, como resultado de la meiosis se originan células con 23 cromosomas.

Así como ocurre en la mitosis, la meiosis también está precedida por un período llamado **interfase** durante el cual el ADN se autoduplica.

Antes de iniciar el proceso de división meiótica, la cromatina se condensa y se forman los cromosomas. Es importante recordar que la cromatina y los cromosomas poseen la misma composición, y la distinción entre ellos se debe solo al grado de condensación o empaquetamiento del material genético.

Como el ADN está duplicado, los cromosomas tienen forma de **letra X**, ya que están constituidos por dos filamentos idénticos llamados **cromátidas**. Ambas crómatidas hermanas se encuentran unidas en una zona específica por un estrechamiento denominado **centrómero**, que cumple una función importante en el momento de la división celular.

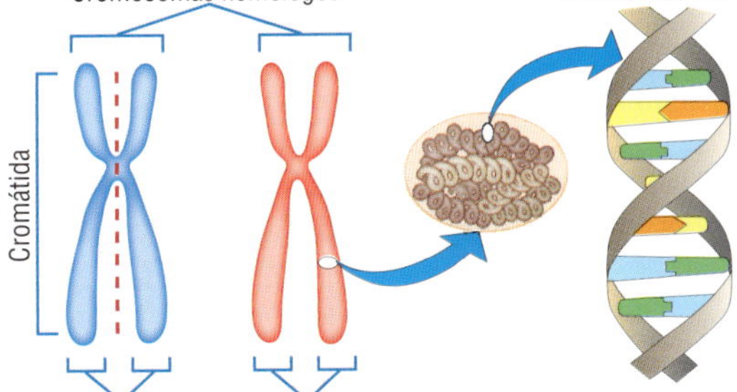

▲ Esquema en el que aparecen las partes del cromosoma duplicado. En la ampliación se observa el enrollamiento de la doble cadena de ADN en las cromátidas.

Cada cromosoma con sus dos cromátidas idénticas posee otro cromosoma par u homólogo. Cada uno de los cromosomas homólogos proviene de uno de los progenitores y ambos poseen información del mismo tipo y se asemejan en forma y tamaño. Los dos cromosomas que componen un par, o cromosomas homólogos, tienen la misma longitud y la misma posición del centrómero. Los cromosomas homólogos tienen pares de genes con información de determinadas características genéticas. Por ejemplo, si un gen para el color de ojos está situado en un lugar determinado de un cromosoma, el cromosoma homólogo también tendrá una versión del mismo gen para el color de ojos en un lugar equivalente.

Sabemos que existen diferencias notables entre los hijos y los padres, y entre los hermanos entre sí. Si los hijos heredan la información genética de los padres, ¿cuál es el motivo de estas diferencias? La respuesta se encuentra en la producción de gametos durante la meiosis y en algunos procesos que ocurren durante uno de los pasos de la meiosis.

MEIOSIS I: División de los cromosomas homólogos.

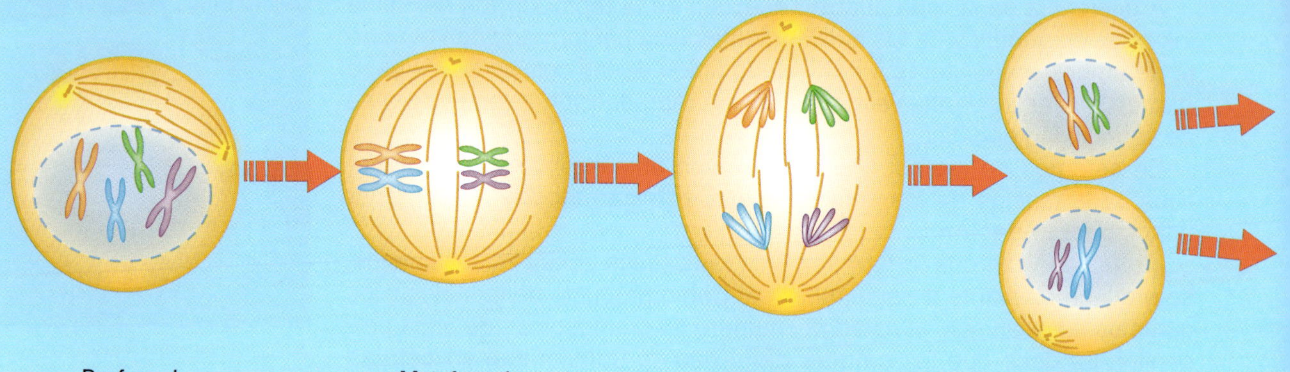

Etapas de la meiosis

La meiosis comprende dos divisiones celulares sucesivas durante las cuales los cromosomas se duplican una sola vez. Al haber dos divisiones y una sola duplicación del material genético, las cuatro células hijas solo heredan la mitad del número de cromosomas que tenía la célula madre. Las dos divisiones sucesivas se denominan **meiosis I** y **meiosis II**.

En la meiosis I los cromosomas homólogos duplicados se aparean y se separan, mientras que en la meiosis II se separan las cromátidas hermanas.

Tanto una como la otra pueden ser divididas en fases. Comencemos por las fases de la meiosis I:

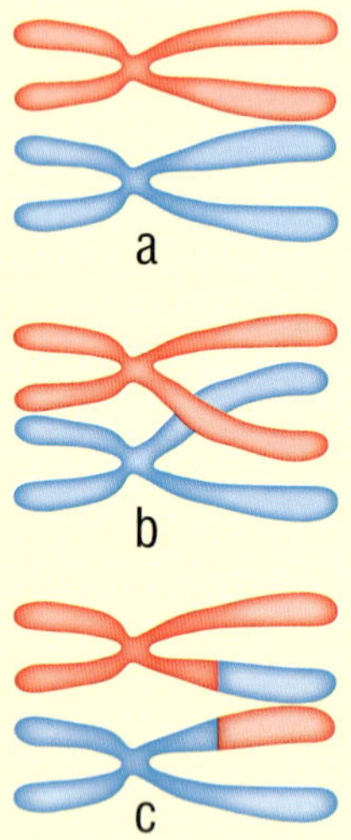

▲ Esquema de entrecruzamiento, o *crossing over*. (a) Durante la profase los cromosomas homólogos se aparean y se forman las tétradas. (b) Se produce un cruce y un intercambio de segmentos entre cromátidas hermanas. (c) Se forman nuevas cromátidas con información genética distinta de la original.

- **Profase I.** Desaparece la membrana nuclear y el nucléolo. Los cromosomas homólogos duplicados se aparean y forman las **tétradas**. Se denominan tétradas porque cada par de cromosomas homólogos está formado por cuatro cromátidas. A continuación se produce el **entrecruzamiento**, o ***crossing over***, entre cromátidas. Este proceso puede ocurrir en toda la extensión de cada cromátida y consiste en el intercambio de segmentos cromosómicos semejantes entre las cromátidas de pares homólogos. Como resultado de este intercambio, las cromátidas de un mismo cromosoma dejan de ser idénticas, es decir, ya no contienen la misma información que tenían previamente, esto se debe a que han intercambiado una parte de ellas con una de las cromátidas del cromosoma homólogo. Al mismo tiempo, comienzan a organizarse los microtúbulos que forman los husos, una especie de sistema de fibras que parten desde los polos y se unen a los centrómeros de los cromosomas.
- **Metafase I.** Los pares de cromosomas homólogos enfrentados se alinean en el plano ecuatorial de la célula. Terminan de formarse los husos y las fibras se unen a determinadas zonas de los centrómeros.
- **Anafase I.** Los cromosomas homólogos formados cada uno por dos cromátidas hermanas se separan, como atraídos por las fibras del huso. Cada cromosoma con sus dos cromátidas se dirige hacia un polo celular. La distribución de los cromosomas hacia uno u otro polo se realiza **al azar**, **en forma independiente** de cómo se distribuya el resto de los cromosomas.
- **Telofase I.** Los cromosomas homólogos alcanzan los polos y comienzan a formarse dos núcleos que poseen la mitad de información genética que tenía la célula original, aunque aún tienen información duplicada, ya que cada cromosoma posee dos cromátidas.

MEIOSIS II: División de las cromátidas hermanas.

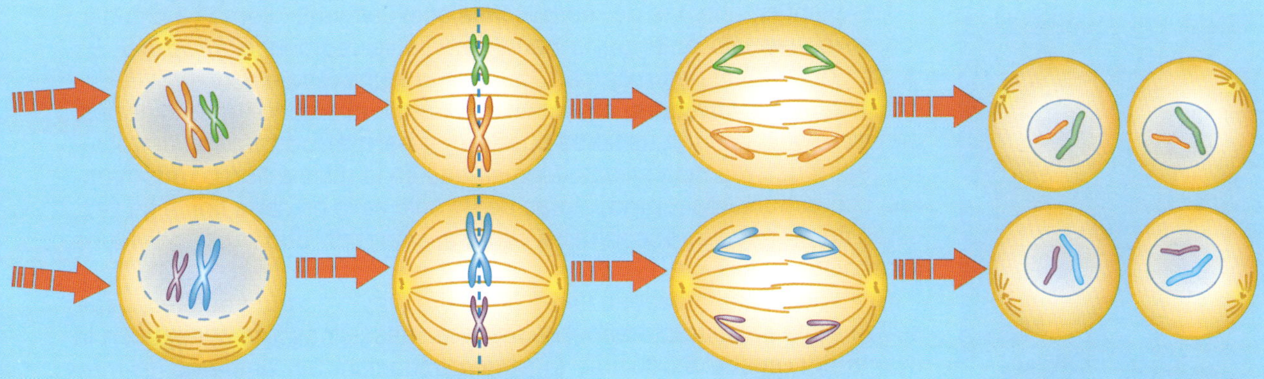

La meiosis II es semejante a una mitosis en la que también se distinguen cuatro fases:

- **Profase II.** En esta fase desaparece el núcleo y nuevamente comienzan a formarse las fibras del huso.
- **Metafase II.** Los cromosomas se ubican en la línea ecuatorial de la célula y terminan de formarse las fibras del huso.
- **Anafase II.** Las cromátidas hermanas se separan y se dirigen hacia los polos, traccionadas por las fibras del huso.
- **Telofase II.** Se forman las membranas nucleares alrededor de cada uno de los cuatro grupos de cromosomas compuestos por una sola cromátida cada uno. Finalmente se produce la citocinesis, o división citoplasmática, lo que da lugar a la formación de cuatro células hijas con un número haploide de cromosomas.

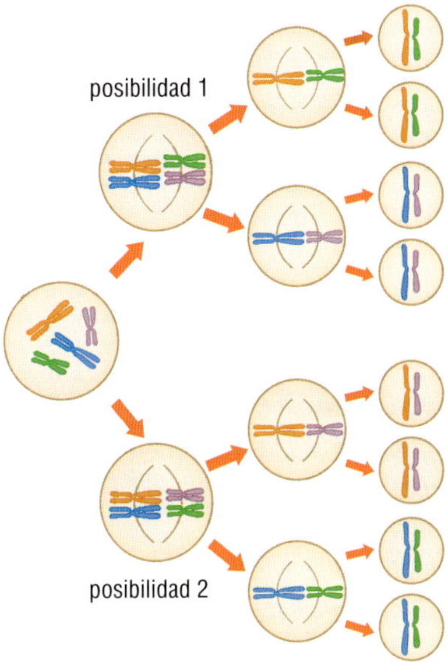

▲ **La segregación al azar, fuente de variabilidad.** Distintas formas en que se pueden combinar los cromosomas para formar las células sexuales, o gametos, a partir de una célula del cuerpo con solo dos pares de cromosomas.

La reproducción sexual como fuente de variabilidad genética

La reproducción sexual constituye la principal fuente de variabilidad genética. Ocurre a partir de la combinación de genes que se produce durante la fecundación de gametos. Como consecuencia, los individuos de una misma especie tienen diferentes características.

Las principales fuentes de **variabilidad genética** se deben a que:

- Mediante la reproducción sexual se combina la información genética proveniente de dos células sexuales diferentes, una masculina y otra femenina, en una célula huevo, o cigoto.
- El entrecruzamiento, o *crossing over*, de los cromosomas homólogos hace que cada una de las cuatro cromátidas de cada par homólogo, al intercambiar segmentos de información, se convierta en una cromátida diferente de la original y diferente de la cromátida hermana. De esta manera se generan nuevas combinaciones de información.
- Durante la metafase I cada miembro del par de cromosomas homólogos se ubica al azar a uno u otro lado de la línea ecuatorial. Esto permite que en la fase siguiente, la anafase I, cuando los cromosomas homólogos se separan y migran hacia los polos, se formen gametos con distintos tipos de combinaciones de cromosomas.

▲ Gracias a la variabilidad genética, individuos de una misma especie tienen características diferentes.

3 Reproducción sexual en plantas

▲ Las piñas, órganos reproductores. En las **gimnospermas**, o plantas con semillas y óvulos desnudos o descubiertos, como las coníferas, los órganos reproductores femeninos son los conos o piñas. Estos carecen de ovario y sus óvulos se encuentran en contacto directo con el ambiente.

Las plantas, además de reproducirse asexualmente, como ya estudiaron en el capítulo anterior, lo hacen mediante reproducción sexual. Es decir, por la unión de un gameto masculino y uno femenino.

En las **angiospermas**, o plantas con flores, el órgano reproductor es, precisamente, la **flor**. Las flores pueden ser **hermafroditas**, con estructuras reproductoras masculinas y femeninas en la misma flor, o **unisexuales**, con estructuras reproductoras de un solo sexo en cada flor. A su vez, estas flores pueden encontrarse en el mismo individuo o en individuos diferentes.

Si muchas plantas tienen flores hermafroditas, ¿podrían autofecundarse? Al estar las estructuras reproductoras masculinas y femeninas en la misma flor, puede producirse la autofecundación. Sin embargo, lo más común es que existan diversos mecanismos que la inhiben. Estos, por lo general, consisten en el desfase del momento de producción de gametos femeninos y masculinos en un mismo individuo. En las plantas con flores hermafroditas, por ejemplo, la flor masculina produce los granos de polen en un momento en que la flor femenina no está madura para recibirlos. La inhibición de la autofecundación permite aumentar la variabilidad genética de los descendientes, ya que la unión de gametos provenientes de distintos progenitores da origen a individuos con características hereditarias diversas.

Partes de una flor

▲ Flor de amancay, una planta típica de los bosques andino-patagónicos de la Argentina. Los estambres del amancay son largos y retorcidos, y el estigma termina en tres puntas.
Cuando no es posible diferenciar los pétalos de los sépalos, como en el caso del amancay, decimos que la flor tiene perigonio. Cada una de las partes del perigonio se denomina tépalo.

Si toman una flor, como el lirio, y la observan con detenimiento, podrán distinguir las partes que la forman. La mayoría de las flores están compuestas por un **pedúnculo**, o porción cilíndrica, que las une a la rama de la planta, y un **receptáculo**, o base ensanchada, donde se insertan cuatro **ciclos florales** que, desde afuera hacia adentro, son:

- El **cáliz**: formado por hojas especiales denominadas **sépalos**, que protegen la flor hasta que se abre.
- La **corola**: compuesta por los **pétalos**.
- El **androceo**: conjunto de estructuras reproductoras masculinas, formado por los **estambres**. Estos últimos están constituidos por una **antera** productora de los granos de polen, y un **filamento** que sostiene la antera.
- El **gineceo**: conjunto de estructuras reproductoras femeninas, también denominado **pistilo**, donde el **ovario** es la cavidad que aloja los **óvulos**; el **estilo** es la prolongación filamentosa del ovario por donde descienden los gametos masculinos, y el **estigma** es una eminencia situada en el extremo del estilo donde se depositan los granos de polen.

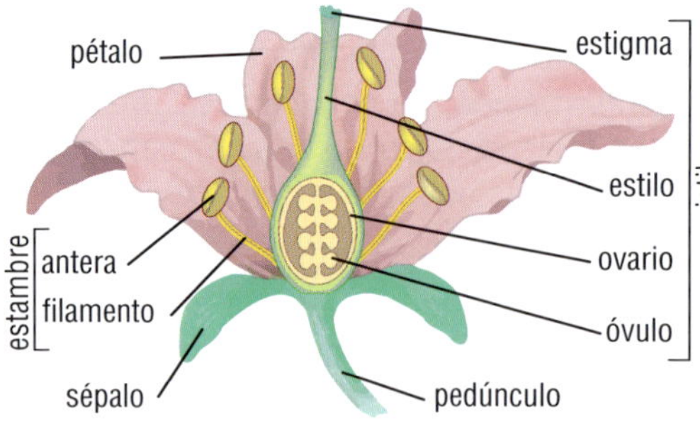

◄ Esquema de una flor típica, con las partes que la componen.

Polinización y fecundación

El origen de un nuevo individuo por reproducción sexual se produce a partir de la unión entre los gametos masculino y femenino. Para que esto ocurra, el **polen**, o estructura productora de gametos masculinos que se encuentra en las anteras, es transportado por los **agentes polinizadores** hasta el estigma de otra flor perteneciente a una planta de la misma especie.

Una vez que el grano de polen queda adherido al estigma de la flor, comienza el proceso de **fecundación**. Se desarrolla entonces un tubo polínico que conduce el gameto masculino hacia el gameto femenino, u oosfera, para que se realice la unión de ambos. Como resultado de esta unión se forma la célula huevo, o **cigoto**.

Luego cada óvulo se convierte en **semilla**, mientras que el ovario se engruesa y da lugar al **fruto** cuya función es proteger las semillas. Las semillas de las plantas con flores están constituidas por el **embrión**, las **reservas** para el crecimiento del embrión y un **tegumento** que lo rodea y protege.

Cuando los frutos maduran y caen de la planta, las semillas pueden ser dispersadas por los animales, el viento o el agua hacia diferentes lugares donde germinarán, si las condiciones de humedad y temperatura lo permiten. Si así ocurre, el embrión se desarrolla y crece una nueva planta. De esta manera se cierra el ciclo vital.

Los **agentes polinizadores** pueden ser **bióticos** o **abióticos**. Entre los agentes bióticos, los principales son los insectos, como las abejas, las mariposas y los escarabajos, aunque también ciertas aves, como los colibríes. Todos estos animales son atraídos por los colores, el néctar y la forma de las flores. Los agentes abióticos como el viento y el agua también dispersan los granos de polen y colaboran con la polinización.

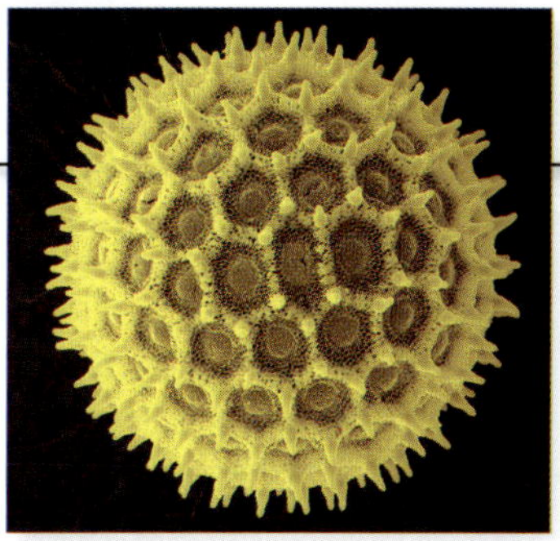

▲ Grano de polen visto al microscopio electrónico.

▲ Colibrí polinizando flores.

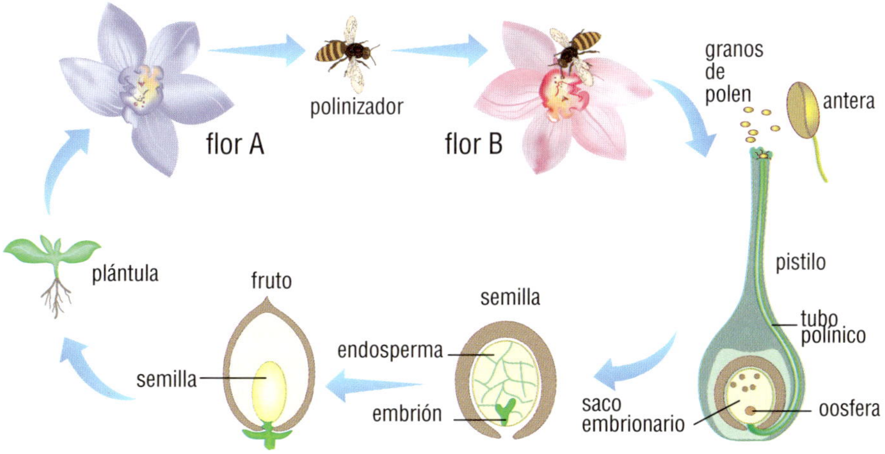

◀ Esquema del ciclo vital de una planta con flores.

ACTIVIDADES

6. ¿Qué tipo de agentes polinizadores conocen? Den ejemplos.

7. Completen el siguiente texto.

Todas las plantas en alguna etapa de su vida se ____________. El órgano reproductor en las angiospermas se denomina ____________. Las flores poseen un conjunto de estructuras reproductoras; la ____________ se llama androceo y la femenina, ____________.

Para que la reproducción se realice, el ____________ que contiene los ____________ masculinos debe llegar hasta el ____________, que contiene a la célula femenina, u oosfera. Cuando esto ocurre, se produce la ____________. El ovario madura hasta convertirse en ____________, mientras que las ____________, que se encuentran dentro del fruto, contienen el embrión y el endosperma.

4 La reproducción sexual en animales

Como estudiaron en páginas anteriores, los gametos son células especializadas que intervienen en la reproducción sexual de los seres vivos. Los gametos femeninos de los animales se denominan, en general, **óvulos** y los masculinos, **espermatozoides**. En casi todas las especies animales, los gametos son aportados por individuos de distinto sexo. Sin embargo, algunos animales, como los caracoles y las lombrices, son **hermafroditas**. Es decir que el mismo individuo produce gametos femeninos y masculinos. Como la maduración de los gametos suele ocurrir en diferentes momentos, cuando estos animales se reproducen no se autofecundan sino que forman parejas y se fecundan mutuamente.

En el proceso de reproducción sexual en los animales se pueden distinguir tres etapas: la **gametogénesis**, el **apareamiento** y la **fecundación**.

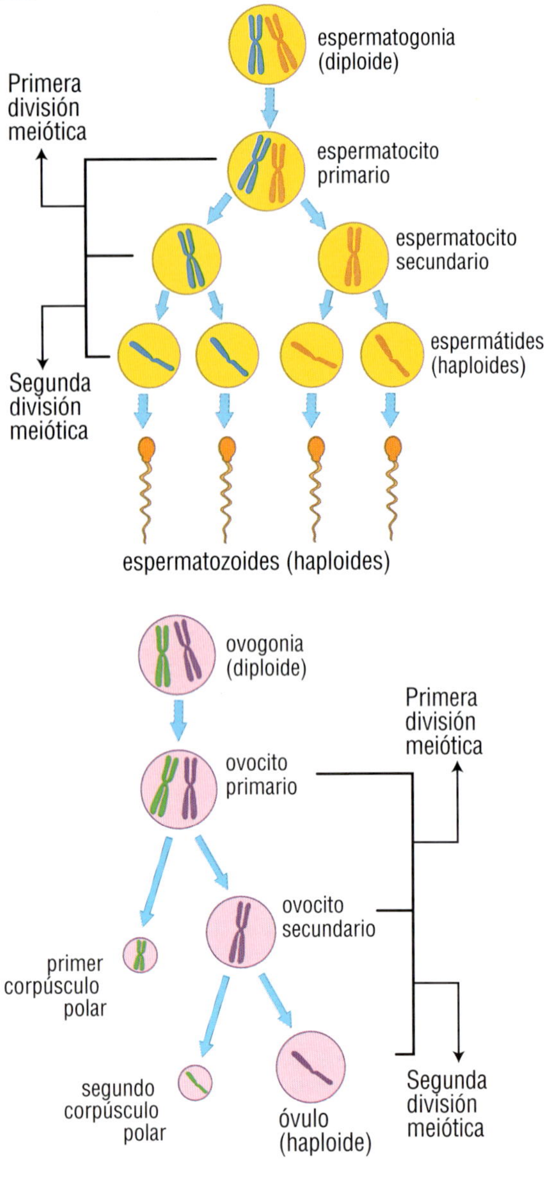

▲ Esquema de gametogénesis.

La gametogénesis

La mayoría de los animales poseen órganos especiales llamados **gónadas**, que se encargan de la formación de los gametos. Este proceso se conoce como **gametogénesis**. Se llama **espermatogénesis** cuando los gametos producidos son masculinos y **ovogénesis**, cuando son femeninos.

La espermatogénesis se inicia en el órgano reproductor masculino donde se encuentran las células diploides llamadas **espermatogonias**. Estas se dividen por mitosis y dan lugar a los **espermatocitos primarios**, que crecen y, por división meiótica, dan origen a dos **espermatocitos secundarios**. Después de una segunda división meiótica, los espermatocitos secundarios generan cuatro **espermátides**, con un número haploide de cromosomas. Por último, cada espermátide madura y se convierte en **espermatozoide**.

En la ovogénesis ocurre un proceso similar. Las **ovogonias** presentes en el órgano reproductor femenino comienzan a sufrir sucesivas mitosis hasta generar células diploides denominadas **ovocitos primarios**. En muchas especies, el desarrollo del ovocito se interrumpe en la profase I de la primera meiosis y puede permanecer así por días, meses o años.

Durante esta etapa, el ovocito acumula sustancias nutritivas que el huevo necesitará para sobrevivir después de la fecundación.

Cuando la meiosis se completa, el ovocito da lugar a dos células de tamaño muy diferente: la mayor, u **ovocito secundario**, y la pequeña, o **primer corpúsculo polar**. El ovocito secundario se divide nuevamente por meiosis y origina una célula haploide pequeña, llamada **segundo corpúsculo polar**, y una célula haploide grande denominada **óvulo**.

◀ Las lombrices de tierra son hermafroditas, es decir que un mismo individuo tiene ambos sistemas reproductores, femenino y masculino. Los animales hermafroditas no se autofecundan, se aparean con otro individuo y la fecundación es cruzada entre ambos.

▲ Dimorfismo sexual entre el pavo real macho y hembra.

El apareamiento

Alguna vez habrán visto que las parejas de animales suelen interaccionar de modos llamativos antes de **aparearse** o unirse para la reproducción sexual. Este tipo de relación entre ambos miembros de la pareja, denominada **cortejo**, es muy compleja y varía en las diferentes especies, aunque consiste en comportamientos más o menos ritualizados.

En general, durante el cortejo puede producirse la emisión de señales de diferentes tipos:

- **Químicas**, como ciertos aromas que liberan uno o ambos miembros de la pareja para localizarse y atraerse mutuamente.
- **Visuales**, como en el caso de las luciérnagas, que producen destellos luminosos, o de las aves que exhiben sus plumajes coloridos.
- **Sonoras**, como el "canto" de las aves, los grillos o las cigarras.

El cortejo también se manifiesta mediante danzas rituales, caricias entre ambos miembros de la pareja o "regalos" que ofrecen los machos a las hembras, en algunas especies.

Una vez que la pareja se aparea, se produce la **cópula**, es decir la reunión física de un órgano copulador masculino y un órgano receptivo femenino, en general denominados pene y vagina, respectivamente. Aunque, en algunos casos, la transferencia de los espermatozoides del macho a la hembra puede ocurrir de manera indirecta.

Dimorfismo sexual

Los machos y las hembras de algunas especies animales no presentan diferencias morfológicas a simple vista. Por ejemplo, es muy difícil diferenciar a un pingüino de Magallanes macho de uno hembra. En cambio, en el caso de otras especies, los machos tienen diferencias notables con las hembras, como ocurre con el pavo real, el león marino o el cauquén común. A esta diferencia entre el macho y la hembra de una misma especie se la denomina **dimorfismo sexual**.

Ritos de apareamiento

La mayoría de los reptiles llevan a cabo ritos de apareamiento. Por ejemplo, los camaleones macho experimentan cambios de color durante el cortejo y las hembras fecundadas muestran una coloración viva para indicar que no están disponibles. Las serpientes hembra atraen a sus compañeros expulsando aromas químicos llamados feromonas. Cuando el macho encuentra a una hembra receptiva, la corteja pasando por encima de ella varias veces y luego alinea su cola con la de ella de manera que se pueda producir la fecundación.

La fecundación

La fecundación se produce por la unión de los gametos de ambos progenitores y la formación de la célula huevo, o **cigoto**. En los animales, la fecundación puede ser:

- **Externa.** La unión de los gametos ocurre fuera del cuerpo de los progenitores. Los individuos de ambos sexos liberan los gametos al medio acuático y estos se unen. Es el caso de numerosas especies de peces, anfibios, equinodermos, esponjas, etcétera.
- **Interna.** La unión de gametos se produce en el interior del cuerpo de la hembra, como ocurre en los insectos, los mamíferos, las aves y los reptiles. Mediante la cópula, el macho deposita los espermatozoides dentro del cuerpo de la hembra, en un órgano receptivo especializado para tal fin. Entre los anfibios, a pesar de que la fecundación es externa, se produce el abrazo del macho a la hembra, para que esta libere los óvulos.

◄ Fecundación externa en peces.

◄ Cópula entre macho y hembra de rana.

ACTIVIDADES

8. ¿Qué tipo de señales puede emitir uno o ambos miembros de la pareja durante el cortejo sexual?
9. Describan cómo es la fecundación interna.

5 Desarrollo embrionario

Después de ocurrida la fecundación del óvulo, comienza a producirse una serie de divisiones celulares sucesivas del cigoto hasta el momento del nacimiento del nuevo individuo. Esta etapa del desarrollo de un organismo se denomina **embrión** y puede transcurrir dentro del cuerpo materno o fuera de él, según de qué animales se trate. En el primer caso el desarrollo es **interno** y en el segundo, **externo**.

Los animales con desarrollo interno se clasifican en dos grupos:

- **Vivíparos.** Los animales vivíparos pueden ser placentarios o marsupiales. El embrión de los vivíparos placentarios se desarrolla dentro del útero de la madre y la nutrición se realiza a través de la placenta, como ocurre con la mayoría de los mamíferos. En los vivíparos marsupiales, como el canguro o la comadreja, el desarrollo del embrión se completa dentro de una bolsa o saco especial que posee la madre, llamado marsupio.
- **Ovovivíparos.** En estos animales el embrión se desarrolla dentro de un huevo que permanece en el cuerpo de la madre. El huevo contiene los nutrientes necesarios para el desarrollo del embrión. Por lo tanto, no hay contacto entre la madre y el embrión. Cuando la madre deposita los huevos en el ambiente, estos eclosionan y se produce el nacimiento de las crías, como ocurre en algunos peces, reptiles y anfibios.

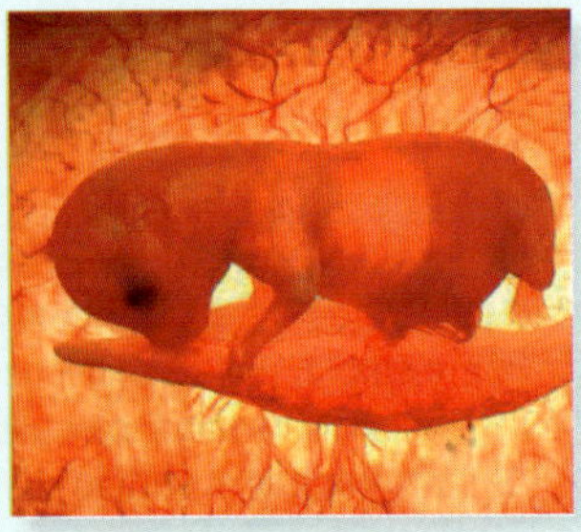

▲ El perro es un animal vivíparo. En la fotografía se observa un embrión de perro dentro del útero materno.

► Cría de wallaby, un animal marsupial, dentro del marsupio.

▲ Las madrecitas son peces ovovivíparos, muy comunes en la mayoría de los arroyos y lagunas de la Argentina.

Los animales con desarrollo externo se dividen en dos grupos:

- **Ovulíparos.** Los embriones se desarrollan dentro de huevos, pero su fecundación es externa. La hembra y el macho liberan sus gametos en el agua, estos se unen y dan origen a los huevos dentro de los cuales se desarrollan los embriones, como ocurre con los sapos, las ranas y la mayoría de los peces.
- **Ovíparos.** La hembra, una vez fecundada, deposita los huevos, generalmente en un nido, y los incuba o los tapa para protegerlos. El embrión se desarrolla dentro del huevo, donde se encuentran almacenados los nutrientes necesarios para su crecimiento. Las tortugas, los insectos y las aves son ejemplos de animales ovíparos.

▲ Tiras con huevos de salamandra, un anfibio ovulíparo.

► Huevos con embriones de peces.

▲ Huevos de chajá. El chajá es un ave que habita, principalmente, en el centro y norte de la Argentina. Construye sus nidos en tierras bajas, cercanas a cuerpos de agua.

Desarrollo directo e indirecto

Quizás alguna vez hayan visto un renacuajo: ¿es un animal recién nacido o adulto? ¿Todos los animales tienen la misma forma cuando nacen y cuando son adultos? Muchos animales recién nacidos, por ejemplo el pingüino, el delfín o el yacaré, tienen una forma similar a la que tendrán de adultos. Se los conoce como animales de **desarrollo directo**.

Sin embargo, en otros, como muchos insectos y anfibios, las diferencias entre los embriones y los adultos son muy notables. Los animales que en su ciclo de vida pasan por una fase de larva (embrión) tienen **desarrollo indirecto**.

Una oruga de mariposa tiene un aspecto muy diferente del que tendrá cuando adulta. Los renacuajos también son muy diferentes en su aspecto y hábitos de las ranas adultas. Las estrellas de mar durante sus primeros días de vida son larvas microscópicas que flotan en el agua, sin embargo, cuando llegan a adultas, toman un aspecto similar al de sus progenitores.

La serie de transformaciones que se produce entre los estadios larvales y el individuo adulto se denomina **metamorfosis**.

En el siguiente esquema está representada la metamorfosis de una rana.

▲ Los renacuajos son herbívoros, viven en el agua, tienen branquias internas y cola.

▶ Durante la metamorfosis se reabsorben la cola y las branquias.

▲ Los adultos viven en la tierra y vuelven al agua para reproducirse.

▲ Esquema de la metamorfosis de la rana.

a. La hembra libera los óvulos y el macho los fecunda: la fecundación es externa.

b. Los óvulos fecundados se depositan en el agua y son fijados con sustancias mucosas.

c y d. Al cabo de 2 o 3 meses nacen las larvas llamadas renacuajos, que respiran por branquias internas, carecen de extremidades y se mueven mediante una cola.

e. Después, experimentan una metamorfosis: la cola se reduce, aparecen las cuatro patas y desaparecen las branquias.

f. Se forman los pulmones, por lo cual los individuos ya pueden salir del agua.

El proceso de la muda

A diferencia de la metamorfosis, la **muda** es el proceso de cambio de exoesqueleto que ocurre en los artrópodos a medida que crecen y aumentan de tamaño. Esto se produce porque el exoesqueleto no crece ni se estira. Algunos crustáceos mudan durante toda la vida, mientras que los arácnidos e insectos experimentan un número determinado de mudas hasta llegar a la última, cuando alcanzan la madurez.

▲ Exuvias de insectos. Las exuvias son los restos de cutícula o exoesqueleto que dejan abandonados los artrópodos después de la muda.

ACTIVIDADES

10. ¿Qué clase de animales vivíparos conocen? ¿Qué diferencias hay entre unos y otros?

11. Describan las diferencias que existen entre un animal ovíparo y uno ovovivíparo. Den ejemplos de ambos.

12. ¿Qué tipo de desarrollo tienen los animales que son diferentes en su adultez con respecto al recién nacido? ¿Cómo se denomina el pasaje de un estadio al otro?

13. ¿Qué diferencias existen entre una metamorfosis y una muda?

6 Cría de gusanos de seda

El gusano de seda *(Bombyx mori)* se caracteriza por elaborar una fibra única, muy utilizada en la industria textil. Como las hojas de la morera son el alimento principal del gusano de seda, las regiones templadas donde se desarrolla este árbol son las más propicias para su cría, desde la primavera hasta el otoño.

El ciclo evolutivo del gusano de seda dura alrededor de 60 días. Comprende el nacimiento, el desarrollo de la larva, la metamorfosis, la salida de la mariposa, el acoplamiento, la puesta de huevos y la muerte.

Como veremos más adelante, el nacimiento de la larva puede ser retardado artificialmente.

Esquema del ciclo de vida del gusano de seda.

Objetivos

En esta experiencia se desarrollarán las pautas generales para la cría de los gusanos de seda.

Mariposa depositando los huevos.

Materiales

Huevos de gusano de seda (se pueden comprar a un criador), rollo de papel absorbente de cocina, recipientes de plástico, caja de zapatos, lupa, hisopos, hojas de morera.

Procedimiento

1. **Preparación de los huevos para la eclosión.** Primero deben retardar la eclosión de los huevos para evitar que los gusanos salgan antes de que los árboles de morera comiencen a brotar. Esto se realiza en el invierno. Para hacerlo, coloquen los huevos dentro de un sobre hecho con papel absorbente de cocina y ubíquenlos en un recipiente de plástico abierto, en la heladera.
   Cuando llegue la primavera, saquen las bolsitas de la heladera y esperen entre una y dos semanas a que nazcan las larvas.
   Los huevos pueden presentar diferentes colores: si son oscuros, quiere decir que la larva aun está en desarrollo. Si cambian a verde más claro, significa que la eclosión se producirá en cuestión de días. Si son amarillos, no sirven, ya que el gusano ha salido del huevo o bien no fue fecundado.

El color oscuro de los huevos indica que están fecundados y que se está desarrollando la larva.

2. **Alimentación.** Los gusanos de seda se alimentan de hojas de morera. Las más recomendables son las del árbol *Morus alba* (moras blancas), aunque también sirven las de *Morus nigra* (moras oscuras).
   El tamaño de la hoja debe ser proporcional al del gusano. A los recién nacidos se le suministran brotes y hojas pequeñas porque son más tiernas. A medida que vayan pasando por sus diferentes estadios, les pueden dar hojas más grandes. El recambio de hojas de morera se

debe hacer cada 24 horas, aproximadamente.
Una vez recolectadas, las hojas de morera se pueden conservar una semana en la heladera.

3. **Cría de larvas durante la primera edad.** En el fondo de un recipiente de plástico, coloquen papel absorbente de cocina para que retenga los desechos líquidos que produzcan los gusanos de seda. Realicen un agujerito en la tapa para que puedan respirar y ubiquen las larvas dentro del recipiente. Cambien el papel absorbente cada dos o tres días para mantener la limpieza.
Cuando recambien las hojas secas o en mal estado por hojas nuevas, deben trasladar los gusanos. Para hacerlo utilicen un hisopo de algodón y vayan pasándolos uno por uno. Como tienen pelitos, se pegan a la superficie del algodón y luego se ponen encima de la hoja y bajan a comer.
4. **Cría de larvas a partir de la cuarta edad.** Después de la tercera fase de muda, los gusanos de seda empiezan a crecer rápidamente. En este momento hay que cambiar el recipiente de cría, ya que necesitan más espacio. Lo mejor es usar una caja de zapatos donde desarrollarán sus últimas etapas y tendrán espacio suficiente para colocar los capullos de seda. Coloquen papel absorbente de cocina en la base de la caja y trasladen los gusanos. En esta etapa, los gusanos se pueden tomar con las manos. Agárrenlos por la cabeza y tiren suavemente hasta que se suelten del lugar donde estén aferrados. Esta maniobra hay que realizarla con mucho cuidado para no dañarlos.
La caja puede quedar abierta, ya que los gusanos no la abandonan mientras estén en contacto con hojas de morera. Cambien el papel absorbente cada dos o tres días.
5. **Construcción del capullo de seda.** Aproximadamente a los 35 días, en el quinto estadio larval, deben construir un bosque artificial para que los gusanos puedan ascender a tejer el capullo. Utilicen filamentos plásticos, espigas de escoba o ramitas. Antes de tejer el capullo de seda, la larva cambia a un color más claro, con tintes rosados en la zona inferior, y expulsa un excremento blando con líquidos, de color verde o marrón. Cambien el papel absorbente todos los días.
La construcción de los capullos demora alrededor de una semana. Dentro de ellos, el gusano realiza su metamorfosis pasando del estado de larva al de crisálida. Esto proceso dura alrededor de dos semanas, momento en que emerge la mariposa.
6. **Puesta de huevos y fin de ciclo.** Las mariposas realizarán la cópula y pondrán huevos. Para evitar que lo hagan encima de los capullos, a medida que vayan saliendo las mariposas, quiten los capullos vacíos. Luego de la puesta, las mariposas mueren. Retírenlas y esperen a que los huevos se pongan oscuros, signo de que han sido correctamente fecundados.
Finalmente, guarden los huevos en un lugar oscuro y seco, a la espera de que llegue el invierno, para prepararlos y meterlos en la heladera.

Resultados para reflexionar

1. El gusano de seda ¿tiene un desarrollo directo o indirecto? ¿Por qué?
2. ¿Para qué se retarda la eclosión de los huevos?
3. Si las mariposas realizan la cópula, ¿qué tipo de fecundación tienen?
4. ¿Cómo es el desarrollo de los embriones en los huevos? ¿Qué nombre reciben estos animales?

▲ Gusano recién nacido.

▲ Gusanos a partir de la cuarta edad alimentándose de hojas de morera.

▲ Capullo de seda que contiene la crisálida.

▲ Mariposas copulando.

7 El uso del microscopio

El microscopio que se utiliza con mayor frecuencia en los laboratorios se conoce como **microscopio óptico**. Se pueden identificar las siguientes partes:

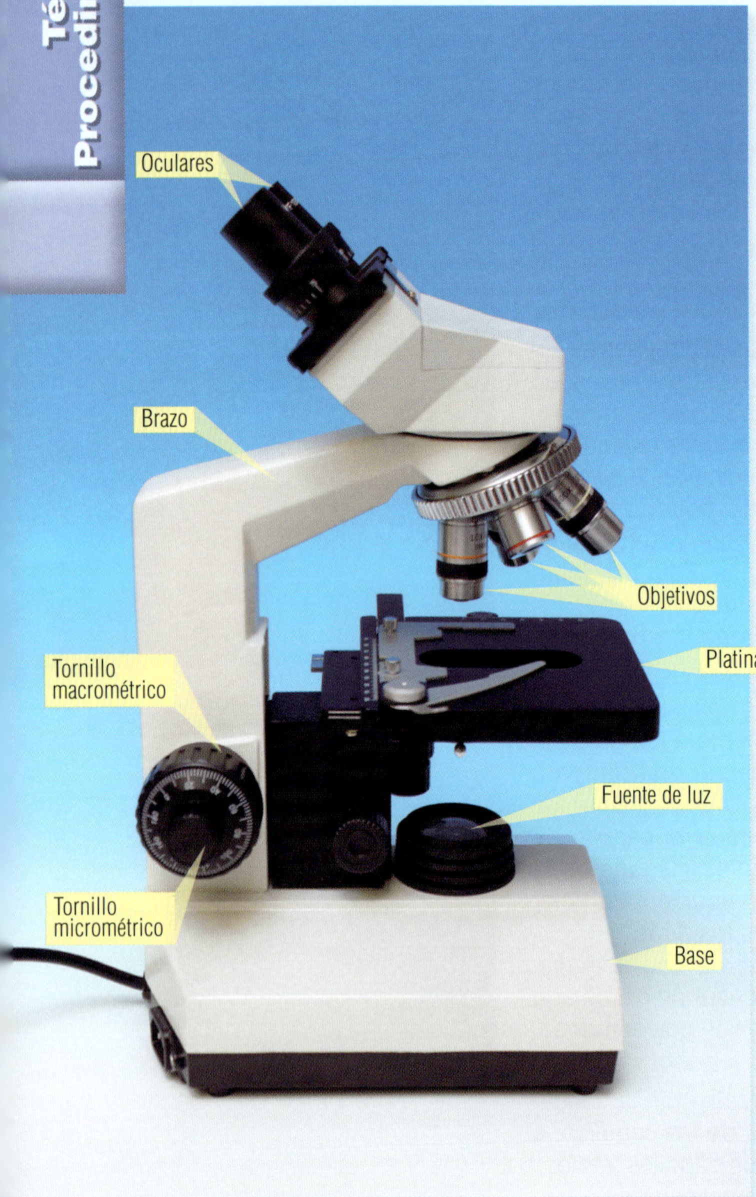

La base es la plataforma que sostiene el instrumento, posee una fuente luminosa. El brazo sostiene los oculares y el revólver con los objetivos. Los oculares son las lentes por donde se mira el preparado, mientras que los objetivos se pueden intercambiar para poder realizar observaciones con distintos aumentos. El aumento de los oculares y de los objetivos se indica con un número seguido de una letra X. El más utilizado para los oculares es 10X, mientras que los aumentos más usados en los objetivos son 4X (lupa), 10X, 40X y 100X (objetivo de inmersión). Si queremos saber el aumento total de la imagen, hay que multiplicar el aumento de la lente ocular por el aumento de la lente del objetivo. Por ejemplo, para un ocular 10X y un objetivo 40X, el aumento total es de 400X.

El tornillo macrométrico sube y baja la platina (superficie donde se coloca el preparado), para hacer un ajuste grueso de la imagen; mientras que el tornillo micrométrico sube y baja la platina lentamente, para hacer un ajuste fino de la imagen.

Observación del preparado

Para realizar observaciones a través del microscopio óptico, debemos usar un vidrio rectangular, llamado **portaobjetos**, sobre el cual colocaremos el **preparado** que queremos observar. Luego, cubrimos con un pequeño vidrio delgado denominado **cubreobjetos**, y ubicamos el conjunto en la platina, cuando está en posición baja.

Con el tornillo macrométrico subimos la platina hasta que aparezca la imagen del objeto. Luego, ajustamos la visión de la imagen moviendo lentamente el tornillo micrométrico. Comenzamos la observación del objeto con el menor aumento y después cambiamos a un objetivo con mayor aumento. Cada vez que cambiemos de aumento necesitaremos volver a ajustar la visión de la imagen con el tornillo micrométrico.

ACTIVIDADES

14. Raspen suavemente el interior de la mejilla de la boca de un compañero con un hisopo. Extiendan la muestra sobre un portaobjetos. Coloquen una gota de azul de metileno y tapen con el cubreobjetos. Con un papel absorbente quiten el líquido derramado hacia afuera. Observen al microscopio con los objetivos 4X, 10X y 40X. Realicen un esquema de lo que ven con cada aumento.

15. Si un microscopio óptico tiene un ocular de 10X y objetivos de 4X, 10X, 40X y 100X, ¿cuál es el máximo aumento que se puede obtener con ese microscopio?

8 Identificación de las partes de una flor

Durante esta experiencia reconocerán e identificarán las partes de una flor de angiosperma y sus estructuras reproductivas.

Materiales

Distintas flores (azalea, flor de zapallo, lirio, rosa china, etc.), cortante, cartulina, pinza, portaobjetos, cubreobjetos, lupa, microscopio óptico. Foto A

Procedimiento

1. Identifiquen el pedúnculo, el receptáculo, el cáliz y la corola en la primera flor. Foto B
2. Quiten algunos pétalos para dejar al descubierto el gineceo y el androceo, e identifiquen las partes de cada uno de ellos. Foto C
3. Retiren con una pinza algunos estambres y espolvoreen polen sobre un portaobjetos. Cubran con el cubreobjetos y observen al microscopio con distintos aumentos. Fotos D, E y F
4. Corten el ovario en forma longitudinal, y con la lupa observen el o los óvulos. Foto G
5. Repitan el procedimiento con el resto de las flores.

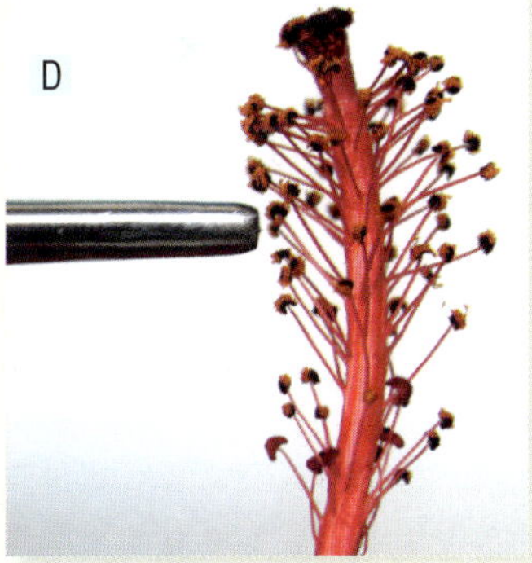

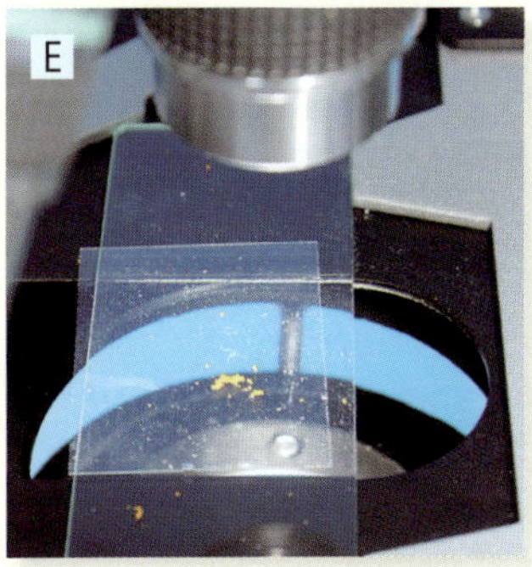

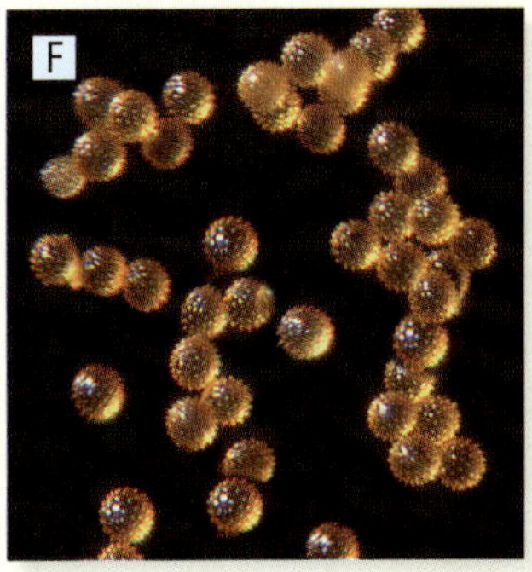

Resultados para reflexionar

1. Realicen un esquema de una de las flores en sus carpetas y señalen las partes que la conforman.
2. Describan las características de los granos de polen que observaron (forma, tamaño, etcétera).
3. ¿Todas las flores tenían ambas estructuras reproductoras?
4. ¿Pudieron observar los óvulos? ¿Cómo están dispuestos en el ovario? Hagan un esquema.

16. Completen la siguiente tabla comparativa de los procesos de reproducción asexual y sexual.

	Reproducción asexual	Reproducción sexual
Progenitores participantes		
Información génetica de los descendientes en relación con la de los progenitores		
Importancia del proceso de reproducción		

17. ¿A qué tipo de división celular representa el esquema? Marquen la opción correcta.

a. mitosis ☐
b. fisión binaria ☐
c. meiosis ☐
d. división celular indirecta ☐

18. La siguiente imagen corresponde a una fase de la meiosis II. ¿Cómo se denomina esta fase? Indiquen la respuesta correcta:

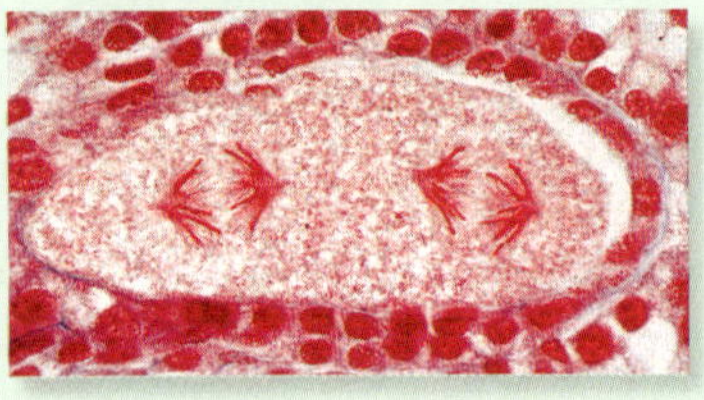

a. telofase II ☐
b. profase II ☐
c. anafase II ☐
d. metafase II ☐

19. Coloquen V (verdadero) o F (falso) según corresponda.

a. Todos los cromosomas que heredan los organismos machos provienen del padre y los de las hembras provienen de la madre. ☐
b. Durante el entrecruzamiento, o *crossing over*, las cromátidas hermanas intercambian información genética. ☐
c. La combinación de la información genética de ambos progenitores durante la formación del huevo o cigoto es un factor de variabilidad genética. ☐
d. La segregación independiente de los cromosomas durante la meiosis permite contar con más posibilidades de obtener gametos con información genética diferente. ☐

20. Completen el siguiente esquema con los rótulos correspondientes.

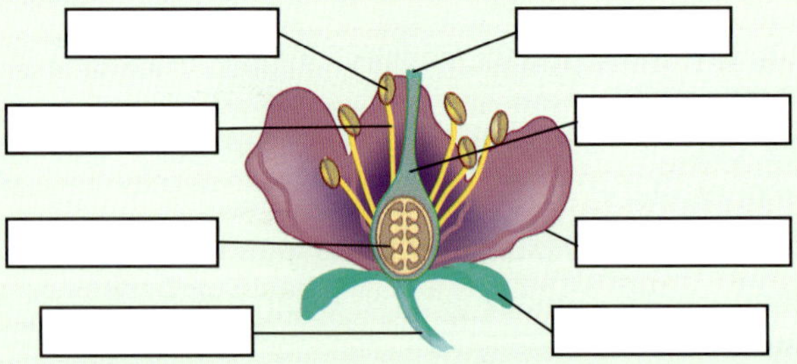

21. Respondan las preguntas.

a. ¿Qué se produce en las gónadas de los animales?
b. ¿De qué manera se efectúa la fecundación en los animales?
c. ¿Cómo se preparan las parejas de animales para el apareamiento?
d. ¿Dónde se desarrollan los organismos ovulíparos?
e. ¿Qué diferencia hay entre un animal ovíparo y uno ovovivíparo?
f. ¿Mediante qué proceso ocurre la fecundación en los animales de fecundación interna?
g. ¿Por qué el cigoto de los animales vivíparos no tiene cáscara ni abundantes sustancias de reserva?

22. Rompan un huevo de gallina sobre un plato y obsérvenlo detenidamente.

a. ¿Dónde se desarrolla el embrión?
b. ¿Dónde se encuentran las sustancias de reserva?
c. ¿Qué tipo de fecundación originó el embrión?

Autoevaluación

1. La reproducción sexual:

- **a.** es realizada únicamente por los animales vertebrados. ☐
- **b.** implica la fusión de gametos para la formación de la célula huevo. ☐
- **c.** consiste en la obtención de muchos individuos a partir de uno solo. ☐

2. Los gametos sexuales masculinos y femeninos de los animales se denominan:

- **a.** anterozoide y anteridio. ☐
- **b.** célula espermática y oosfera. ☐
- **c.** espermatozoide y óvulo. ☐

3. La meiosis:

- **a.** ocurre en todas las células de un organismo pluricelular eucariota. ☐
- **b.** implica dos divisiones nucleares consecutivas y una sola duplicación de ADN. ☐
- **c.** implica dos duplicaciones de ADN. ☐

4. El *crossing over* es:

- **a.** el apareamiento de los cromosomas homólogos. ☐
- **b.** el intercambio de segmentos cromosómicos semejantes entre las cromátidas de pares homólogos. ☐
- **c.** el alineamiento de los pares de cromosomas homólogos en el plano ecuatorial de la célula. ☐

5. Al finalizar la meiosis II:

- **a.** las células resultantes son idénticas entre sí. ☐
- **b.** las células son haploides. ☐
- **c.** se produce la replicación del ADN. ☐

6. En las anteras se producen:

- **a.** los óvulos. ☐
- **b.** el néctar. ☐
- **c.** los granos de polen. ☐

7. Después de la fecundación, el óvulo de las plantas con flores dará origen a:

- **a.** el fruto. ☐
- **b.** las raíces. ☐
- **c.** la semilla. ☐

8. La fecundación externa es característica de:

- **a.** los seres humanos. ☐
- **b.** muchos peces y anfibios. ☐
- **c.** la mayoría de los mamíferos. ☐

9. La metamorfosis es:

- **a.** el proceso mediante el cual los huevos de los insectos eclosionan para que nazcan las crías. ☐
- **b.** el proceso de cambios mediante el cual la larva se transforma en un individuo adulto. ☐
- **c.** el proceso mediante el cual un insecto cambia su esqueleto para seguir creciendo. ☐

10. Los animales ovulíparos se desarrollan dentro de huevos, y su fecundación es:

- **a.** a veces interna y a veces externa. ☐
- **b.** externa. ☐
- **c.** interna. ☐

6 Reproducción humana

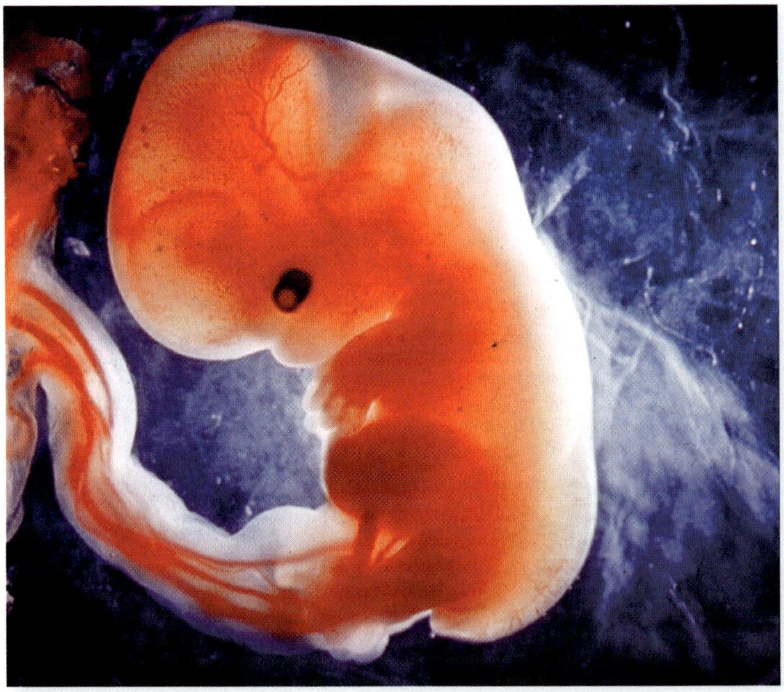

▲ Embrión humano. La nutrición del embrión se realiza a través de la placenta que comunica al embrión con la madre.

▲ La leche materna es un alimento natural y completo que tiene todos los nutrientes y anticuerpos que el bebé requiere. Durante los primeros días después del parto, la mamá produce un líquido espeso llamado calostro que contiene muchas defensas.

La reproducción sexual en el ser humano comprende varias etapas: la gametogénesis, o formación de espermatozoides y óvulos que se caracterizan por contener la mitad de la información genética que el resto de las células. La fecundación, o unión de los gametos mediante la cópula, de la cual resulta la formación de un cigoto. La gestación, o desarrollo embrionario, que va desde la formación del huevo hasta el nacimiento del nuevo individuo; donde el embrión se desarrolla dentro del útero materno y recibe los nutrientes a través de la placenta. Y la última etapa llamada parto, o nacimiento, que es la expulsión del feto del útero materno.

En este capítulo nos centraremos en el estudio de los órganos y las funciones de los sistemas reproductores masculino y femenino; la fecundación, la anidación y el desarrollo embrionario en el ser humano, y el parto. Veremos, también, el puerperio y el primer año de vida del bebé.

ACTIVIDADES

1. ¿Qué tiene que suceder para que se produzca la fecundación?
2. ¿Dónde se desarrolla el embrión?
3. ¿En qué órganos se producen los óvulos?, ¿y los espermatozoides?
4. ¿Qué función cumple el cordón umbilical?

1 Reproducción y sexualidad

¿En qué se diferencian la reproducción de la sexualidad humana?

La **reproducción sexual humana** permite la generación de nuevos individuos semejantes a los padres mediante la producción de gametos y la fecundación. La reproducción humana forma parte de un aspecto mucho más integrador del ser humano, que es la **sexualidad**. Según la Organización Mundial de la Salud "La sexualidad es un aspecto central del ser humano, presente durante toda la vida. Abarca el sexo, las identidades de género, la orientación sexual, el erotismo, el placer, la intimidad y la reproducción... La sexualidad está influida por la interacción de factores biológicos, psicológicos, sociales, económicos, políticos, culturales, éticos, legales, históricos, religiosos y espirituales".

Como pueden ver, reproducción humana y sexualidad son dos conceptos distintos.

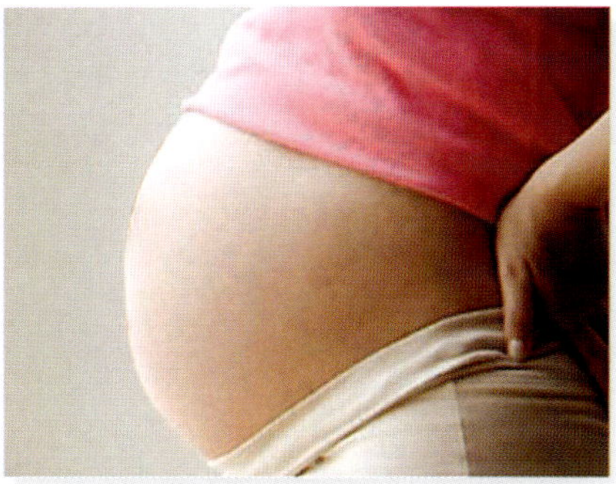

▲ La sexualidad está presente durante toda la vida de los seres humanos. La reproducción constituye solo uno de los aspectos de la sexualidad.

2 Sistema reproductor masculino

Durante la eyaculación el varón expulsa el semen –constituido por los espermatozoides y las secreciones de las glándulas anexas– a través de la uretra, un conducto que se extiende a lo largo del pene. El semen que se libera durante una eyaculación contiene, aproximadamente, 400 millones de espermatozoides. La producción de espermatozoides es continua, desde la pubertad hasta el fin de la vida.

En este proceso, que comprende la producción de espermatozoides con la capacidad de unirse a un óvulo y generar vida, la producción de semen, la eyaculación y la capacidad de llevar a cabo el acto sexual –cópula o coito– interviene el sistema reproductor masculino.

En el sistema reproductor masculino podemos distinguir las siguientes estructuras:

Órganos genitales externos.
Órganos genitales internos.
Glándulas anexas.

Órganos genitales externos

Los órganos genitales externos están constituidos por el **pene**, órgano copulador, cuya base se localiza por debajo del pubis; y el **escroto**, el saco que envuelve los testículos.

El pene está conformado por:

- **Glande.** Es el extremo dilatado del pene, cuya piel es más delgada. Al poseer innumerables terminaciones nerviosas, es la región más sensible. En el glande se encuentra el orificio de salida de la uretra.
- **Prepucio.** Es un pliegue de la piel del cuerpo del pene que se prolonga y forma una envoltura que recubre el glande.
- **Cuerpos cavernosos y cuerpo esponjoso.** Son tres masas cilíndricas de tejido esponjoso eréctil que se llenan de sangre durante la excitación sexual, lo que provoca la erección del pene. Los cuerpos cavernosos están ubicados en la parte superior y el cuerpo esponjoso, en la inferior. Este último está recorrido en su interior por la uretra.
- **Uretra.** Es un tubo de alrededor de 20 cm de longitud extendido a lo largo del pene que permite la conducción del esperma y también la salida de la orina, ya que en el varón los sistemas urinario y reproductor están relacionados.

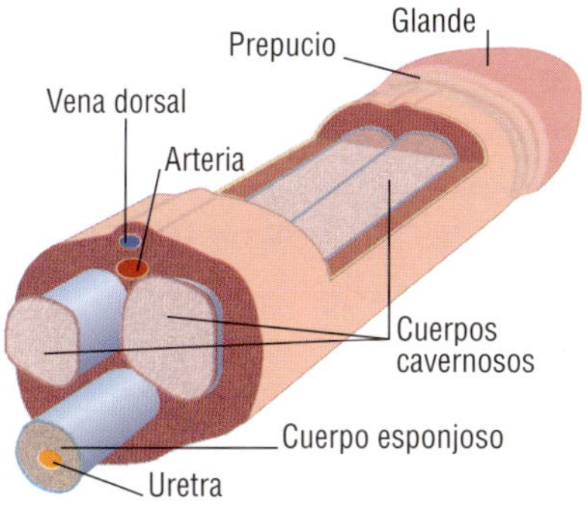

▲ Corte transversal del pene.

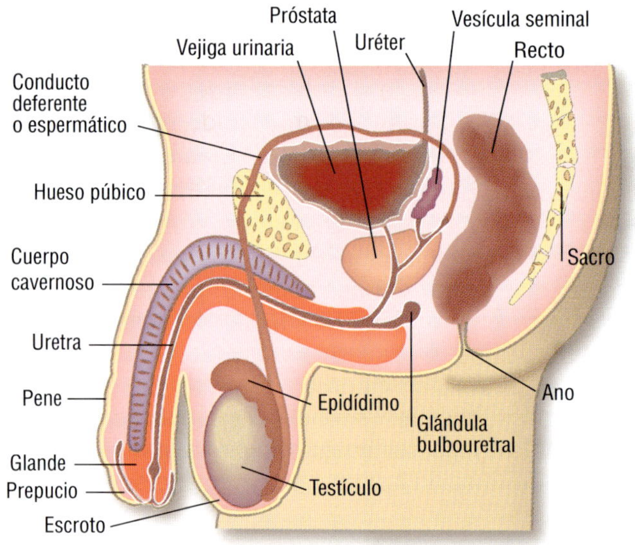

▲ Sistema reproductor masculino.

Órganos genitales internos

Los órganos genitales internos están constituidos por:

- **Testículos.** Son las gónadas productoras de espermatozoides. Tienen forma ovoidea, de aproximadamente 4 a 5 cm de longitud, y se encuentran ubicados fuera de la cavidad abdominal, dentro de una bolsa de piel, el **escroto**, que los contiene y protege. Esta ubicación permite que la temperatura se mantenga unos tres grados por debajo de la temperatura corporal, lo cual favorece la producción de espermatozoides. Cada testículo está dividido en compartimientos, o **lóbulos espermáticos**, dentro de los cuales se encuentran los **túbulos seminíferos**. Es en estos túbulos donde se forman los espermatozoides. Las **células de Sertoli**, que también se encuentran dentro de los túbulos, proveen los nutrientes necesarios para su formación y maduración. Entre los túbulos seminíferos hay grupos de células, llamadas **células de Leydig**, que producen **testosterona**, la hormona masculina que regula la espermatogénesis y es responsable de los caracteres sexuales secundarios en el varón. Una vez formados, los espermatozoides son conducidos hacia el exterior por el interior de los túbulos seminíferos, los que se conectan en una **red testicular** de la que salen entre quince y veinte **conductillos eferentes**.
- **Epidídimo.** Es un conducto muy enrollado de 6 m de longitud, donde convergen los conductillos eferentes. En este conducto los espermatozoides adquieren movilidad propia y se almacenan temporariamente.
- **Conducto deferente.** Es el tubo que continúa al epidídimo y desemboca en la **uretra**, uno por cada testículo.
- **Uretra.** Se origina en la vejiga y recorre el pene, es una vía común al sistema reproductor y al sistema urinario. Recibe los espermatozoides y las secreciones de las glándulas anexas y los vehiculiza hacia el exterior durante la eyaculación.

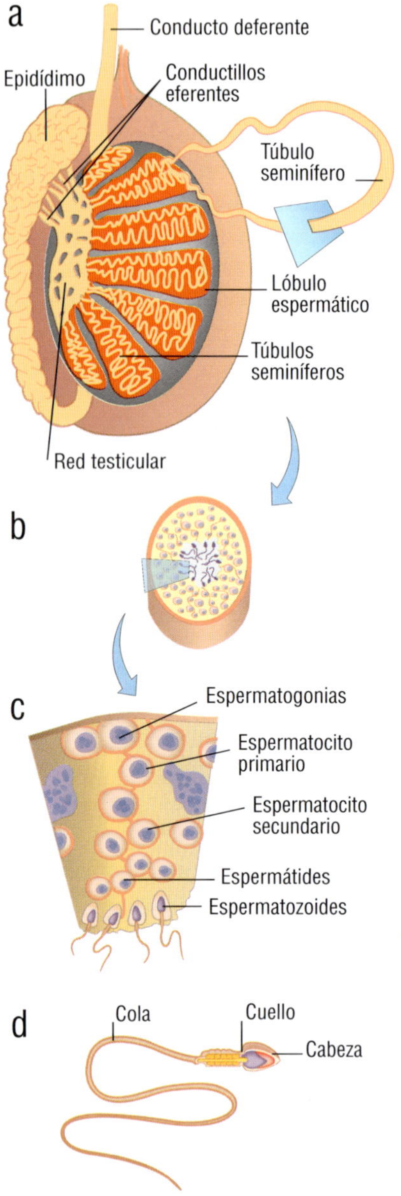

◀ Espermatogénesis.
(a) Corte de un testículo. (b) Corte transversal de un túbulo seminífero.
(c) Sector de un túbulo seminífero.
(d) Espermatozoide maduro.

Espermatogénesis

En el capítulo anterior vimos la espermatogénesis en los animales. En los seres humanos, al igual que en el resto de los mamíferos, la espermatogénesis, o producción de espermatozoides, se inicia dentro de los túbulos seminíferos de los testículos cuando las **células germinales** embrionarias diploides experimentan repetidas mitosis y forman **espermatogonias**.

Al comenzar la pubertad y por acción hormonal, las espermatogonias continúan su multiplicación y dan lugar a los **espermatocitos primarios**. Cuando se produce la primera división meiótica, se originan **espermatocitos secundarios** haploides. Después de una segunda división meiótica, los espermatocitos secundarios generan cuatro **espermátides**, también haploides. Por último, cada espermátide madura y se convierte en **espermatozoide**.

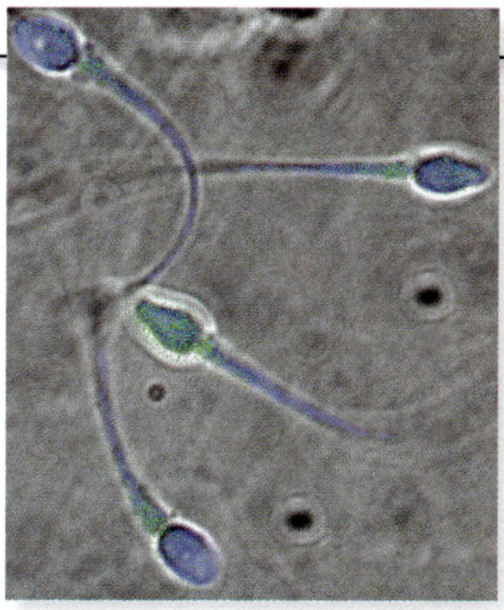

▲ Espermatozoides vistos a través del microscopio.

Glándulas anexas

El **semen** expulsado durante la eyaculación es un líquido viscoso, de color blanco opalescente. Contiene aproximadamente cuatrocientos millones de espermatozoides producidos en los testículos (representan alrededor del 5% del total) y secreciones que provienen de las **glándulas anexas** al sistema reproductor masculino. Se distinguen tres tipos de glándulas:

- **Glándulas de Cowper**, o **bulbouretrales.** Segregan un líquido lubricante alcalino que lubrica la punta del pene y neutraliza la acidez de la uretra.
- **Vesículas seminales.** Producen una sustancia viscosa denominada líquido seminal. Este líquido, que compone hasta el 60% del semen, es de consistencia mucosa, rico en proteínas, fructosa (una fuente de energía para la supervivencia de los espermatozoides dentro de la vagina y el útero hasta el momento de la fecundación) y otras sustancias químicas que estimulan las contracciones rítmicas del útero para favorecer el ascenso de los espermatozoides.
- **Próstata.** Tiene el tamaño de una nuez; produce una secreción lechosa alcalina que constituye el 25% del semen y neutraliza la acidez característica de la vagina. También secreta una enzima que coagula las proteínas del líquido seminal y convierte al semen en una masa gelatinosa.

¿Qué es el orgasmo?
El orgasmo representa la etapa de mayor placer dentro del acto sexual. Está acompañado de contracciones genitales involuntarias, además de un aumento del ritmo respiratorio y cardíaco en ambos sexos. Es relativamente breve, lapso durante el cual el cuerpo experimenta la mayor tensión muscular seguida de una gran relajación.

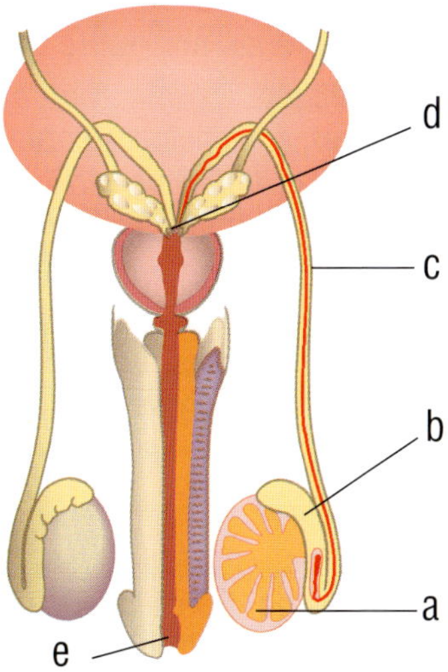

◀ Recorrido de los espermatozoides, desde su producción hasta la formación del semen y su posterior eyaculación. Los espermatozoides se producen en los testículos (a), maduran y se almacenan en el epidídimo (b), son conducidos hacia la uretra a través de los conductos deferentes (c), se agregan secreciones de diferentes glándulas anexas y se forma el semen (d), el semen es eyaculado a través del pene (e).

ACTIVIDADES

5. ¿Cuál es y cómo está formado el órgano copulador masculino?
6. Ordenen las siguientes células en dos columnas, según sean haploides o diploides: espermátides; espermatocitos primarios; espermatogonias; espermatozoides; espermatocitos secundarios; células germinales.
7. ¿Cuál es la composición del semen?
8. ¿Por qué el semen es alcalino?

3 Sistema reproductor femenino

El sistema reproductor femenino está ubicado dentro de la cavidad pelviana e incluye los órganos genitales externos y los órganos genitales internos.

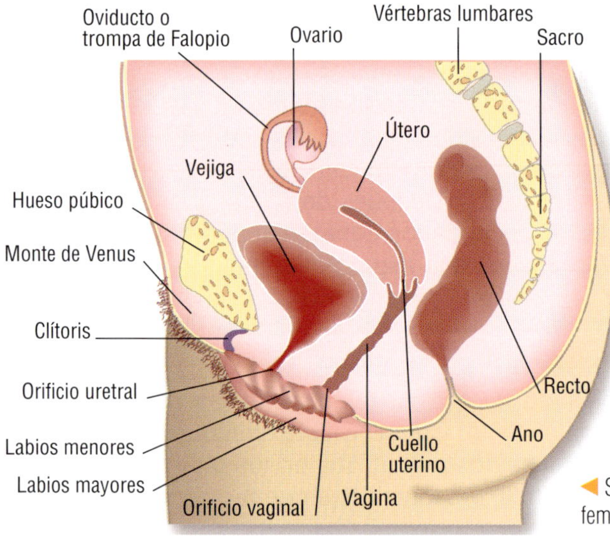

◀ Sistema reproductor femenino.

Órganos genitales externos

El conjunto de los órganos genitales externos se denomina **vulva**, la cual está formada por:

- **Monte de Venus.** Está ubicado por delante y por encima de la sínfisis pubiana. Consiste en un panículo adiposo cubierto por vello.
- **Labios mayores.** Son pliegues gruesos de la piel que rodean exteriormente las aberturas de la vagina y la uretra.
- **Labios menores.** Son pliegues delgados de la piel que rodean internamente las aberturas de la vagina y la uretra.
- **Vestíbulo.** Es una zona en forma de almendra que contiene el orificio uretral, el orificio vaginal y dos pares de glándulas, uno de los cuales funciona en forma similar a la próstata y el otro segrega líquido lubricante que humedece la vulva y la vagina.
- **Clítoris.** Es un pequeño bulbo formado por tejido eréctil. Es muy sensible y participa en la excitación sexual durante el coito. Junto con los labios menores, el clítoris se congestiona con sangre en respuesta a la estimulación sexual.

Cambios cíclicos

El sistema reproductor femenino, a diferencia del masculino, se caracteriza por presentar cambios cíclicos regulares cuya finalidad es que el cuerpo de la mujer se prepare en forma periódica para la fecundación y el embarazo.

Órganos genitales internos

- **Ovarios.** Son dos órganos ovoides del tamaño de una almendra situados dentro de la cavidad abdominal, en la parte lateral de la pelvis. Producen las hormonas sexuales femeninas y los ovocitos. Presentan una zona cortical donde se asientan los folículos ováricos y una zona medular con tejido conjuntivo muscular surcada por numerosos vasos sanguíneos y nervios.
- **Trompas de Falopio.** Son dos tubos delgados músculo-membranosos de 10 a 12 cm de longitud que comunican el útero con los ovarios. En su interior tienen un fino conducto por donde es conducido el ovocito desde el ovario hasta el útero. El extremo más ancho y cercano del ovario de cada trompa es la **fimbria**, o pabellón, donde se produce la fecundación del ovocito por el espermatozoide.

El ovario y las hormonas

Las hormonas son sustancias que se producen en una parte del organismo y son transportadas hasta otra zona para producir un efecto específico sobre un determinado grupo células. Entre las hormonas que produce el ovario se encuentran los estrógenos, que estimulan los caracteres y el comportamiento sexual femeninos, y la progesterona, que actúa, principalmente, sobre el mantenimiento del embarazo y de los caracteres sexuales femeninos secundarios.

- **Útero**, o **matriz.** Es un órgano muscular hueco en forma de pera invertida, de unos 3 a 4 cm de ancho que se ubica en el centro de la cavidad pelviana, entre la vejiga por delante y el recto por detrás. Está tapizado por una capa interna denominada **endometrio**. El útero alojará al embrión, y su pared interna junto con los tejidos del embrión constituirán la placenta.
- **Cuello del útero**, o **cérvix.** Es un anillo muscular delgado en la parte inferior del útero. Presenta un orificio por donde sale el flujo menstrual.
- **Vagina.** Es un tubo muscular de más de 8 cm, extendido desde la vulva al cuello del útero. De paredes suaves y muy elásticas, presenta la capacidad de dilatarse y contraerse. Cumple diversas funciones, como recibir el pene durante el coito y albergar el semen eyaculado; conducir la sangre producida durante la menstruación hacia el exterior, y en el momento del parto, distenderse para permitir la salida del feto. En los inicios, la vagina está parcialmente obstruida por una membrana delgada llamada **himen**, que por lo general se desgarra en la primera relación sexual o por una actividad física intensa.

▼ Ubicación de los órganos genitales internos en la cavidad abdominal.

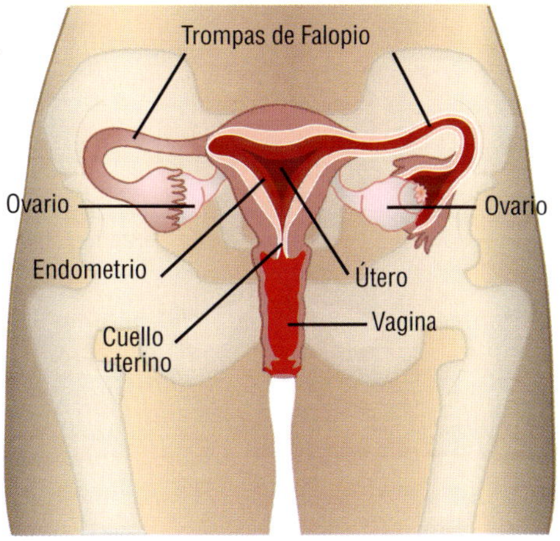

Ovogénesis

Antes del nacimiento, los ovarios del embrión femenino contienen las células que durante al pubertad madurarán en los ovarios. La capa externa de los ovarios es un estrato germinal de células que se dividen por mitosis y originan las **ovogonias**. Por cada célula germinal que produce ovogonias, solo una se agranda y se transforma, por mitosis, en **ovocito primario**, mientras que las restantes degeneran. Cada ovocito se rodea de una capa de células foliculares y constituye un **folículo primario**.

El proceso de maduración de los ovocitos primarios se produce al comenzar la primera fase de la meiosis, aunque se detiene en la profase I, y así se mantiene hasta el reinicio de su maduración. Cuando la meiosis se completa, el ovocito primario da lugar a dos células de tamaño muy diferente: la más grande, u **ovocito secundario** (conserva la mayor parte del citoplasma), y la pequeña, o **primer corpúsculo polar**. Si el ovocito secundario no es fecundado, se degenera. Si se produce la fecundación, el ovocito secundario, antes de fundir su contenido nuclear con el del espermatozoide, se divide nuevamente por meiosis y origina una célula haploide grande, denominada **óvulo**, y una célula haploide pequeña, llamada **segundo corpúsculo polar**.

A diferencia de la espermatogénesis, que es continua, la ovogénesis es periódica.

La producción de ovocitos
En el momento del nacimiento, una mujer tiene, aproximadamente, un millón de ovocitos primarios en cada ovario. De esa cantidad, quedarán solo 200.000 en el momento en que la niña alcance la madurez sexual. Durante la etapa fértil la mujer pasará por unos 450 ciclos ováricos. En cada ciclo, un ovocito madurará y será liberado.

ACTIVIDADES

9. Dos de estos órganos pertenecen a los genitales internos femeninos. Subrayen cuáles son y descríbanlos. Clítoris; vestíbulo; ovario; monte de Venus; útero; labios menores.
10. ¿Cuál es la función de las trompas de Falopio?
11. ¿El óvulo se forma antes o después de la fecundación? Justifiquen la respuesta.
12. ¿Cuál es la principal diferencia entre la ovogénesis y la espermatogénesis?

4 El ciclo menstrual

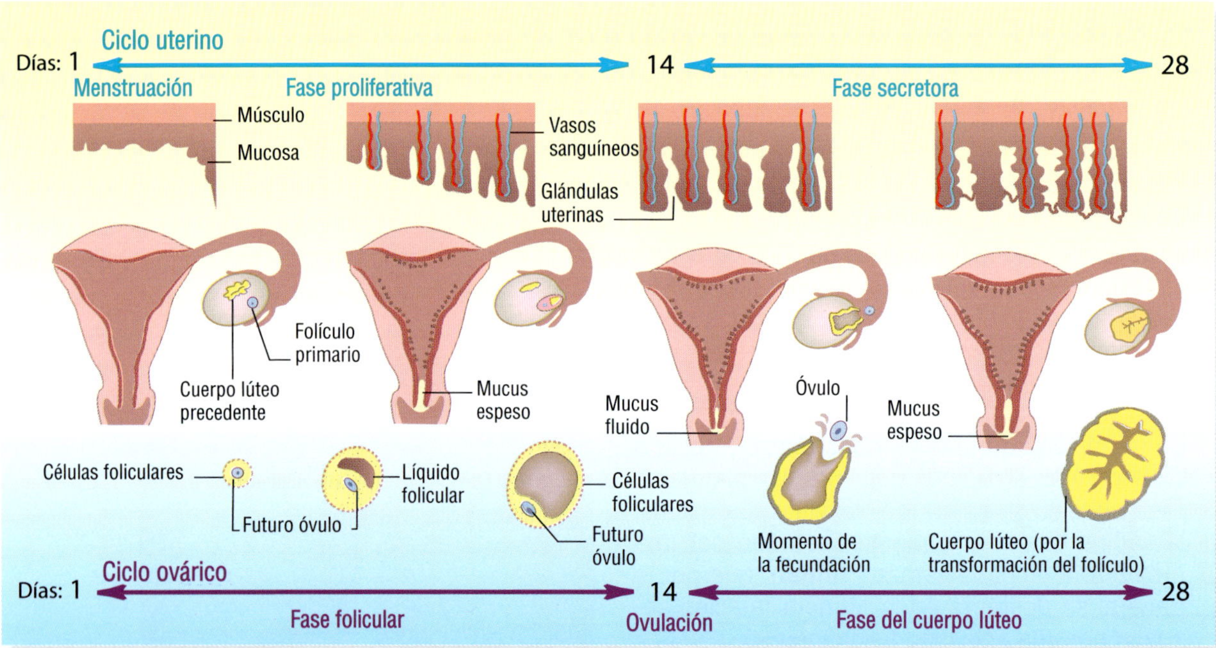

▲ Representación del ciclo menstrual.

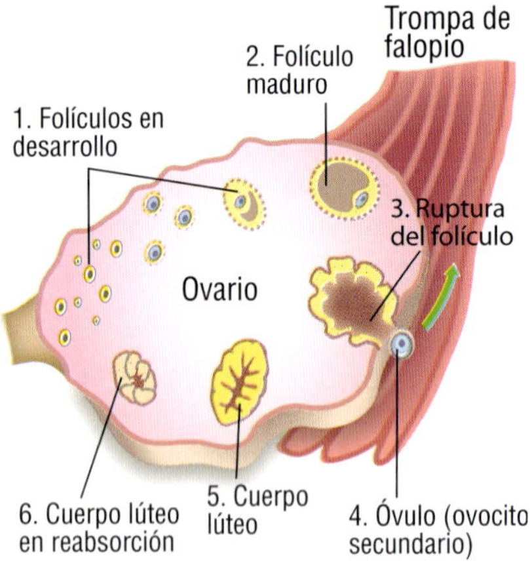

▲ Distintas etapas del ciclo ovárico representadas en un corte de ovario.

El período fértil

El día de ovulación puede fluctuar dentro de un rango que va desde el día 10 al 18 del ciclo. Estos días constituyen el **período fértil** del ciclo de la mujer. También en una misma mujer, el momento de la ovulación puede variar de un mes a otro debido a cambios hormonales, ciertas patologías, estrés y otros factores.

El inicio de la vida fértil en las mujeres ocurre aproximadamente entre los 10 y los 14 años, cuando aparece la primera menstruación, o **menarca**. Este fenómeno fisiológico se repetirá en forma cíclica hasta una edad que puede ir desde los 45 a los 55 años, período en el que la mujer tiene la última menstruación e ingresa en la **menopausia**, o fin de su vida fértil.

El denominado **ciclo menstrual** tiene una duración promedio de 28 días, aunque puede haber variaciones por encima o por debajo de esta cifra. Comprende un **ciclo uterino** y un **ciclo ovárico**, ya que durante su transcurso se producen cambios tanto en el útero como en el ovario. La menstruación marca el comienzo de ambos ciclos, los que están coordinados y regulados por las hormonas sexuales femeninas.

El comienzo de la menstruación se caracteriza por el **desprendimiento del endometrio**, o **pared interna del útero**; esto produce un sangrado característico llamado **flujo menstrual**, que se elimina a través del orificio vaginal. El ciclo dura entre 3 y 5 días.

Algunos días antes, varios **ovocitos primarios** se rodean de células foliculares (productoras de hormonas) y constituyen los **folículos primarios**, que comienzan a madurar. Solo uno de ellos continuará creciendo, mientras que los otros involucionan. Este folículo, llamado **folículo de De Graaf**, libera cantidades crecientes de hormonas que favorecen el crecimiento del endometrio, preparándolo para alojar el futuro embrión si se produce la fecundación.

Justo antes de la ovulación, el ovocito primario completa la meiosis y origina un **ovocito secundario**.

Alrededor de la mitad del ciclo, el folículo de De Graaf estalla y libera el ovocito secundario, que si no es fecundado, se degenera, o se convierte en **óvulo**, por división meiótica, si es fecundado.

Los restos del folículo de De Graaf forman el **cuerpo amarillo**, o **cuerpo lúteo**, que continúa produciendo hormonas que aumentan el grosor del endometrio y lo preparan para el embarazo. Si el ovocito secundario no es fecundado, el cuerpo lúteo degenera y cesa la producción de hormonas, desprendiéndose la pared interna del útero. Así, reaparece la menstruación y comienza un nuevo ciclo.

5 La fecundación

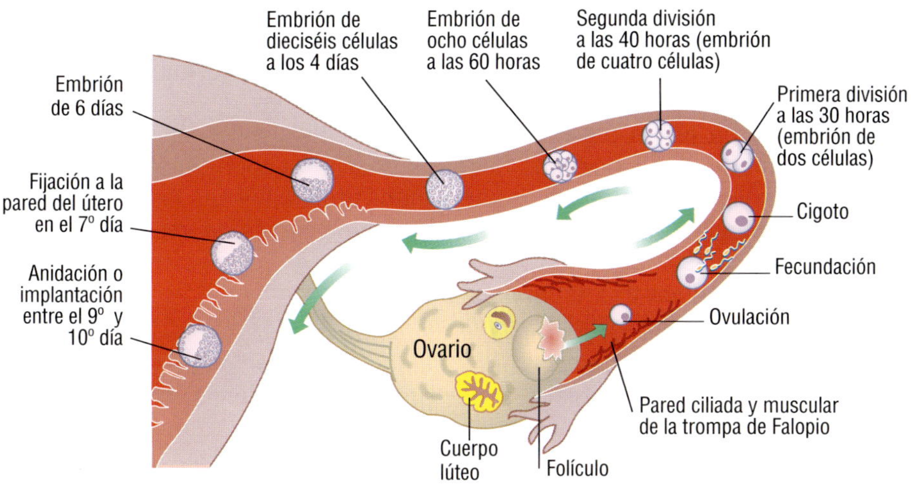

Secuencia cronológica desde que se produce la ovulación hasta que se implanta el blastocisto en el útero.

La **fecundación**, o **fertilización**, ocurre luego del **acto sexual** –también llamado **coito**, o **cópula**–, realizado durante el período fértil del ciclo menstrual. Consiste en la unión del gameto masculino con el gameto femenino en estadio de ovocito secundario.

Luego de dejar el ovario en el momento de la ovulación, el ovocito secundario es capturado por el pabellón de la trompa de Falopio, que lo impulsa mediante contracciones en su descenso hacia al útero. Por otra parte, una vez que el semen se deposita en la vagina, los espermatozoides son impulsados a través del cérvix hacia las trompas de Falopio.

El encuentro del ovocito secundario con el espermatozoide tiene lugar finalmente en el tercio superior de la trompa de Falopio. Allí, el ovocito completa la segunda fase meiótica y origina el óvulo que al fusionarse con un único espermatozoide forma el huevo, o cigoto.

La supervivencia de los espermatozoides en las vías genitales de la mujer se extiende de dos a cinco días, mientras que la del ovocito secundario es de uno o dos días.

Mellizos y gemelos

En ciertas ocasiones se produce el desarrollo de más de un folículo en un mismo ciclo menstrual. Esto dará lugar a una doble ovulación. Si esto ocurre y ambos óvulos son fecundados, se originarán individuos **mellizos**. Es decir, individuos con diferente información genética pero un desarrollo embrionario compartido.

Los **gemelos** son el resultado de un solo óvulo fecundado que se divide en los primeros estadios del desarrollo para dar origen a dos embriones. Por lo tanto, poseen idéntica información genética.

La implantación del blastocisto

Una vez formado, el cigoto comienza su migración por la trompa de Falopio, donde tuvo lugar la fecundación, hacia el útero. Durante este recorrido, el cigoto comienza a dividirse. Entre el noveno y décimo día después de la fecundación se produce la **implantación**, o **anidación**, del **blastocisto** en el útero.

El blastocisto está compuesto por unas ciento veinte células que se distribuyen en dos capas celulares. Una interna, a partir de la cual se desarrollará el **embrión**, y otra externa, denominada **trofoblasto**, que dará origen a la placenta. El trofoblasto se introduce profundamente en el endometrio y segrega una hormona que actúa sobre el ovario, evitando la involución del cuerpo lúteo, al inhibir la menstruación. Este es el momento en el que se establece la conexión entre el cuerpo de la madre y el embrión, necesaria para la nutrición y la eliminación de desechos.

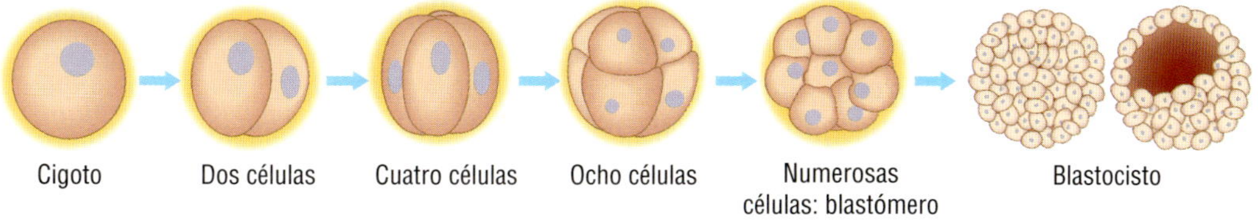

División del cigoto desde la formación hasta la implantación del blastocisto en el útero.

6 Diferenciación del embrión

Alrededor de una semana después de la implantación del blastocisto se inicia un conjunto de procesos que conducen a la formación de la **placenta** y la diferenciación del embrión. También se forma el **cordón umbilical**, que une el embrión a la placenta.

La placenta es un órgano constituido por tejido embrionario y tejido del endometrio. Su función es asegurar que los nutrientes de la madre lleguen al hijo a través de vasos sanguíneos uterinos, y que los desechos que se producen en el hijo pasen a la madre a través de vasos sanguíneos umbilicales.

Entre la segunda y la tercera semana de vida del embrión, se diferencian las membranas extraembrionarias:

- **Amnios.** Es una bolsa llena de líquido amniótico donde flota el embrión. Este fluido lo protege de los golpes y vibraciones, de las variaciones de temperatura y evita su deshidratación.
- **Saco vitelino.** Es el sitio de formación de células sanguíneas y contiene las células germinales de las gónadas. Forma parte del cordón umbilical.
- **Corion.** Contribuye a la formación de la placenta y permite el intercambio de nutrientes y desechos.
- **Alantoides.** Junto con vasos sanguíneos, forma parte del cordón umbilical que une el embrión con la placenta.

▼ Ubicación del embrión, las membranas extraembrionarias y la placenta dentro de la cavidad uterina.

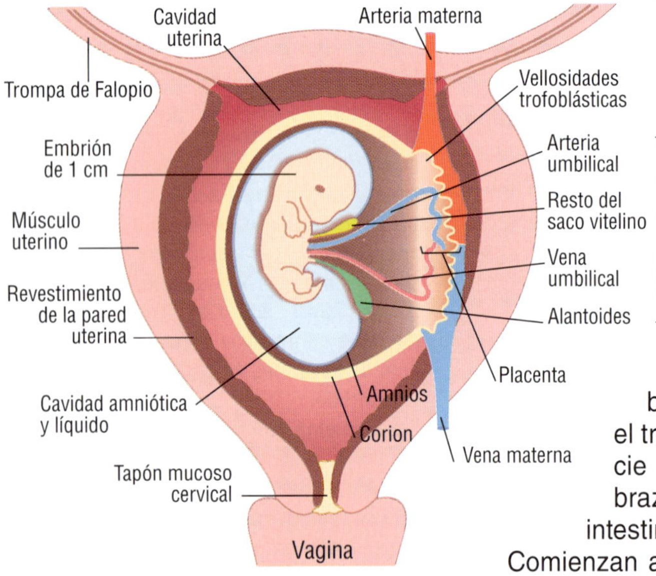

Al final del primer mes de gestación el embrión mide alrededor de 5 mm y su corazón empieza a latir.

Durante el segundo mes, en un extremo del embrión se forma una cabeza redondeada y más gruesa que el tronco, mientras que en el otro extremo aparece una especie de cola. Se desarrollan los esbozos de las piernas y los brazos. También se origina la médula espinal, el cerebro, el intestino, los huesos, la piel y las gónadas.

Comienzan a aparecer los rasgos del rostro: se forman los ojos, las orejas, la nariz y el labio superior de la boca. Comienza la respuesta refleja al roce en los labios.

El embarazo

Durante el embarazo, la madre debe alimentarse en forma sana y adecuada, vacunarse y concurrir periódicamente al médico. Es importante que cuide su dentadura y evite el contacto con personas que padecen enfermedades contagiosas. También tiene que evitar el exceso de tensiones y el consumo de alcohol y tabaco.

La gestación del bebé dura aproximadamente nueve meses o treinta y ocho semanas.

Desarrollo del feto

En el tercer mes de gestación el embrión ya tiene aspecto humano y se lo llama **feto**. Mide entre 9 y 10 cm. Se distinguen perfectamente los ojos, las orejas, la nariz y los dedos. Dobla los dedos, frunce el ceño, patalea, aprieta los labios, mueve los brazos, entre otros movimientos. Hay actividad eléctrica en el cerebro, por debajo del tallo encefálico.

El feto tiene desarrollados todos sus órganos, aunque falta que maduren y evolucionen correctamente. Se van definiendo los genitales, pero es demasiado pronto para determinar con exactitud el sexo.

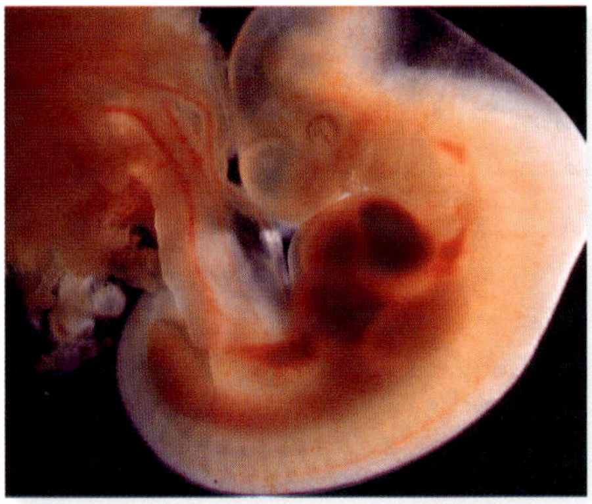

▲ Embrión en el segundo mes de gestación.

Segundo trimestre

Al comenzar el segundo trimestre se producen nuevos cambios en el feto en desarrollo.

- **Cuarto mes.** El feto mide entre 16 y 21 cm y pesa cerca de 250 g. El sistema circulatorio está desarrollado. A través de la piel muy fina se observan los vasos sanguíneos. Se forman las cuerdas vocales. El feto puede mover los globos oculares, aunque mantiene los ojos cerrados. Aparece el cabello en la cabeza y el lanugo, un vello suave que recubre el cuerpo y conserva el calor corporal. El intestino comienza a llenarse de **meconio**, una sustancia espesa secretada por el hígado. Empieza a expulsar orina, que se mezcla con el líquido amniótico. Aparecen los primeros pliegues de la epidermis en las palmas de las manos y en los dedos, lo que indica que ya posee huellas dactilares.
- **Quinto mes.** El feto tiene pestañas y cejas. Los dedos tienen uñas y huellas dactilares. Puede chuparse el dedo, girar y dar vueltas en el útero. Estos movimientos son percibidos por la madre. También se desarrolla ampliamente la corteza cerebral y los sentidos, como el gusto. El feto empieza a percibir sonidos y luces. Se escuchan los latidos del corazón. Termina la maduración del sistema nervioso.
- **Sexto mes.** El feto alcanza los 33 cm y 1.000 g de peso. Se mueve activamente cuando está despierto y adquiere fuerza muscular. Los bronquios y los pulmones están casi maduros. Abre y cierra los ojos, hace gestos. La piel tiene un aspecto rugoso y está cubierta de secreciones de las glándulas sebáceas. A veces tiene hipo porque se atraganta con líquido amniótico. Las proporciones del cuerpo empiezan a igualarse en relación con su cabeza.

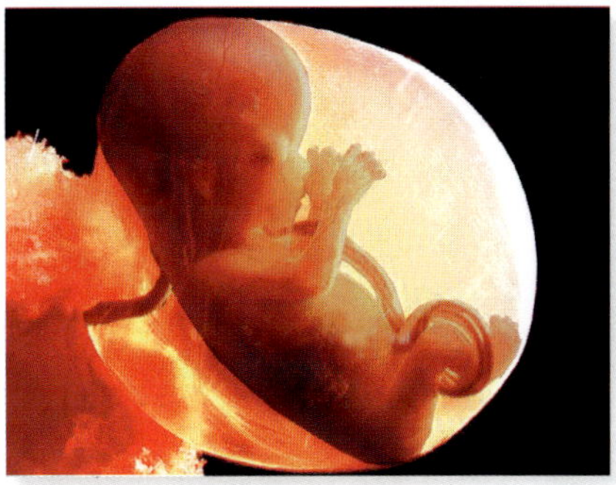

▲ Feto en el cuarto mes de desarrollo.

Tercer trimestre

- **Séptimo mes.** El feto mide alrededor de 40 cm y pesa unos 1.800 g, lo cual provoca la opresión de los órganos maternos. Comienza la actividad eléctrica en la corteza cerebral. Percibe estímulos que están fuera del vientre materno: luz, ruidos, voces, música. Se desarrollan los pulmones y el esqueleto se hace más consistente. Se va acumulando grasa en el cuerpo. Se pigmenta el iris del ojo y la piel.
- **Octavo mes.** El feto sigue aumentando de peso y de tamaño, lo cual limita sus movimientos. Desaparece el lanugo. Los pulmones están casi desarrollados. La piel es más suave debido al tejido adiposo que se formó debajo de ella.
- **Noveno mes.** El feto mide unos 50 cm y pesa alrededor de 3.500 g. Puede realizar los movimientos de succión y deglución al mismo tiempo. Se acomoda cabeza abajo en la pelvis, preparándose para el parto.

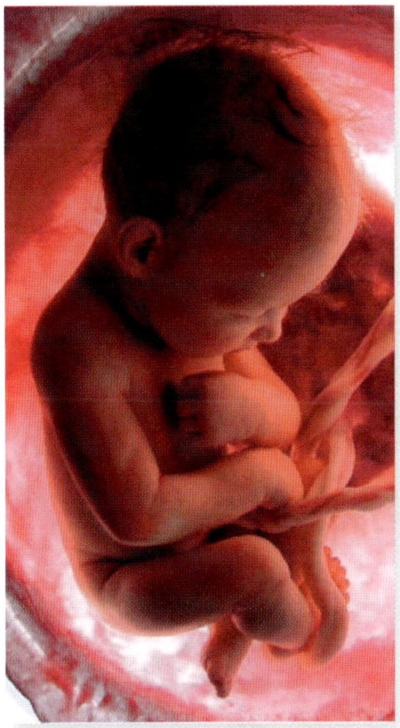

▲ Feto en el séptimo mes de desarrollo.

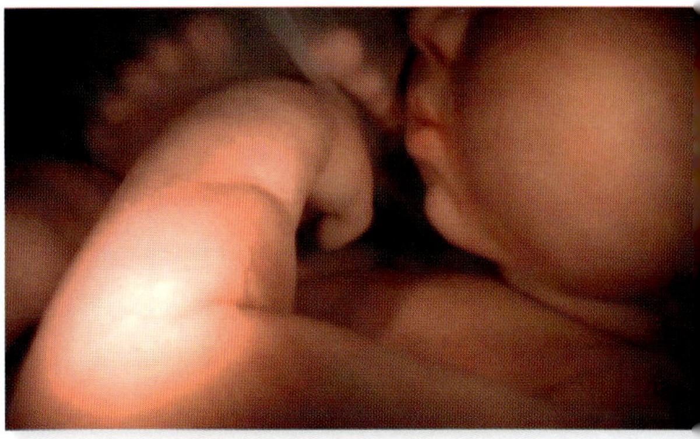

▶ Feto en el momento previo al nacimiento.

ACTIVIDADES

13. Definan los términos placenta, feto, gestación y amnios.
14. ¿Qué estructuras forman el cordón umbilical?
15. ¿Cuáles son las principales señales indicadoras del embarazo?

7 El parto

Después de nueve meses de gestación tiene lugar el llamado **parto vaginal**, momento en el que el feto y la placenta salen del útero materno a través del **canal de parto** (ensanchamiento del cuello del útero y la vagina).

Cuando el bebé desciende a la cavidad pélvica ubicándose cabeza abajo, ejerce presión sobre el cuello del útero y lo dilata. Este proceso aumenta la frecuencia y la intensidad de las contracciones uterinas y da comienzo al llamado **trabajo de parto**, que suele durar varias horas y culmina con la expulsión del feto. Los cambios que se producen durante el trabajo de parto se pueden dividir en fases:

- **Fase de contracción y dilatación.** El útero comienza a contraerse rítmicamente cada 20 o 30 minutos, cada vez de manera más intensa. Se pierde el tapón mucoso que cierra el cuello del útero, mientras este se acorta y dilata hasta alcanzar 10 cm de diámetro. Además, se produce la ruptura de la bolsa (el amnios que contiene el líquido amniótico) y las contracciones se hacen más fuertes y frecuentes.
- **Fase de nacimiento o expulsión.** El útero y la vagina forman el canal del parto, la contracción cada vez más fuerte del útero ayuda a empujar al bebé por el canal (pujo). Una vez que el bebé emerge y respira, aun permanece unido a la placenta por medio del cordón umbilical, que el médico debe cortar. El primer color de la piel del bebe es azulado y cambia a medida que continúa la respiración y se oxigena la sangre.
- **Fase de alumbramiento.** Continúan las contracciones del útero y, alrededor de media hora después del nacimiento del bebé, la placenta se desprende del útero y es expulsada.

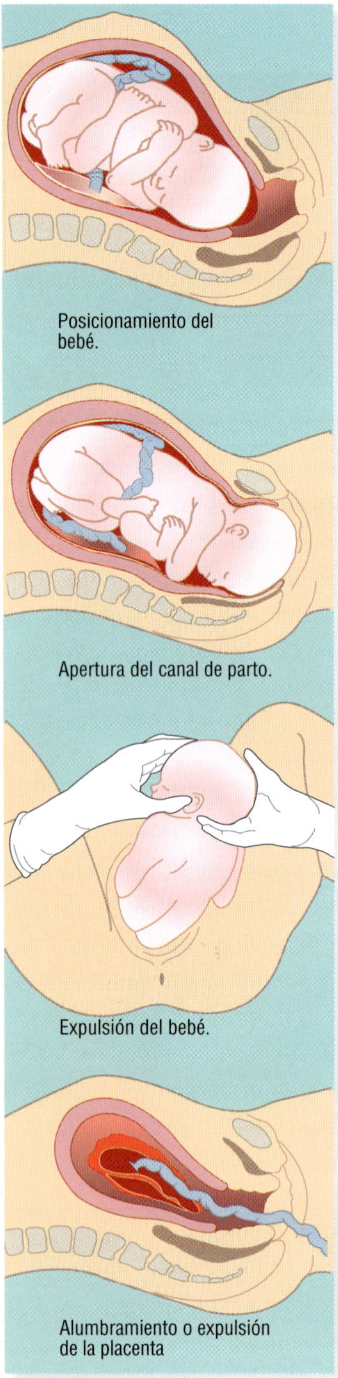

▲ Fases del parto.

¿Qué es la cesárea?

Algunas veces puede surgir un inconveniente en los embarazos a término que dificulta el desarrollo de un parto vaginal, o aparecen problemas inesperados durante el trabajo de parto. En estos casos se recurre a una intervención quirúrgica, conocida como **cesárea**, en la que el bebé se saca del útero a través de una incisión en el abdomen de la madre. Algunas de las causas más comunes son:

a) Problemas con el bebé: frecuencia cardíaca anormal en el bebé; posición anormal dentro del útero; hidrocefalia o espina bífida; embarazo múltiple.

b) Problemas con la placenta o el cordón umbilical: la placenta cubre toda o una parte del canal de parto; la placenta se desprende prematuramente de la pared uterina; el cordón umbilical sale a través del canal de parto antes que el bebé.

c) Problemas con el trabajo de parto o nacimiento: trabajo de parto prolongado o detenido; bebé muy grande.

d) Problemas de salud y antecedentes médicos en la madre: cirugía uterina previa; enfermedad de la madre, como cardiopatía.

La cirugía es relativamente segura para la madre y el niño. Sin embargo, como toda cirugía, implica riesgos. La cesárea también requiere un período de recuperación más prolongado que el parto vaginal.

Fecha de parto

La fecha estimada de parto se calcula agregando 40 semanas desde el primer día de interrupción de la menstruación o 38 semanas después de la fecundación.

El primer año de vida

El primer año de vida de cualquier persona está marcado por un continuo aprendizaje y un constante desarrollo de capacidades. Si bien el patrón general de desarrollo es semejante en todos, el progreso en los niños varía muchísimo de uno a otro; por ejemplo, la capacidad de dar los primeros pasos se adquiere entre los nueve y los quince meses de edad.

En el momento del nacimiento, el bebé presenta ciertas características que se van modificando a medida que madura y crece. Las más importantes son:

- El rango de talla se encuentra entre 40 y 60 cm.
- El peso habitual está entre 2.500 y 4.500 g al nacer. Después del nacimiento, los bebés descienden entre el 10 y el 15% de su peso inicial, y lo recuperan en aproximadamente dos semanas.
- Las fontanelas craneales, o molleras (separaciones blandas entre los huesos del cráneo de un bebé), se cierran en el transcurso de los primeros meses.
- El ombligo es la cicatriz que deja el cordón umbilical luego de que se seca y desprende (entre 7 y 10 días después del parto).
- La piel está cubierta por una sustancia grasa.
- El iris tiene coloración gris azulada.
- El recién nacido no puede controlar los músculos de los ojos.
- Los puños permanecen siempre cerrados.
- El recién nacido no puede sostener la cabeza y presenta diferentes reflejos.

Al **mes de vida**, el bebé puede sostener, ligeramente, la cabeza y presenta movimientos no coordinados de las extremidades.

Al **segundo mes**, levanta la cabeza. Comienza a fijar la mirada. Trata de elevar los hombros apoyándose sobre los antebrazos y codos.

Al **tercer mes**, el bebé juega con las manos, sonríe a cualquier persona, siempre que se lo mire de frente. Si se lo acuesta boca abajo, levanta la cabeza y los hombros. Sostiene la cabeza y es capaz de girarla.

Al **cuarto mes**, eleva los hombros apoyándose sobre los puños y puede deglutir líquidos espesos y papillas.

Al **quinto mes**, el bebé pasa los objetos de una mano a la otra. Ríe a carcajadas.

Al **sexto mes**, puede cambiar de posición y comienza a arrastrarse con ayuda de las manos. Se lleva objetos a la boca. Aparece el primer diente.

Al **séptimo mes**, puede permanecer sentado durante algún tiempo. Descubre sus pies y se los lleva a la boca. Comienza a balbucear.

Al **octavo mes**, el bebé ya gatea. Repite sílabas con "a" e intenta alimentarse por sí solo con cuchara.

Durante el **noveno mes** se para sosteniéndose de algún punto de apoyo. Arroja objetos y los mira caer.

Al **décimo mes**, el bebé es capaz de pararse y sentarse, y de masticar.

Al **undécimo mes**, toma objetos pequeños y aumenta su vocabulario.

Al **año de vida**, el bebé se mantiene de pie durante algunos segundos, sin apoyo. Puede caminar tomado de la mano. Dice palabras cortas con algún sentido. Colabora cuando lo visten.

▲ A los cinco meses, el bebé ríe a carcajadas.

▲ A los once meses, el bebé toma objetos pequeños.

¿Qué es el puerperio?

El **puerperio** es el período inmediatamente posterior al parto. Se extiende alrededor de 40 a 45 días. Durante este tiempo, las modificaciones anatómicas y funcionales que se verificaron durante el embarazo comienzan a regresar al estado pre-grávido.

ACTIVIDADES

16. Describan brevemente cada una de las fases del parto.

17. ¿Qué es el ombligo?

8 Los reflejos en los bebés

Un reflejo es una reacción muscular involuntaria que sucede en respuesta a ciertos estímulos recibidos. Como estos reflejos son característicos de determinada etapa del desarrollo del bebé, son útiles para realizar un seguimiento de su evolución. Entre los principales reflejos se encuentran:

- **Reflejo de succión.** Si se coloca un dedo en el centro de los labios del bebé, este comienza a succionar como si fuera el pecho materno.

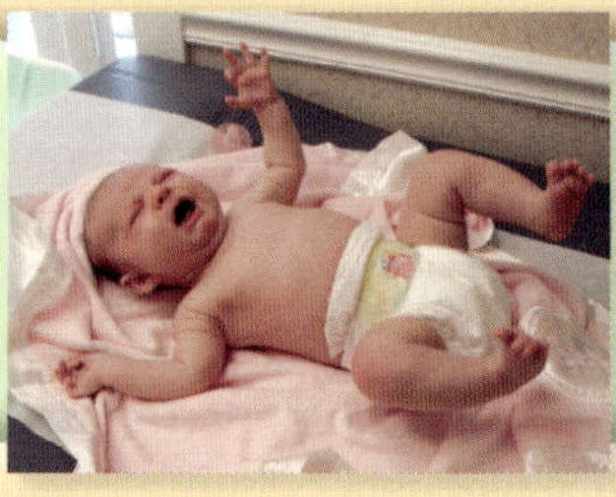

- **Reflejo de Moro o de sobresalto.** Si el bebé se asusta por un ruido fuerte, por ejemplo, extiende los brazos y las manos, y pone tenso el cuerpo. Luego se encoge nuevamente.

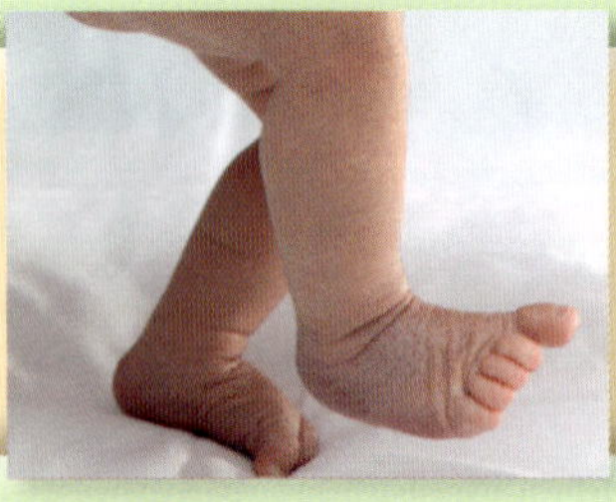

- **Reflejo de marcha.** Si se sostiene al bebé con los pies apoyados sobre una superficie plana, intentará dar pasos. Este reflejo desaparece hacia el final del segundo mes de vida.

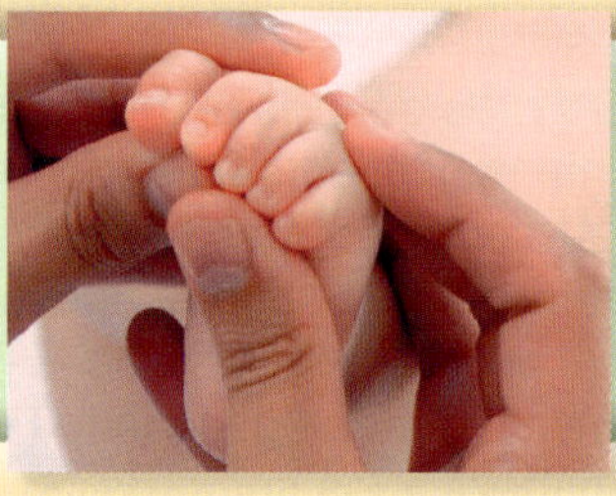

- **Reflejo de Babinski o plantar.** Si se roza la planta del pie del bebé, desde el talón hasta el dedo gordo, el pequeño levanta los dedos y voltea el pie hacia adentro. Este reflejo lo mantiene hasta los dos años, aproximadamente, y desaparece a medida que crece.

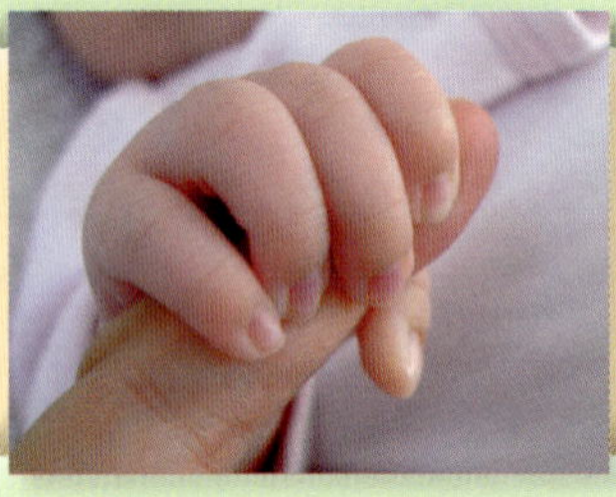

- **Reflejo de prensión.** Si se acaricia la palma de la mano del bebé con un dedo o se le acerca un objeto, el bebé se prende a él con fuerza. Este reflejo dura alrededor de un par de meses.

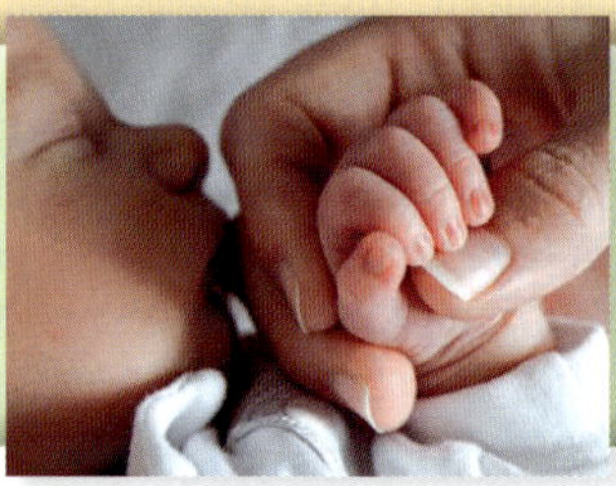

- **Reflejo de búsqueda.** Cuando se acaricia la mejilla o la comisura de los labios del bebé, este gira la cara en esa dirección con la boca abierta para buscar el pecho y poder alimentarse. Este reflejo se mantiene hasta los 3 o 4 meses.

Muchos reflejos desaparecen a medida que el niño crece, aunque algunos permanecen a lo largo de la vida adulta. La presencia de un reflejo en un bebé más allá de la edad en la que debería desaparecer suele ser una señal de alerta y un motivo de consulta con el médico.

ACTIVIDADES

18. Definan qué es un reflejo.

19. ¿Por qué es importante realizar un control de los reflejos del bebé?

9 La lactancia

La leche materna es el alimento natural y completo que tiene todos los nutrientes y anticuerpos que el bebé precisa.

Durante el embarazo, las glándulas mamarias se preparan para la producción de leche. En el proceso de preparación de las mamas para la lactancia intervienen muchas hormonas, tres son las principales: los estrógenos, la progesterona y la prolactina. En los primeros días posteriores al parto, las glándulas mamarias comienzan a secretar, en respuesta a la succión que realiza el bebé, un líquido espeso, denominado **calostro**. Este líquido contiene gran cantidad de anticuerpos que pasan de la madre al bebé y lo protegen de muchas enfermedades. Después de tres o cuatro días, comienza la producción de la leche verdadera, rica en nutrientes y agua, que es la que toman los bebés durante el resto de la lactancia.

La Organización Mundial de la Salud (OMS) y el Fondo de Naciones Unidas para la Infancia (UNICEF) señalan que la lactancia materna es "una forma inigualable de facilitar el alimento ideal para el crecimiento y desarrollo correcto de los niños" y la recomiendan como un hecho imprescindible durante los primeros seis meses de vida del bebé. También recomiendan continuar con el amamantamiento hasta por lo menos los dos años de edad, al mismo tiempo que el bebé comienza a ingerir alimentos sólidos.

La principal ventaja de la alimentación con leche materna es la prevención de infecciones, especialmente las gastrointestinales, debido a la incorporación de anticuerpos maternos mientras el sistema inmunológico del bebé termina de madurar.

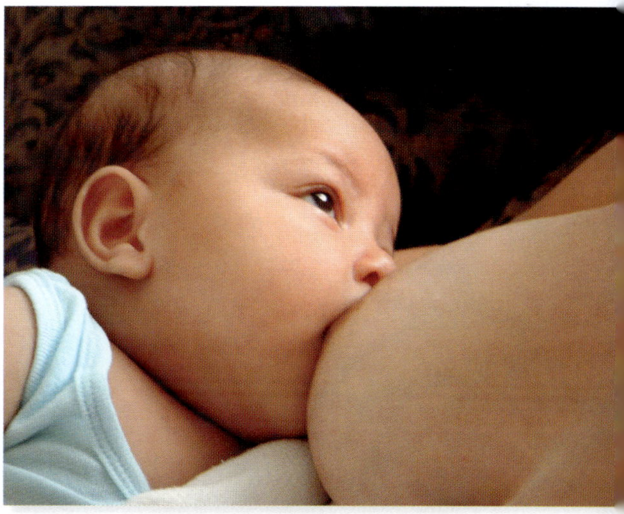

▲ Bebé amamantándose. Tres o cuatro días después del parto "baja" la leche madura, que es la que toman los bebés durante el resto de la lactancia.

Mamas

Las **mamas** están situadas en la parte anterior del tórax, delante de los músculos pectorales mayores. Se componen de una envoltura cutánea, la **glándula mamaria** propiamente dicha, y una envoltura celular adiposa. La envoltura cutánea presenta una eminencia frontal, el **pezón**, al que lo rodea una zona coloreada llamada **aréola**. En cada mama hay entre 15 y 20 lóbulos o secciones donde se produce la leche. A su vez, cada lóbulo se subdivide en lobulillos y ácinos. De cada lóbulo sale un **conducto galactóforo**.

Aunque por lo general la lactancia no ocurre hasta que está cercano el momento del nacimiento, los cambios hormonales que ocurren durante el ciclo menstrual pueden producir cambios cíclicos en las mamas. Las hormonas hacen que proliferen los galactóforos, o conductos mamarios, y se desarrollen los lóbulos. Estos cambios se repiten en cada ciclo menstrual.

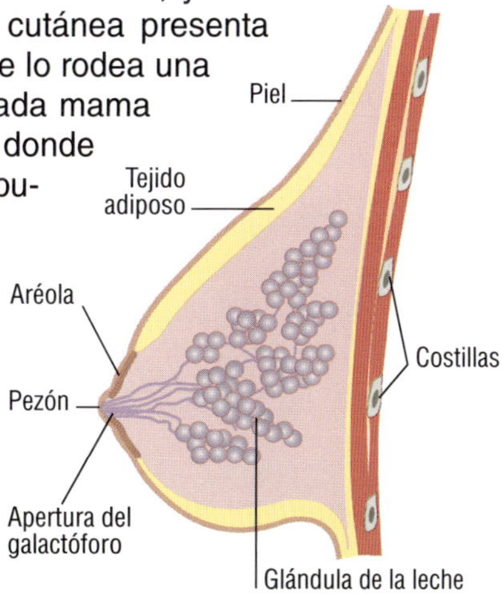

▲ Esquema de una glándula mamaria.

El examen de mamas

Junto con la visita periódica al especialista y la mamografía, este examen constituye una importante herramienta para la detección precoz del cáncer de mama. Se aconseja iniciar la práctica del autoexamen de las mamas a partir de la adolescencia y continuarlo durante toda la vida bajo las indicaciones del médico. Su práctica regular solo toma unos minutos. Se hace una sola vez al mes entre los días 7.° y 10.° posteriores al comienzo de la menstruación. Con la frecuencia del autoexamen aprenderán a reconocer lo que es normal en sus senos y también los cambios mínimos, tales como abultamientos en la mama o axila, cambios en el tamaño o forma de la mama, o en la piel, que deben motivar la consulta con el médico.

ACTIVIDADES

20. ¿Cuáles son las recomendaciones de la OMS y de UNICEF con respecto a la lactancia?

21. ¿Cuál es la principal ventaja de alimentar al bebé con leche materna?

10 Técnicas de reproducción asistida

Las técnicas de **reproducción** o **fertilización asistida** surgen para ayudar a las parejas con dificultades en su fertilidad, que desean tener hijos biológicos.

El artículo 2 de la Ley Nacional de Fertilización establece que "se entiende por reproducción médicamente asistida a los procedimientos y técnicas realizados con asistencia médica para la consecución de un embarazo. Quedan comprendidas las técnicas de baja y alta complejidad, que incluyan o no la donación de gametos y/o embriones".

Técnicas de baja complejidad

Las técnicas de baja complejidad son las que estimulan la unión del óvulo y del espermatozoide en las trompas de Falopio. Básicamente son dos:

Estimulación de la ovulación y coito programado

Es la técnica más simple y se utiliza generalmente en casos de trastornos de la ovulación. Consiste en estimular el crecimiento de uno o más folículos mediante la toma de medicación que actúa sobre el ovario. Se acompaña de un monitoreo constante por medio de ecografías.

La pareja sometida a este tratamiento debe tener relaciones sexuales cerca de la fecha probable de ovulación, suele estar entre el día 10 y 15 del ciclo menstrual, cuando uno o varios óvulos son liberados a la trompa de Falopio.

Inseminación artificial

Esta técnica suele utilizarse cuando la cantidad de espermatozoides es baja o poseen poca movilidad. También cuando alguna patología del endometrio de la mujer impide el movimiento normal de los espermatozoides. La técnica consiste en la introducción del semen del compañero o de un donante anónimo en el útero de la receptora. De esta manera, la fecundación se producirá de forma natural en las trompas de Falopio.

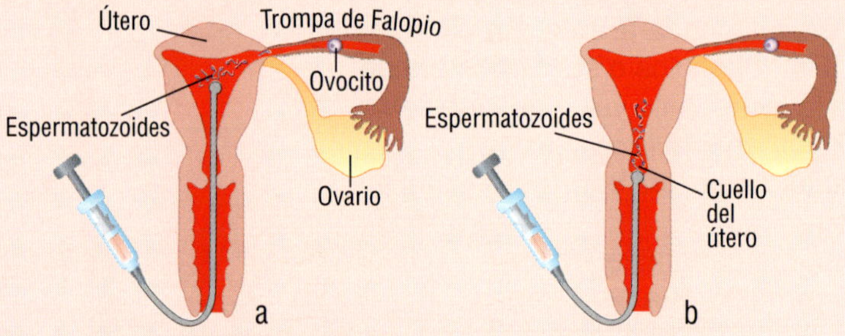

▶ Esquema de inseminación artificial.
a. Inseminación intracervical.
b. Inseminación intrauterina.

Técnicas de alta complejidad

Cuando las técnicas de baja complejidad han tenido un resultado negativo, el médico determinará la necesidad de pasar a los tratamientos de alta complejidad, aconsejables en los siguientes casos:

- La calidad de los folículos disminuye debido a la edad de la mujer.
- Las trompas de Falopio están obstruidas o dañadas.
- La mujer presenta endometriosis (el tejido del endometrio se desarrolla fuera del útero).

Fecundación “in vitro”

Esta técnica permite que la fecundación del óvulo se realice fuera del cuerpo de la mujer.

Alrededor del día 21 del ciclo menstrual, la paciente comienza a aplicarse diversas hormonas para preparar los folículos, que una vez maduros, deben ser extraídos mediante una punción. Luego continuará el tratamiento hormonal para disponer el útero que recibirá el embrión.

Con la muestra de espermatozoides del hombre y los óvulos extraídos de la mujer pueden realizarse dos técnicas para llevar a cabo la fecundación:

- Se vierten los espermatozoides donde se encuentran los óvulos extraídos (generalmente una placa de Petri) y se espera que ocurra la fecundación.
- Se selecciona el espermatozoide más apto, y con una aguja especial se lo introduce en el citoplasma de uno de los óvulos. Esta técnica de micromanipulación se conoce como ICSI (del inglés, *intracytoplasmic sperm injection*, o inyección intracitoplasmática de semen). Esta técnica se realiza para asegurar el ingreso del espermatozoide al óvulo y no dejar dicho proceso al azar. Se usa especialmente cuando la cantidad de folículos obtenidos es muy baja.

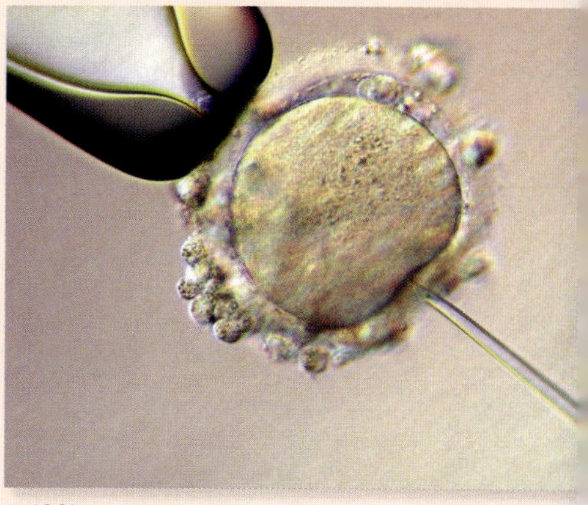

▲ ICSI, una técnica de micromanipulación.

Una vez que se produce la fecundación y se forma el embrión –aunque a veces suele ser más de uno–, se cultiva hasta que se encuentre apto para ser transferido al útero. La transferencia de embriones (en general se implantan dos para aumentar las chances de embarazo) es un procedimiento que se realiza bajo anestesia con un dispositivo similar al de la punción.

Las situaciones en las cuales se utiliza la fertilización “in vitro” son varias:

- Puede suceder que los espermatozoides del hombre sean viables, pero por su escasa movilidad, no alcancen el óvulo.
- Si el hombre es estéril, se recurre a los espermatozoides de un donante. También en casos de mujeres sin pareja que desean quedar embarazadas puede ser una solución. En este caso la fecundación se hace in vitro o por inseminación artificial.
- Si la mujer es la que no produce óvulos viables y fértiles, se puede recurrir a la donación de óvulos que serán fecundados in vitro con los espermatozoides de la pareja.

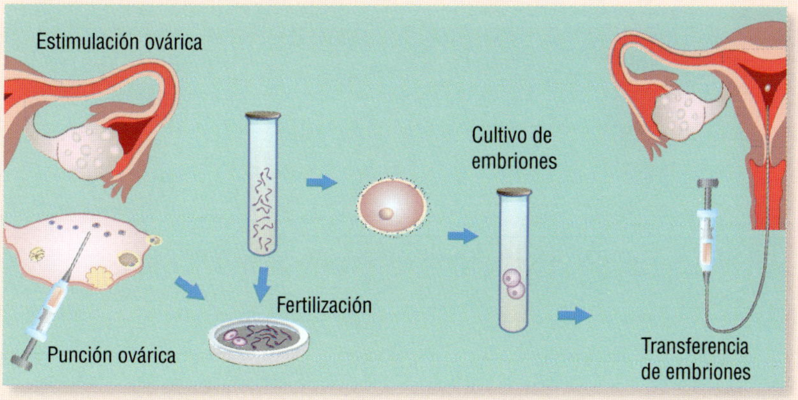

◀ Esquema de la fecundación “in vitro”.

ACTIVIDADES

22. ¿Cuáles son los dos grandes grupos de técnicas de reproducción asistida?

23. ¿En qué casos se utiliza la inseminación artificial?

24. ¿En qué consiste la técnica ICSI?

25. Ordenen en dos columnas las características pertenecientes al sistema reproductor femenino y al sistema reproductor masculino.

a) La uretra es una vía común al sistema reproductor y al sistema urinario.

b) La gametogénesis es periódica.

c) Las células de Leydig producen testosterona.

d) Los gametos se desplazan.

e) Las glándulas de Cowper segregan un líquido lubricante alcalino.

f) Se forman varios millones de gametos por día.

g) El himen se desgarra en la primera relación sexual o por una actividad física intensa.

h) Los gametos constan de cabeza, cuello y cola.

i) Los gametos permanecen en el sistema reproductor.

j) El clítoris se congestiona con sangre en respuesta a la estimulación sexual.

26. Ordenen en una secuencia el recorrido de los espermatozoides, desde su producción hasta la eyaculación.

a) Los espermatozoides son conducidos hacia la uretra a través de los conductos deferentes.

b) Se forma el semen.

c) Los espermatozoides se producen en los testículos.

d) El semen es eyaculado a través del pene.

e) Los espermatozoides maduran y se almacenan en el epidídimo.

27. Completen el esquema con los nombres correspondientes.

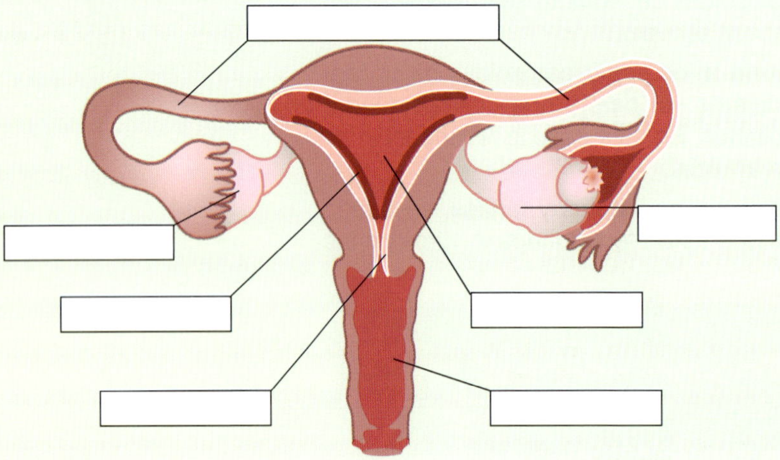

28. Señalen con una O (ovario) o con una U (útero) según dónde creen que ocurren los acontecimientos.

a) Maduración del óvulo.

b) Menstruación.

c) Anidación.

d) Engrosamiento del endometrio.

e) Ovulación.

f) Renovación del endometrio.

g) Formación del cuerpo lúteo.

29. Respondan las siguientes preguntas.

a) ¿Qué diferencia hay entre reproducción y sexualidad humana?

b) ¿Cuál es la función del amnios?

c) ¿En qué momento y en qué órgano se produce la implantación o anidación?

d) ¿Qué sucede cuando el núcleo de un espermatozoide ingresa al ovocito secundario?

e) ¿Qué diferencia hay entre los mellizos y los gemelos?

f) ¿Qué función cumple el cordón umbilical?

g) ¿Qué es la placenta?

h) ¿Qué es el corion?

i) ¿Dónde se produce la fecundación?

30. Coloquen los nombres correspondientes en el siguiente gráfico de un corte de ovario en el que se representan las distintas etapas del ciclo ovárico.

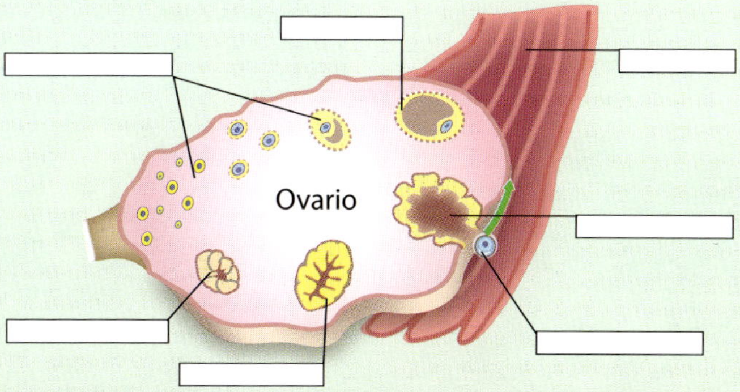

Autoevaluación

1. Las glándulas anexas del sistema reproductor masculino son:

a. las vesículas seminales, la próstata y las glándulas bulbouretrales. ☐
b. el pene y el escroto. ☐
c. los conductos espermáticos y el conducto eyaculador común. ☐

2. Las trompas de Falopio son:

a. órganos genitales femeninos internos. ☐
b. órganos del sistema auditivo. ☐
c. órganos genitales femeninos externos. ☐

3. Del día 1 al 7 del ciclo menstrual:

a. se forma el cuerpo lúteo. ☐
b. se produce la menstruación. ☐
c. crece la mucosa uterina para formar la matriz. ☐

4. El período de fertilidad de la mujer se produce entre los días:

a. 10 y 18 del ciclo menstrual. ☐
b. 1 y 7 del ciclo menstrual. ☐
c. 18 y final del ciclo menstrual. ☐

5. El futuro embrión se implanta en el útero bajo la forma de:

a. trofoblasto. ☐
b. blastocisto. ☐
c. cuerpo lúteo. ☐

6. El alantoides:

a. forma parte del cordón umbilical que une el embrión con la placenta. ☐
b. es el sitio de formación sanguínea. ☐
c. permite la flotación y protección del embrión. ☐

7. Se denomina feto al embrión después de:

a. tres semanas. ☐
b. cinco semanas. ☐
c. ocho semanas. ☐

8. La primera menstruación se denomina:

a. menopausia. ☐
b. menarca. ☐
c. ciclo menstrual. ☐

9. La primera de las fases del parto es:

a. contracción y dilatación. ☐
b. alumbramiento. ☐
c. nacimiento. ☐

10. En los días posteriores al parto, las glándulas mamarias comienzan a secretar:

a. leche. ☐
b. anticuerpos. ☐
c. calostro. ☐

7 Pubertad y adolescencia

◀ Las y los adolescentes necesitan que los adultos respeten sus opiniones y gustos y que los escuchen.

▲ La adquisición de la capacidad reproductiva no solo representa un cambio importante en el propio cuerpo, también comprende profundos cambios psicológicos y emocionales.

◀ Durante la adolescencia hay una fuerte tendencia a formar parte de grupos sociales.

La adolescencia es una etapa del ciclo de la vida humana caracterizada por importantes cambios, tanto físicos, como emocionales y sociales. El pasaje de la niñez a la edad adulta es gradual, si bien existen diferencias según diversas culturas en el momento en que se produce este pasaje. Dependiendo de la época, el concepto de adolescencia se fue modificando a lo largo del tiempo.
La Organización Mundial de la Salud (OMS) define la adolescencia como la etapa de la vida en la cual el individuo adquiere la capacidad reproductiva y transita los patrones psicológicos de la niñez a la adultez. De ahí la importancia de la promoción de la salud en este momento trascendente de la vida, muchas veces conflictivo y contradictorio.

ACTIVIDADES

1. ¿Cómo define la OMS a la adolescencia?
2. ¿Qué es la menarca?
3. ¿Qué cambios físicos se producen durante la pubertad?
4. ¿Están de acuerdo con la siguiente afirmación?: Conocer nuestro cuerpo es fundamental para poder cuidarlo.

1 Pubertad

La **pubertad** es la primera etapa de la adolescencia, cuando se alcanza la maduración sexual y se adquiere la capacidad reproductiva. La edad en que comienza la pubertad es variable, por lo general ocurre entre los 10 y los 14 años.

En los niños y niñas, la producción de hormonas sexuales es muy baja, pero al inicio de la pubertad se incrementa de manera notable. Esto da comienzo a una serie de cambios corporales y emocionales relacionados con la maduración sexual.

En las niñas, la entrada en la pubertad se evidencia primero que en los niños y es anterior a la **menarca** (primera menstruación). Las manifestaciones del comienzo de la pubertad en las niñas están relacionadas con cambios corporales, como el aumento del tamaño de las mamas, seguido por el desarrollo del vello púbico y axilar. Posteriormente, se produce la primera menstruación. En los varones, además de experimentar cambios físicos se inicia la **producción de semen**. En este período aparecen las primeras eyaculaciones, o poluciones nocturnas, durante el sueño.

▲ Es conveniente que al comenzar a transitar la pubertad tanto los varones como las mujeres realicen una visita al médico, que puede ser pediatra, ginecólogo o clínico.

Maduración de los caracteres sexuales

A partir de la pubertad se producen cambios físicos importantes tanto en el cuerpo del varón y como en el de la mujer. Maduran los **caracteres sexuales primarios**, en esencia, los órganos sexuales externos (pene, vagina), que permiten desarrollar la sexualidad, así como las gónadas, u órganos sexuales internos (testículos, ovarios), que establecen la capacidad de transmitir la vida; mientras se definen paulatinamente los **caracteres sexuales secundarios**, que distinguen externamente a ambos sexos (cambio de voz, crecimiento del vello, desarrollo de las mamas).

- Aumento del tamaño de los genitales internos y externos (útero y vagina).
- Ensanchamiento pélvico.
- Crecimiento de las mamas.
- Aumento de estatura.
- La voz de la mujer conserva las características prepuberales, la laringe mantiene sus proporciones.
- Crecimiento del vello corporal, del vello púbico y axilar.
- Aparición del olor corporal. Predisposición al acné.
- Aparición de la menstruación y fertilidad.

- Aumento del tamaño de los testículos y del pene.
- Engrosamiento de la voz, se hace más grave. La laringe se agranda y aparece la nuez de Adán.
- Aparición del vello corporal (axilas y tórax), del vello púbico y del vello facial (barba y bigote).
- Ensanchamiento de los hombros y desarrollo de los músculos.
- Crecimiento de estatura y peso.
- Aparición del olor corporal. Predisposición al acné.
- Primera emisión de semen.

ACTIVIDADES

5. Busquen una foto de ustedes de los 8 o 9 años. Compárenla con una foto actual. ¿Hubo cambios? ¿Cuáles?
6. ¿Qué son las poluciones nocturnas?
7. ¿En qué lugares aparece el vello en el varón?
8. ¿Qué es la pubertad?
9. Comparen los cambios que ocurren en la voz de las niñas y de los niños durante la pubertad. ¿Qué diferencias encuentran?

2 Aspectos psicológicos de la adolescencia

▲ Como parte de su desarrollo emocional, los y las adolescentes necesitan manifestarse a través de distintas actividades artísticas.

La primera menstruación y la producción de semen durante la pubertad enfrentan a la niña y al niño con una nueva realidad: la construcción de la identidad sexual y la capacidad de procrear. La adolescencia propiamente dicha es el lento proceso de desarrollo que va desde la pubertad a la adultez. Ser adolescente implica dejar de ser niño o niña e ingresar paulatinamente en el mundo de los adultos. Este proceso implica, junto con la modificación del aspecto exterior, profundos cambios psicológicos. Las transformaciones vividas por el adolescente despiertan emociones intensas y muchas veces contradictorias: el deseo de **independencia**, por un lado, y el miedo a lo **nuevo y desconocido**, por otro.

Durante la adolescencia se irá abandonando la identidad infantil mientras se construye una nueva identidad adulta. Por eso, desde el punto de vista emocional, podemos decir que los y las adolescentes son individuos en **crisis**. Cuando hablamos de crisis nos referimos a **momentos de cambio**. Los cambios durante los ciclos vitales, como el pasaje de una etapa a otra de la vida, son esencialmente positivos, ya que permiten el despliegue de nuevas posibilidades.

Durante el desarrollo de este proceso de cambio, es común que los y las adolescentes vivan emociones intensas, renieguen de la autoridad, pasen de la timidez a la insolencia con facilidad, y ante la necesidad de diferenciarse de los padres, muchas veces la relación con ellos se vuelva conflictiva.

▲ La necesidad de expresarse hace que los y las adolescentes se vistan de manera muy particular.

A su vez, los y las adolescentes necesitan que los adultos respeten sus opiniones y gustos, que los escuchen y les permitan participar de las decisiones familiares para afianzar su confianza y autoestima.

Algunas características de la adolescencia, según la psicoanalista argentina Arminda Aberastury, son:

- **Búsqueda de sí mismo y de la identidad:** los cambios físicos ocurridos durante la pubertad obligan al adolescente a la construcción de una nueva imagen de su propio cuerpo y de una nueva identidad. Esta construcción implica adquirir un concepto de sí mismo que le permita asumir los distintos roles del mundo adulto.
- **Tendencia grupal:** las y los adolescentes muestran una fuerte tendencia a formar parte de grupos sociales. Uno de los beneficios de pertenecer a un grupo social es la seguridad y el fortalecimiento de la estima personal que brinda. Todos los integrantes del grupo se identifican unos con otros. Los adolescentes parecen pertenecer más al grupo de pares que al grupo familiar.
- **Necesidad de intelectualizar y fantasear:** son formas típicas del pensamiento adolescente. Permite afrontar con mayor facilidad ciertos temas que pueden resultar dolorosos.

▲ En la vida familiar aparecen diferencias entre adultos y adolescentes que suelen terminar en discusiones.

- **Crisis religiosas:** los adolescentes pueden ir desde el misticismo más enérgico al ateísmo más intransigente.
- **Separación progresiva de los padres:** una de las tareas principales de la construcción de la identidad del adolescente es la de ir separándose de los padres.
- **Constantes fluctuaciones del humor y del estado de ánimo:** tienen sentimientos simultáneos de seguridad e inseguridad, de valentía y timidez. Necesitan expresarse por medio de hechos artísticos (dibujo, poesía, música, etc.) o deportivos (competencias).

3 Prevención y cuidados en la adolescencia

La adolescencia es una etapa de crecimiento físico y emocional que plantea nuevos temas vinculados al cuidado de la salud. Esto implica una conducta activa orientada a mantener el estado de salud y alcanzar el bienestar. Por eso es importante conocer los cuidados y hábitos saludables en esta nueva etapa.

La primera menstruación

La primera menstruación, o **menarca**, es un evento central para las jóvenes, ya que constituye una de las señales físicas de que están iniciando el camino hacia la madurez sexual. Suele producirse entre los 11 y los 14 años. Durante el período menstrual, que dura entre 2 y 7 días, la joven puede experimentar algunas molestias: hinchazón de las mamas, dolores en el bajo vientre, dolor de cabeza, irritación o angustia. Esto se debe a los cambios hormonales que se producen en el cuerpo.

▲ Durante la menstruación las mujeres pueden hacer todas sus actividades habituales: bañarse, lavarse la cabeza, nadar o realizar otras actividades físicas, si lo desean.

Las primeras relaciones sexuales

Una relación sexual implica el intercambio de emociones, sentimientos, valores, creencias, necesidades, deseos y formas de dar y recibir afecto. En ese encuentro, las personas unen sus cuerpos de una manera especial y expresan sus sentimientos y emociones. Por este motivo, el comienzo de las relaciones sexuales debe ser una decisión completamente personal y libre. Estas relaciones deben darse en un marco de afecto, cuidado y atracción. La existencia de dudas, la desinformación y las decisiones precipitadas no son buenas condiciones para un inicio sexual pleno y responsable.

En el próximo capítulo estudiaremos en detalle los principales métodos anticonceptivos y las infecciones de transmisión sexual. Como una forma de introducirnos en el tema, es importante saber que el **preservativo**, si se usa correctamente, sirve para prevenir el embarazo no deseado y la transmisión de infecciones sexuales.

Es importante saber que si se tienen relaciones sexuales durante la menstruación, es necesario el uso de preservativo, no solo para evitar el contagio de infecciones de transmisión sexual, sino debido al riesgo de embarazo que, aunque bajo, puede existir durante el período menstrual.

▲ La prevención deliberada del embarazo se denomina anticoncepción, o contracepción. Los métodos anticonceptivos impiden o reducen significativamente las posibilidades de una fecundación durante una relación sexual.

El derecho a la información

En los hospitales y centros de salud hay servicios de consejería en salud sexual y reproductiva que orientan a las y los adolescentes, y les permiten acceder gratis a los distintos métodos de anticoncepción. Además, los adolescentes tienen derecho a la atención confidencial. Esto quiere decir que todo lo que hablen con el médico está protegido por el secreto profesional y nadie más puede saberlo.

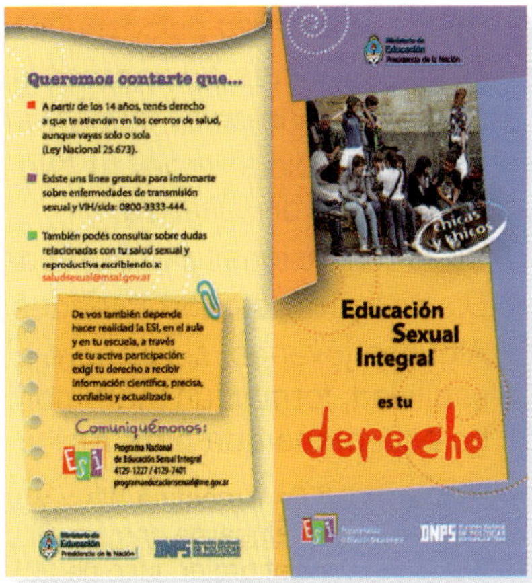

◄ Folleto sobre el derecho a una educación sexual integral del Ministerio de Educación de la Nación.

▲ Campaña sobre prevención del embarazo adolescente de UNFPA Argentina.

Embarazo adolescente

Durante la adolescencia existe un riesgo alto de que se produzcan embarazos no deseados por no utilizar métodos anticonceptivos o utilizarlos de manera inadecuada, por descuidos, por falsas creencias, etc. El **embarazo adolescente**, o embarazo precoz, es aquel que se produce en niñas y adolescentes menores de 19 años. A partir de la pubertad, comienza un proceso de cambios físicos que convierten a la niña en un ser apto para reproducirse. Esto no quiere decir, sin embargo, que ella esté preparada para ser madre.

En sociedades como la nuestra, donde el matrimonio con mujeres adolescentes es poco frecuente, la causa fundamental de estos embarazos es la falta de información sobre los métodos anticonceptivos disponibles o la práctica de relaciones sexuales sin estos métodos. También, y en menor medida, factores socioeconómicos y situaciones de violencia y abuso sobre las adolescentes tienen incidencia.

En la Argentina, el porcentaje de recién nacidos de madres adolescentes (entre 15 y 19 años) respecto del total de nacimientos no ha tenido mayores variaciones, manteniéndose en valores cercanos al 15% en los últimos 20 años. Sin embargo, el análisis individual por provincia da cuenta de la desigualdad: hay seis provincias con valores superiores al 20% (Formosa y Chaco, 25%; Misiones, 22%; Catamarca, Corrientes y Santiago del Estero, 21%).

Corrientes y Formosa, a su vez, mostraron un ascenso del porcentaje de nacidos vivos de madres adolescentes superior al 20%, constituyendo junto a CABA y San Juan, las jurisdicciones con mayor incremento acumulado entre los años 2001 y 2011.

Consecuencias del embarazo adolescente

Las consecuencias del embarazo adolescente incluyen aspectos médicos y psicosociales. Dentro de los primeros podemos mencionar:

- Las jóvenes no acuden a la atención médica desde el inicio del embarazo, ni tampoco comunican su situación a los padres.
- Es frecuente la anemia durante el embarazo adolescente.
- En ciertas ocasiones el embarazo se produce existiendo enfermedades de transmisión sexual.
- Los bebés de las madres adolescentes, por lo general, presentan bajo peso al nacer y suelen ser prematuros.
- La alta frecuencia de embarazos no planeados en la población adolescente aumenta el riesgo de exposición a un aborto.
- La mortalidad materna es una de las causas más frecuentes de muerte en las adolescentes.

Desde el aspecto psicosocial las consecuencias son:

- Algunas madres adolescentes optan por dar al hijo en adopción pero esto les puede crear culpa y arrepentimiento.
- Cuando deciden tener al hijo estando solas se enfrentan a grandes carencias y dificultades.
- Sufren agresiones por parte de su familia y del entorno.
- Disminuyen las oportunidades para conseguir un empleo.
- Algunas jóvenes, si el padre biológico acepta su paternidad y responsabilidad, forman un matrimonio. Sin embargo, muchas veces la pareja no está preparada para recibir un hijo y mucho menos cuidarlo.

▲ Uno de cada seis nacimientos corresponde a una mamá adolescente.

Fuentes: UNFPA Argentina http://www.unfpa.com.ar. Embarazo adolescente, http://www.portalhuarpe.com.ar. Situación del embarazo adolescente en Argentina, http://www.unicef.org.ar, julio de 2013.

La alimentación saludable

Alimentarse saludablemente es sumamente importante en todas las etapas de la vida y en especial durante la adolescencia. Una buena alimentación mejora la calidad de vida, previene el desarrollo de enfermedades, como la obesidad, la diabetes, la hipertensión y los problemas cardiovasculares.

Algunos consejos sobre la alimentación saludable incluyen:

Realizar 4 comidas diarias (desayuno, almuerzo, merienda y cena) y 2 colaciones (alimentos ligeros, como frutas o yogur, por ejemplo).

Consumir por día 2 frutas y 3 porciones de verduras de todo tipo y color, preferentemente crudas.

Consumir legumbres, cereales integrales, semillas y frutas secas.

Disminuir el consumo de fiambres y embutidos.

Consumir maníes, almendras, nueces y semillas de sésamo, girasol y lino.

Comer menos golosinas y dulces para evitar el sobrepeso y las caries.

Evitar el consumo de gaseosas y bebidas dulces artificiales. Es preferible el agua, la soda y los jugos naturales.

Elegir el consumo de panes, harinas y pastas integrales, por sobre las facturas, tortas, masitas, galletitas y otros productos similares.

▲ Los alimentos suministran los nutrientes necesarios para el desarrollo de la vida y el mantenimiento de la salud. Las frutas aportan, principalmente, vitaminas, minerales e hidratos de carbono.

Trastornos de la alimentación: bulimia y anorexia

Son trastornos alimentarios en los que se altera la relación con la comida. Se caracterizan por la obsesión de las personas por perder peso. Ocurren principalmente en la adolescencia. Las jóvenes son las más afectadas, aunque también pueden manifestarse en los varones.

Las personas que padecen bulimia suelen darse "atracones", es decir, ingieren mucha comida en un tiempo breve. Luego vomitan para eliminar el exceso. A esto le siguen períodos en los que se alimentan poco o no se alimentan, hasta que repiten la etapa del atracón.

Las personas con anorexia se alimentan exageradamente poco, al punto de poner en riesgo su vida.

Algunos de los síntomas de estos trastornos son:

- Obsesión y descontento permanente por la propia imagen.
- Rechazo a la comida o dieta muy estricta.
- Actividad física excesiva.
- Necesidad de comer rápidamente y en forma exagerada.
- Bajo peso.
- Cansancio permanente.
- Falta de menstruación.

Ante la presencia de estos síntomas es necesario consultar con el médico o el profesional de la salud correspondiente, que brindará apoyo y orientación.

La salud bucal

Para mantener una buena salud bucal es aconsejable:

Visitar al odontólogo al menos una vez al año.

Cepillarse tanto la superficie externa de los dientes como la interna, y lavarse la lengua para remover las bacterias.

Renovar el cepillo dental cada 3 meses.

No compartir el cepillo de dientes, porque el sangrado de las encías puede transmitir enfermedades.

Evitar el consumo de golosinas y azúcares. De hacerlo, cepillarse los dientes enseguida.

Mantener una alimentación variada y equilibrada.

▲ Para mantener la salud bucal es necesario cepillarse los dientes a la mañana, a la noche antes de dormir y durante el día después de cada comida.

Los efectos de fumar

La adolescencia es una etapa de búsqueda y experimentación en la que muchos jóvenes suelen probar determinadas sustancias perjudiciales para la salud, como el tabaco y el alcohol.

Según estudios recientes, si bien seis de cada diez adolescentes probaron alguna vez un cigarrillo, solo tres de cada diez fuma, por lo tanto podemos afirmar que **la mayoría de los adolescentes no fuma**.

▲ El humo del tabaco posee una gran cantidad de sustancias tóxicas, entre ellas el alquitrán, que inhibe la acción de las células de aparato respiratorio, aumenta la cantidad de gérmenes en los pulmones y puede producir bronquitis y cáncer.

Al fumar, la **nicotina** del cigarrillo se absorbe y viaja hasta el cerebro produciendo la liberación de **dopamina**, sustancia que genera una sensación placentera. Como este efecto dura muy poco tiempo, el individuo aumenta el consumo en busca de volver a obtener la sensación placentera. Este mecanismo hace que la nicotina sea sumamente **adictiva**. El cerebro de un adolescente tiene el doble de receptores para la nicotina que el cerebro de un adulto. Por lo tanto, los y las adolescentes son más vulnerables y tienen más probabilidades de volverse adictos.

En lo inmediato, los daños que el fumar puede causar a la salud son: formación de coágulos sanguíneos, ataques cardíacos y accidentes cerebrovasculares.

A largo plazo puede producir: enfermedades pulmonares, como la EPOC (enfermedad pulmonar obstructiva crónica); enfermedades del corazón y las arterias; tos crónica; cáncer en boca, nariz, garganta, laringe, tráquea, esófago, pulmones, estómago, páncreas, riñones y uréter, vejiga, médula ósea y sangre; caries; mal aliento; arrugas; fracturas; infertilidad; problemas de erección e impotencia sexual en los varones.

El consumo de alcohol

Las bebidas alcohólicas modifican la memoria, el pensamiento, las sensaciones y la voluntad. En los niños, niñas y adolescentes la capacidad de desintoxicación del organismo es inmadura, por lo tanto el riesgo de intoxicación por consumo de alcohol es mayor.

La práctica de tomar cantidades excesivas de bebidas alcohólicas en un período corto, conocida como "la previa", aunque sea en forma ocasional, es peligrosa, ya que aumenta significativamente el riesgo de sufrir una intoxicación etílica aguda. También aumentan el riesgo de sufrir accidentes de tránsito, situaciones de violencia, sexo no seguro y embarazo no deseado.

El alcohol, entre otras cosas, actúa como un desinhibidor. Por este motivo, muchas veces suele ser consumido por los adolescentes para "soltarse". Pero en la medida en que el consumo aumenta, también aumenta el grado de intoxicación. A veces, se llega a crear una relación de dependencia con el alcohol tal, que el joven siente que solo es capaz de entablar una relación social si ha consumido alcohol.

Si bien en la Argentina la venta de alcohol a menores de 18 años está prohibida por la ley 24788, la realidad es que muchos menores de edad consumen alcohol. Un gran desafío para toda la sociedad es evitar que se naturalice y se acepte culturalmente el consumo de alcohol por menores de edad.

▶ Muchas situaciones de violencia y agresión se deben al consumo de alcohol.

4 Noviazgos violentos

"No uses la pollera tan corta, parecés una cualquiera"; "No quiero usar preservativo"; "Te pegué porque te la buscaste"; "No quiero que salgas con tus amigas". ¿Te suenan conocidas estas frases?

Una de las formas más comunes de maltrato en las parejas se da en el noviazgo, especialmente durante la adolescencia. En la mayoría de los casos esta forma de violencia es ejercida por el varón, aunque a veces también hay mujeres que maltratan a su pareja.

Muchas adolescentes dicen no percibir o tienden a minimizar las conductas abusivas de su novio, a pesar de las opiniones de amigos o familiares. Por esta razón, la violencia en el noviazgo suele considerarse un hecho "normal" y son pocas las que se atreven a hablarlo y muchas menos, a denunciarlo.

Debido a que el **maltrato** afecta su autoestima y produce un cuadro de incapacidad para tomar decisiones, así como una gran dependencia, las adolescentes son condicionadas para no buscar ayuda y poder de esta manera resolver lo que les está pasando. Sienten que no pueden vivir sin su pareja, por lo que soportan la agresión pasivamente, con la fantasía de que se va a terminar en algún momento, esperando que "él" cambie. La realidad es que ese comportamiento de control, manipulación y abuso se incrementará con el tiempo, y lo más probable es que, si llegan al matrimonio, la conducta se exacerbe.

En el maltrato y la agresión por parte del varón adolescente hacia su pareja se pueden distinguir tres etapas:

1.ª etapa: Maltrato psicológico y emocional

- Falta de respeto, insultos y humillaciones.
- Utiliza nombres, diminutivos o términos que a ella no le agradan, porque siente que la disminuyen o ridiculizan.
- Critica el cuerpo y la manera de vestir o de peinarse de la pareja.
- Cuestiona a la familia, los compañeros de trabajo o los amigos.
- Revisa el celular, el correo electrónico o las redes sociales, como Facebook.
- Cela a la pareja o la acusa frecuentemente de engañarlo.
- Promete cambios y mejoras de sus defectos o de sus adicciones. Nunca cumple, pero siempre renueva su ofrecimiento.

2.ª etapa: Destrucción de artículos personales, golpes "en broma" y reales

- Destruye alguna posesión de la pareja: documentos, cartas, regalos, celulares, etcétera.
- Pellizca, retuerce el brazo, golpea a la pareja "en broma".
- Ejerce violencia física real: cachetadas, empujones, patadas o puñetazos. Luego actúa como si no hubiera pasado nada.

3.ª etapa: Amenazas, aislamiento, violación, asesinato

- Presiona para tener relaciones sexuales o incurre en violaciones.
- Impone su voluntad en el acto sexual, sin tener en cuenta las necesidades de la pareja.
- Amenaza con golpear, encerrar, abandonar o incluso matar a la pareja.

Fuente: http://www.sap.org.ar/docs/publicaciones/noviazgosViolentosSAP2014.pdf

▲ Campaña "Noviazgos sin violencia" del gobierno de la Ciudad de Buenos Aires.

ACTIVIDADES

10. ¿Por qué les parece que el maltrato del varón hacia la mujer, en la pareja adolescente, se naturaliza?

11. Nombren cinco conductas del varón que hagan sospechar que una adolescente está transitando una relación violenta.

5 Organización de un debate

El debate es una técnica que se utiliza para discutir con otras personas sobre uno o más temas de interés. Para desarrollarlo, los participantes deberán conocer el temario con antelación, así tienen la posibilidad de informarse para poder realizar sus exposiciones y opinar con mayor solidez. Luego, se reúnen en grupos y exponen sus diferentes posiciones, argumentando sus puntos de vista.

En todo debate es muy importante el rol del moderador, es decir, la persona que tiene la función de ceder la palabra a cada uno de los participantes, de marcarle el tiempo que tiene para su exposición y, también, de controlar la situación si el debate se desborda.

Debate 1

A continuación, les proponemos organizar un debate relacionado con alguno de los temas estudiados en el capítulo.

Si bien los siguientes temas pueden servir de ejemplo para iniciar un debate, pueden hacer una lista sumando otros temas de interés.

a. ¿Cuáles son los tres cambios más importantes que les gustaría que hicieran los adultos en la forma de relacionarse con ustedes?
b. ¿Cuál es la situación que más veces se repite donde sienten que no son comprendidos?
c. ¿Consideran que tienen suficiente información sobre temas sexuales?
d. ¿Qué valor tiene la amistad en esta nueva etapa de sus vidas?
e. ¿Alguna vez vieron o escucharon alguna expresión sobre la sexualidad en los varones y en las mujeres que afecte la igualdad de derechos entre varones y mujeres, y el respeto por las diferencias?

Con la ayuda del docente, se armarán los grupos y se designará al moderador, quien deberá exponer el tema que se debatirá. Luego se confeccionará una lista de oradores. En ese momento, se fijará la duración del debate, reservando los minutos finales para realizar un cierre.

Debate 2

Hagan un listado con las siguientes afirmaciones y repartan una copia a cada alumno y alumna. En forma anónima, todos deberán completar el listado colocando verdadero o falso al lado de cada afirmación, luego le entregarán el listado al moderador, que puede ser el profesor o la profesora.

a. La sexualidad comienza cuando se empiezan a tener relaciones sexuales.
b. Los cambios que se dan en la pubertad afectan solo los aspectos físicos.
c. Cuando se está menstruando, la mujer no debe bañarse ni lavarse la cabeza.
d. Durante la pubertad aumenta el tamaño del pene y de la vagina.
e. La primera menstruación indica la madurez sexual de la mujer.
f. Si se tienen relaciones sexuales cuando se está menstruando, no hay ninguna posibilidad de embarazo.
g. Uno de los cambios que se producen en el cuerpo durante la adolescencia es el crecimiento del vello púbico y axilar en el varón, pero no en la mujer.

Un alumno anotará en el pizarrón cuantas veces fue considerada verdadera y cuántas veces falsa cada una de las afirmaciones. Entre todos realizarán un debate para analizar aquellas afirmaciones que no hayan tenido una respuesta unánime. Durante el debate deberán llegar a un acuerdo sobre si la afirmación es verdadera o falsa. El moderador conducirá el debate. Finalmente el profesor o profesora escribirá las respuestas correctas en el pizarrón para poder compararlas con las respuestas elegidas por ustedes.

12. Lean la siguiente nota y luego respondan las preguntas.

Lanzan una campaña para prevenir el embarazo adolescente

La iniciativa de las Naciones Unidas busca que los padres hablen con sus hijos sobre el tema. En la Argentina, una de cada seis mujeres tiene su primer hijo antes de los 19 años.

De los 700 mil nacimientos que se producen al año en la Argentina, el 16% (114.500) corresponden a madres de entre 15 y 19 años (en algunas provincias, una de cada cuatro mamás son adolescentes). Y más de 3.000 tienen hijos entre los 10 y 13 años. Lo que implica que más de 300 nacimientos por día son de adolescentes. En el 69% de los casos se trata de embarazos no planificados.

Además de riesgos para la salud de la mamá y el bebé, el embarazo adolescente repercute en abandono de la escolaridad de las madres y, en consecuencia, se reduce su capacidad para acceder a buenos empleos.

"A pesar de la existencia del Programa Nacional de Salud Sexual y Reproductiva, que permite que tengamos todos los métodos anticonceptivos disponibles en forma gratuita en los hospitales y en los centros de salud, la mayoría de los jóvenes no sabe que puede ir a pedirlos o bien que puede pedir una consulta sin sus padres", decía Sandra Vázquez, coordinadora del Servicio de Adolescentes del Hospital Argerich, durante el Día Mundial de Prevención del Embarazo No Planificado en Adolescentes, celebrado el 26 de septiembre.

Diario *Clarín* 08/10/14.

a. ¿Qué busca la iniciativa de las Naciones Unidas?
b. ¿Dentro de qué edad se considera a un embarazo "adolescente"?
c. ¿Qué porcentaje de los embarazos adolescentes son no planificados?
d. ¿Cuántos nacimientos por año en la Argentina corresponden a menores de entre 10 y 13 años?
e. ¿Qué permite el **Programa Nacional de Salud Sexual y Reproductiva**?

Autoevaluación

1. **En la pubertad masculina:**
   - **a.** el cuerpo alcanza su máxima altura. ☐
   - **b.** cambia la voz, crece el vello y maduran los testículos. ☐
   - **c.** se oscurece el color del cabello y de los ojos. ☐

2. **Una de las primeras manifestaciones del comienzo de la pubertad en las niñas es:**
   - **a.** el cambio de voz. ☐
   - **b.** el ensanchamiento de los hombros. ☐
   - **c.** el aumento del tamaño de las mamas. ☐

3. **Durante la pubertad, tanto en las niñas como en los niños:**
   - **a.** disminuye la transpiración y aumenta el acné. ☐
   - **b.** desaparece el acné. ☐
   - **c.** aumenta la transpiración y aparece el acné. ☐

4. **La producción de semen en los varones:**
   - **a.** es una manifestación del comienzo de la pubertad. ☐
   - **b.** es una manifestación del fin de la adolescencia. ☐
   - **c.** no está relacionada con la capacidad reproductiva. ☐

5. **En la pubertad femenina:**
   - **a.** desaparece el vello de las axilas. ☐
   - **b.** crecen el útero, la vagina y ocurre la primera menstruación. ☐
   - **c.** cambia la forma del cuerpo, los hombros se ensanchan y la cadera se estrecha. ☐

6. **Cuando decimos que la adolescencia es una etapa de crisis, nos referimos a que:**
   - **a.** es una etapa negativa. ☐
   - **b.** es una etapa de profundos cambios. ☐
   - **c.** es una etapa por la que pasan solo algunas personas. ☐

7. **La sexualidad:**
   - **a.** es un proceso psicológico. ☐
   - **b.** involucra aspectos biológicos, psicológicos, sociales y culturales. ☐
   - **c.** es sinónimo de relaciones sexuales. ☐

8. **Si se mantienen relaciones sexuales durante la menstruación:**
   - **a.** aunque bajo, existe riesgo de embarazo. ☐
   - **b.** no existe ningún riesgo de embarazo. ☐
   - **c.** aumentan las posibilidades de embarazo. ☐

9. **El embarazo adolescente o embarazo precoz:**
   - **a.** es aquel que se produce en niñas y adolescentes menores de 14 años. ☐
   - **b.** es aquel que se produce en niñas y adolescentes menores de 19 años. ☐
   - **c.** es muy poco frecuente en nuestro país. ☐

10. **Según estudios recientes, la mayoría de los y las adolescentes:**
    - **a.** fuma. ☐
    - **b.** nunca probó fumar. ☐
    - **c.** no fuma. ☐

8 Promoción de la salud sexual y reproductiva

▶ Póster del Ministerio de Salud de la Nación sobre métodos anticonceptivos. El preservativo es el método más efectivo para prevenir el VIH/sida y otras infecciones de transmisión sexual, y además es sumamente eficaz para evitar embarazos no deseados.

▲ Campaña de la Fundación Huésped para la prevención del VIH/sida.

▲ En hospitales y centros de salud hay servicios de asesoría en salud sexual y reproductiva donde pueden informarse y acceder gratis a los métodos anticonceptivos. La línea telefónica de salud sexual (0800 222 3444) es anónima y brinda atención gratuita a toda la población.

*La **salud** es definida por la OMS como un estado de completo bienestar físico, mental y social, y no solamente como la ausencia de afecciones o enfermedades. Como vimos en capítulos anteriores, la sexualidad es un aspecto central en la vida y en la identidad de una persona, que abarca un conjunto de condiciones biológicas, psicológicas, sociales y culturales, entre otras.*

*La promoción de la salud sexual se relaciona directamente con las campañas preventivas, la difusión de las acciones positivas y la **educación sexual**.*

Cómo prevenir un embarazo y cómo vivir la propia sexualidad es un derecho de todas y de todos los adolescentes. Ejercer ese derecho implica el conocimiento de los métodos anticonceptivos y de regulación de la fecundidad, y el análisis de sus ventajas y desventajas; también permite realizar mejores elecciones, conscientes y responsables.

Otra de las acciones positivas con respecto a la salud sexual consiste en el cuidado preventivo de las infecciones de transmisión sexual, o ITS. Estas constituyen un grupo de enfermedades infectocontagiosas que se transmiten principalmente por contacto sexual. Conocer cómo prevenirse contra estas infecciones y mantener una actitud responsable es otra de las formas de promover la salud sexual.

ACTIVIDADES

1. ¿Por qué es importante conocer los métodos anticonceptivos disponibles?
2. ¿Qué son las infecciones de transmisión sexual?
3. ¿Cómo se pueden evitar las infecciones de transmisión sexual?
4. ¿Todos los métodos anticonceptivos sirven para prevenir las infecciones de transmisión sexual?

1 Anticoncepción

Todas las personas tienen derecho a tomar decisiones libres y responsables acerca de la reproducción, el número de hijos que desean tener y el momento en que desean tenerlos. La prevención deliberada del embarazo se denomina **anticoncepción**, o **contracepción**, y el método que se decida utilizar dependerá de diversos factores, como las preferencias individuales, la edad, las creencias religiosas y el contexto cultural y social. Las acciones destinadas a lograr esta información se conocen como **planificación familiar**.

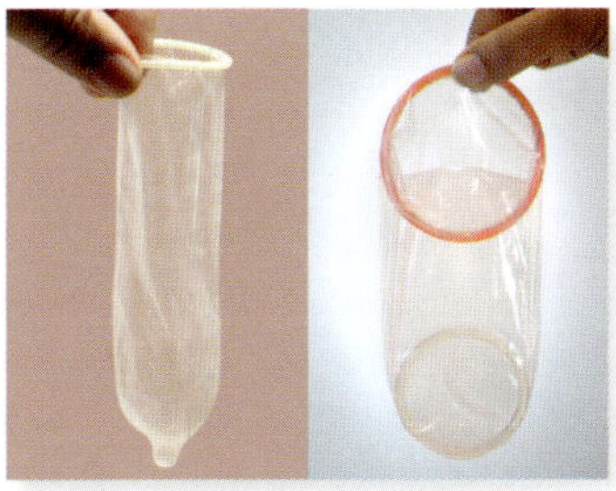

▲ Preservativo o condón masculino. ▲ Preservativo femenino.

2 Métodos anticonceptivos

Los **métodos anticonceptivos**, o de **control de la natalidad**, impiden o reducen significativamente las posibilidades de una fecundación. Incluyen una variada gama de estrategias adecuadas a diferentes circunstancias, estilos de vida y creencias. El tema debe ser tratado respetando las opiniones y estableciendo acuerdos. La elección de un método anticonceptivo implica un acto de responsabilidad y respeto hacia la propia persona y también hacia la pareja. Así, el consentimiento sobre el uso de cualquier método debe ser recíproco. La OMS los clasifica en **métodos artificiales**, en los cuales se utilizan elementos o sustancias ajenas al organismo, y **métodos naturales**.

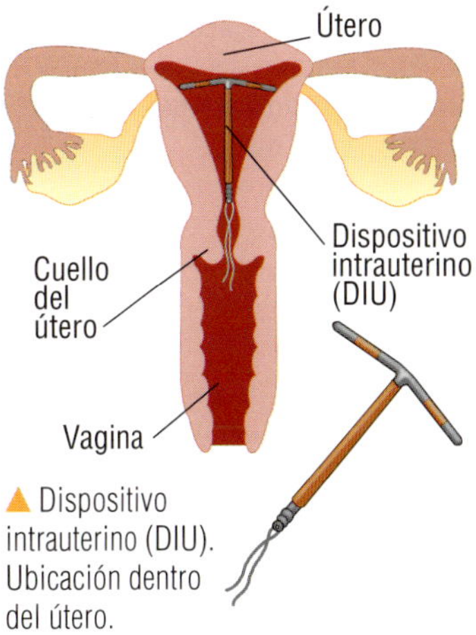

▲ Dispositivo intrauterino (DIU). Ubicación dentro del útero.

Métodos anticonceptivos artificiales mecánicos

Son métodos de barrera, es decir, que impiden la llegada de los espermatozoides al útero.

- **Preservativo, profiláctico o condón masculino.** El preservativo es una funda de látex descartable que envuelve al pene e impide el contacto directo entre las mucosas. Es un método eficaz para prevenir el embarazo, y además es sumamente útil para evitar el contagio de **infecciones de transmisión sexual** (ITS), como veremos en las páginas siguientes.
- **Preservativo femenino.** Es una funda de plástico descartable con lubricantes que se introduce en la vagina y cubre los labios. Es un método eficaz para prevenir el embarazo. Una de sus desventajas es que requiere cierta práctica para su correcta colocación. Sirve para prevenir las infecciones de transmisión sexual.
- **Dispositivo intrauterino** (**DIU**). Es un dispositivo de plástico y cobre que el médico coloca en el útero y puede permanecer allí durante tres años; después de ese lapso debe retirarse o reemplazarse. La presencia de un cuerpo extraño en el útero produce la liberación de sustancias hostiles tanto para los espermatozoides como para los huevos fecundados, impidiéndoles la anidación. A esto se agrega la capacidad espermicida del cobre. Es un método altamente eficaz. Una variante del DIU es el sistema intrauterino (SIU), un dispositivo que libera hormona directamente en el útero durante 5 años, actuando como anticonceptivo. No sirve para prevenir las enfermedades de transmisión sexual.
- **Diafragma.** Es un disco de látex flexible, con un fino anillo metálico que se ubica en el fondo de la vagina y tapa el cuello del útero. Inhibe la movilidad de los espermatozoides e impide su ascenso hacia las trompas de Falopio. Para aumentar su efectividad se lo utiliza con cremas espermicidas. No sirve para prevenir las enfermedades de transmisión sexual.

▶ Diafragma.

▼ Ubicación en el cuello del útero.

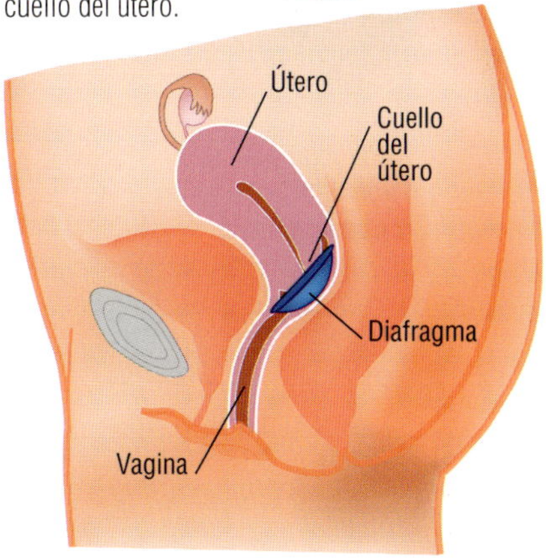

Métodos anticonceptivos artificiales químicos

Son métodos eficaces para evitar el embarazo, aunque **no sirven** para prevenir las infecciones de transmisión sexual.

- **Anticonceptivos orales.** Son comprimidos elaborados con hormonas sintéticas, similares a las que produce naturalmente la mujer. Estas sustancias alteran la ovulación, modifican el tejido de las trompas de Falopio, el endometrio y la secreción vaginal. Son eficaces para impedir la fecundación.
- **Espermicidas.** Son sustancias químicas que se colocan en la vagina unos minutos antes del coito y matan los espermatozoides. Se las emplea asociadas al preservativo o al diafragma. Si se utilizan en forma aislada, su efectividad es baja.
- **Implante subcutáneo.** Es un dispositivo de pequeño tamaño que se implanta bajo la piel y libera hormona durante 3 años. Tiene efecto anovulatorio.
- **Anticoncepción hormonal de emergencia** (**AHE**), conocida como "la píldora del día después". Es una medicación utilizada por las mujeres después de una relación sexual en la que no hubo o falló un método anticonceptivo. Actúa antes de la fecundación. En el caso de que el embarazo ya se haya producido, la píldora resulta inocua y tampoco afecta al embrión. Es un método eficaz si se usa dentro de las primeras horas después de la relación sexual. No debe ser utilizado en forma regular. Está disponible en forma gratuita en guardias de hospitales públicos y centros de salud de todo el país, previa consulta con un profesional.

Una práctica basada en el desconocimiento.
El *coitus interruptus* es la práctica sexual de retirar el pene de la vagina antes de eyacular. Este método está descartado como anticonceptivo porque no brinda ningún tipo de seguridad, ya que en los fluidos previos a la eyaculación, emitidos a través del pene, ya hay espermatozoides que podrían fecundar al óvulo.

Métodos anticonceptivos naturales

Se basan en la abstinencia periódica a partir de detectar los días fértiles del ciclo menstrual. Son métodos moderadamente eficaces. No previenen el VIH y otras infecciones de transmisión sexual.

- **Método del calendario** (**Ogino-Knaus**). Consiste en practicar la abstinencia durante los días fértiles de la mujer (en un ciclo de 28 días, desde el día 10 a partir del inicio de la menstruación hasta el día 18). El método depende en gran medida de la regularidad de la mujer en su ciclo menstrual.
- **Método cervical o de Billings.** Este método requiere que la mujer sepa reconocer cuándo su flujo vaginal indica la ovulación. En los días previos y posteriores a la ovulación, el flujo se vuelve hialino, transparente como clara de huevo. Es un método moderadamente eficaz siempre y cuando la persona tenga ciclos regulares y no presente secreciones patológicas debidas a infecciones.
- **Método de la temperatura basal.** Tiene en cuenta las variaciones de temperatura del cuerpo de la mujer a lo largo del ciclo menstrual. Durante la ovulación, la temperatura aumenta y se mantiene alta hasta el final del ciclo (entre 0,2 y 0,5 °C). Es un método poco efectivo, aunque puede servir para mujeres con ciclos muy regulares.

▲ La eficacia del método calendario depende de la regularidad de los ciclos menstruales.

Métodos anticonceptivos quirúrgicos

Estos métodos requieren una intervención quirúrgica y, aunque resultan muy eficaces, sus efectos son irreversibles. En el hombre consiste en el corte de los conductos deferentes para impedir el paso de los espermatozoides de los testículos al pene (vasectomía), y en la mujer, en la ligadura de trompas (salpingectomía), para impedir el paso del semen que contiene los espermatozoides.

3 Infecciones de transmisión sexual

Las infecciones de transmisión sexual (ITS) son un grupo de enfermedades infectocontagiosas que se transmiten por vía sexual. Su principal puerta de entrada en el organismo son los órganos genitales, aunque las transfusiones de sangre, el uso de jeringas contaminadas y la transmisión madre-hijo durante el embarazo o amamantamiento son vías alternativas de entrada. La forma recomendada por la OMS para prevenir la transmisión por vía sexual del VIH/sida y de otras infecciones de transmisión sexual es el uso del preservativo.

Parecidos pero diferentes
Tener una infección implica que un agente extraño a nuestro cuerpo (virus, bacterias u otros microorganismos) ha ingresado en el interior y podría causar una enfermedad. Ahora bien, una persona infectada no se siente necesariamente enferma. Es decir, no presenta síntomas. En el caso de que la enfermedad se desarrollara, la infección causaría, efectivamente, síntomas en la persona que la padece.

Sífilis

La sífilis es una infección producida por una bacteria, el *Treponema pallidum*. Se contagia por las microlesiones que se producen en el contacto genital durante las relaciones sexuales. El uso del preservativo previene la sífilis.

Durante el curso de la enfermedad se distinguen tres etapas:

- **Primera etapa.** Se caracteriza por la formación de una úlcera redondeada u oval no dolorosa, el **chancro sifilítico**, que aparece dos o tres semanas después del contagio, en la zona genital, anal o bucal. La lesión inicial desaparece y esto es muy peligroso porque la persona carece de síntomas, pero la enfermedad está latente.
- **Segunda etapa.** Aparece unos tres meses después del contagio. Los síntomas son variados y se ven lesiones en todo el cuerpo que suelen confundirse con enfermedades eruptivas, como varicela o sarampión. Durante la primera y la segunda etapa la enfermedad es altamente contagiosa.
- **Etapa avanzada.** Las bacterias pueden permanecen en un período de latencia en los tejidos alrededor de treinta años, pero una vez que "despiertan" se producen daños en todos los tejidos. El sistema nervioso, por ejemplo, queda irreversiblemente comprometido.

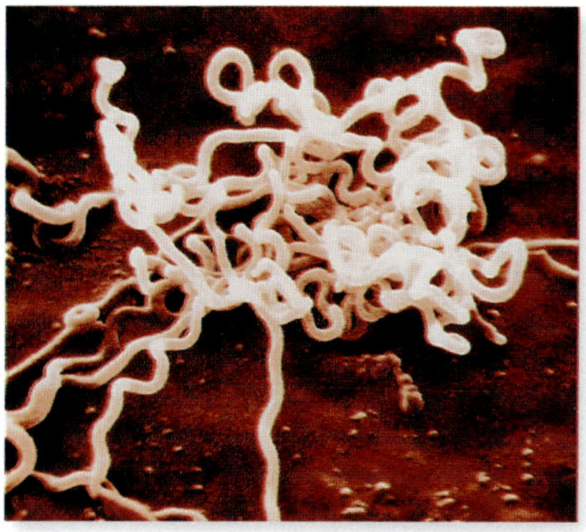
▲ Microfotografía electrónica de la bacteria *Treponema pallidum*.

Esta enfermedad también puede ser contagiada de madre enferma a hijo. En este caso se trata de **sífilis congénita**.

Gonorrea

La **gonorrea**, o **blenorragia**, es causada por la bacteria *Neisseria gonorrhoeae*, un diplococo que se encuentra en las áreas mucosas del cuerpo (vagina, pene, garganta y recto), en el semen y en los líquidos vaginales. Los síntomas aparecen entre dos y diez días después del contacto sexual con una persona infectada, aunque en las mujeres puede ser asintomática.

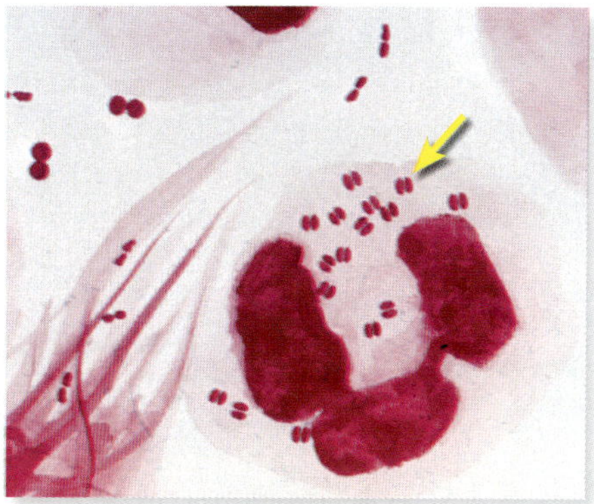
▲ Bacteria *Neisseria gonorrhoeae* causante de la gonorrea.

En el hombre produce inflamación de la uretra y eliminación de secreciones purulentas por el meato urinario. Si la infección continúa, puede llegar a la próstata; en estos casos hay dolor en la región abdominal, sobre todo después de orinar. En los casos más severos, la infección compromete los testículos y ocasiona esterilidad.

En la mujer, la infección suele presentarse en el cuello del útero, aunque puede afectar las trompas de Falopio y también los ovarios. En los casos no tratados llega a causar infertilidad.

Al igual que la sífilis, puede transmitirse de madre a hijo durante el parto.

El uso del preservativo previene la transmisión de la infección por vía sexual.

Síndrome de inmunodeficiencia adquirida (sida)

Sida es un término que se utiliza para designar la enfermedad infecciosa crónica que ataca el sistema inmunológico de las personas y es provocada por el VIH, o virus de la inmunodeficiencia humana (en inglés, HIV).

Este virus se caracteriza por provocar una baja de las defensas del organismo, es decir, una disminución de las barreras inmunológicas.

En una persona infectada, o **seropositiva**, el VIH se encuentra libre pero no puede reproducirse hasta que ingresa en una célula "hospedera" (célula que alberga al virus y le permite su reproducción). Allí, el virus puede permanecer latente durante mucho tiempo (se habla de portadores asintomáticos) hasta que, en determinado momento, se activa, se replica y llena la célula de copias. Entonces, la célula hospedera se rompe y deja en libertad a los nuevos virus que invaden otras células para recomenzar el ciclo (se habla de enfermos).

▲ El 1 de diciembre se declaró como Día Mundial de la Lucha contra el Sida.

Un derecho a la salud
El preservativo masculino se distribuye de manera gratuita en los centros de salud y hospitales públicos del país. También está incluido en el Programa Médico Obligatorio (PMO) por lo que las obras sociales y los planes de medicina prepaga también lo entregan gratuitamente.

El VIH se transmite por:

- Las prácticas sexuales sin preservativo, en las que el líquido preseminal, el semen o los fluidos vaginales de una persona infectada entran en contacto con mucosas (pene, vagina, boca, ano) de un individuo sano. El uso del preservativo previene la transmisión del VIH/sida.
- Las situaciones en las que los fluidos de un infectado toman contacto con la sangre de otro individuo. Esto puede ocurrir por lesiones en la piel, cuando se comparten jeringas, elementos para afeitar y otros objetos cortantes.
- El embarazo, en el cual el VIH puede pasar de madre a hijo a través de la placenta, durante el parto y el amamantamiento.

El VIH no se transmite por: el aire; picaduras de insectos; animales domésticos; compartir ropa, cubiertos, vajilla, mate; caricias; besos; abrazos; convivir con personas infectadas.

Hepatitis B

Existen varias clases de hepatitis (inflamación aguda del hígado) causadas, cada una, por un tipo de virus en particular. Las formas B y C son las de mayor gravedad.

La hepatitis B se contrae a través de transfusiones de sangre, heridas abiertas, jeringas contaminadas y por contacto sexual, al estar presente en fluidos corporales como la saliva y el semen. Para este tipo de hepatitis existe una vacuna que previene el contagio.

Virus del papiloma humano (VPH)

Existen más de 40 tipos de VPH que pueden infectar las zonas genitales, la boca y la garganta de ambos sexos. La vía de contagio más frecuente es la transmisión sexual, aunque también ocurre a través de elementos contaminados en lugares públicos, como las toallas. La madre puede contagiar a su hijo durante el parto vaginal.

Suelen producir verrugas benignas, pero algunas variantes pueden causar cáncer.

ACTIVIDADES

5. Describan brevemente las tres etapas de la sífilis.
6. ¿Cuáles ITS de las nombradas también se transmiten por transfusiones de sangre?
7. Nombren tres comportamientos que no implican la transmisión del VIH.
8. ¿Qué lesiones ocasiona el VPH?

9. Lean las siguientes indicaciones sobre el uso correcto del preservativo y luego respondan las preguntas.

1.º Revisar la fecha de vencimiento. Abrir el envase con cuidado para que no se rompa. No abrirlo con los dientes ni utilizar elementos cortantes. **Usarlo desde el comienzo de la relación sexual hasta el final**. Esto es necesario porque incluso los fluidos anteriores a la eyaculación contienen espermatozoides.

2.º Apretarle la punta para sacar el aire antes de apoyarlo en el pene erecto, porque si queda inflado se puede romper durante la relación.

3.º Mantener la punta del preservativo apretada mientras se coloca desenrollándolo hasta la base del pene. No usar vaselina, aceite o crema de manos porque puede dañarlo.

4.º Después de la eyaculación, retirarlo con el pene todavía erecto. Tener cuidado de que no se derrame el semen.

5.º El preservativo se usa una sola vez y luego debe ser descartado.

Preguntas:

a) ¿Por qué creen que hay que usar el preservativo desde el comienzo de la relación sexual hasta el final?

b) ¿Por qué hay que apretar la punta del preservativo antes de apoyarlo en el pene erecto?

c) ¿Por qué se puede romper el preservativo?

d) Expliquen por qué hay que cambiar el preservativo cada vez que se realiza una práctica sexual diferente.

▲ Jóvenes participando en una campaña de prevención del sida.

10. Organicen un debate para cuestionar y rebatir ciertas "frases hechas" acerca de la sexualidad, que muchas veces están instaladas en la sociedad como verdades, aunque científicamente se haya demostrado que **son falsas**. Las siguientes son afirmaciones falsas que pueden servir como disparadoras de uno o más debates. También pueden incorporarse otras.

- No es posible quedar embarazada en la primera relación sexual.
- Puede haber embarazo practicando sexo oral.
- Un mismo preservativo se puede utilizar más de una vez.
- No se pueden tener relaciones sexuales si la mujer tiene la menstruación, porque puede haber peligro de infecciones.
- Lavarse la vagina después de tener relaciones evita el embarazo.
- Si el varón eyacula afuera de la vagina no hay posibilidad de embarazo.
- Es riesgoso tomar mate con una persona VIH positivo.
- El preservativo debe usarse justo antes de eyacular.

Con la ayuda del docente, armen grupos de cuatro o cinco integrantes. Un representante de cada grupo deberá exponer el tema que se debatirá, luego se discutirá el tema entre todos. Un alumno desempeñará el papel de moderador adjudicándole un tiempo determinado a cada debate y unos minutos para el cierre final.

11. Respondan las siguientes preguntas:

a) ¿Cuál es la principal desventaja de los métodos anticonceptivos naturales?

b) ¿En qué situaciones está indicada la anticoncepción hormonal de emergencia?

c) ¿Cuál es la principal desventaja de los métodos anticonceptivos quirúrgicos?

d) ¿Cuál es el método anticonceptivo que además de evitar el embarazo sirve para prevenir la transmisión del VIH/sida?

e) ¿Cuál es la única práctica sexual en la que puede producirse el embarazo?

f) En la primera relación sexual, ¿hay riesgos de transmisión de ITS?

12. Lean las consignas y ubíquenlas en la columna correspondiente del cuadro.

Conducta de riesgo	Conducta sin riesgo

a) Mantener relaciones sexuales sin protección.

b) Auxiliar a alguien que sufrió una herida sangrante sin guantes de látex.

c) Abrazar a un amigo.

d) Prestarle una máquina de afeitar a otra persona.

e) Tomar del mismo vaso que otra persona.

f) Exigir el uso de jeringas descartables al aplicarse una inyección.

g) Usar preservativo en toda relación sexual.

h) Agujerear una oreja con el aro de una amiga.

i) Donar sangre.

j) Visitar un hospital donde haya pacientes con sida.

k) Permitir el uso de material quirúrgico u odontológico que no sea descartable o no se encuentre debidamente esterilizado.

13. Señalen con una (V) o con una (F) si las siguientes afirmaciones son verdaderas o falsas.

a) El VIH puede transmitirse por besos o saliva. ☐

b) VIH es lo mismo que sida. ☐

c) El líquido preseminal también puede transmitir VIH. ☐

d) Todos los métodos anticonceptivos protegen del VIH. ☐

e) Las relaciones sexuales orales son una práctica segura, sin riesgo de infección. ☐

f) El sida no se cura, pero tiene tratamiento. ☐

14. Completen el siguiente acróstico.

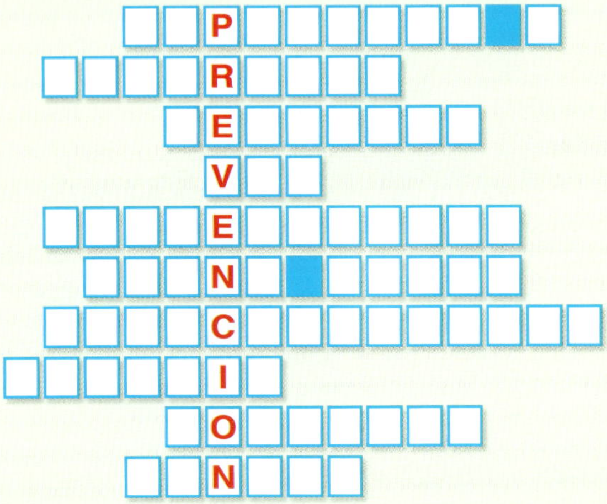

a) Inflamación aguda del hígado como consecuencia de una infección de transmisión sexual.

b) Método anticonceptivo consistente en un disco de látex flexible que se ubica en el fondo de la vagina.

c) Lesiones benignas causadas por el virus del papiloma humano.

d) Virus de la inmunodeficiencia humana.

e) Método anticonceptivo de barrera.

f) Nombre con el que también se conoce el método del calendario.

g) Prevención deliberada del embarazo.

h) Infección de transmisión sexual producida por la bacteria *Treponema pallidum*.

i) Infección de transmisión sexual producida por la bacteria *Neisseria gonorrhoeae*.

j) Nombre con el que también se conoce al preservativo.

15. Tres de las siguientes frases son incorrectas. Indiquen cuáles son y escríbanlas correctamente.

a) El lavado vaginal no evita el embarazo.
b) Cuando la mujer está menstruando puede quedar embarazada.
c) Si usamos preservativo durante la relación sexual, disminuye el placer.
d) Los anticonceptivos orales están elaborados con hormonas sintéticas.
e) El único método que protege de las ITS es el preservativo (masculino y femenino).
f) El coito interrumpido evita el embarazo.
g) El DIU es un método anticonceptivo mecánico.
h) La vasectomía es un método anticonceptivo irreversible.
i) Los anticonceptivos inyectables protegen contra el VIH.

16. Confeccionen un afiche para difusión en el ámbito escolar de las infecciones de transmisión sexual. Debe contener información sobre cómo se transmiten y de qué manera se pueden evitar. Describan cada una de ellas brevemente y acompañen el texto con ilustraciones.

Autoevaluación

1. **Los métodos anticonceptivos que impiden la llegada de los espermatozoides al útero son:**
   - **a.** los anticonceptivos orales, la "píldora del día después", el método del calendario. ☐
   - **b.** el método de Billings, el método de la temperatura basal, la vasectomía. ☐
   - **c.** el preservativo y el diafragma. ☐

2. **El uso de diafragma:**
   - **a.** es un método de baja eficacia para prevenir el embarazo. ☐
   - **b.** es un método anticonceptivo eficaz pero no evita las infecciones de transmisión sexual. ☐
   - **c.** es un método eficaz para prevenir el embarazo y evita las infecciones de transmisión sexual. ☐

3. **El dispositivo intrauterino, o DIU:**
   - **a.** se utiliza una sola vez y se tira. ☐
   - **b.** es colocado por el médico en el útero y debe ser retirado, aproximadamente, cada tres años. ☐
   - **c.** es colocado por el médico y dura toda la vida reproductiva de la mujer. ☐

4. **El preservativo masculino:**
   - **a.** puede ser usado muchas veces. ☐
   - **b.** no debe ser usado más de tres veces. ☐
   - **c.** debe ser usado solo una vez y luego debe ser desechado. ☐

5. **Las infecciones de transmisión sexual se contagian:**
   - **a.** por cualquier forma de contacto con personas enfermas. ☐
   - **b.** solo por contacto sexual. ☐
   - **c.** por contacto sexual, vía sanguínea o de madre a hijo. ☐

6. **La gonorrea en las mujeres:**
   - **a.** puede ser asintomática. ☐
   - **b.** siempre presenta síntomas. ☐
   - **c.** presenta síntomas en cualquier órgano del cuerpo. ☐

7. **Las consecuencias más severas de una sífilis no tratada son:**
   - **a.** la formación permanente de chancros de inoculación. ☐
   - **b.** alteraciones en el sistema nervioso central. ☐
   - **c.** la aparición de lesiones variadas en la piel. ☐

8. **Un comportamiento riesgoso frente al sida es:**
   - **a.** compartir el mate. ☐
   - **b.** tener relaciones sexuales sin protección adecuada. ☐
   - **c.** concurrir al dentista. ☐

9. **Los métodos anticonceptivos reversibles son:**
   - **a.** la vasectomía y la salpingectomía. ☐
   - **b.** la salpingectomía y el preservativo. ☐
   - **c.** el DIU y los anticonceptivos orales. ☐

10. **El único método anticonceptivo que protege de las ITS es:**
    - **a.** el DIU. ☐
    - **b.** la anticoncepción hormonal de emergencia. ☐
    - **c.** el preservativo. ☐

9 La diversidad biológica como consecuencia de la evolución

▲ El estudio de las especies actuales y su comparación con los fósiles –restos o señales de organismos que vivieron en el pasado– permiten reconstruir el origen de las especies actuales y extintas.

▲ Durante su viaje por América del Sur a bordo del buque "Beagle", Charles Darwin tuvo la oportunidad de estudiar numerosas especies de plantas y animales, como las tortugas de Galápagos.

▲ Familia de patos en un ambiente acuático natural. La diversidad biológica es resultado de la evolución.

La diversidad biológica, o biodiversidad, incluye a todos los seres vivos, a su información genética y a la variedad de ecosistemas de los que forman parte.

La vida en la Tierra se halla estrechamente interrelacionada. Una trama sutil envuelve a todas las especies del planeta y los seres humanos pertenecen solo a una de las tantas que lo habitan; por lo tanto, nuestra subsistencia depende del resto de los seres vivos.

Hace más de cien años, Charles Darwin postulaba la teoría de la evolución por selección natural. *Con más o menos modificaciones y con los aportes de la moderna biología molecular, la genética y la paleontología, esta teoría se constituyó en el fundamento y la base de toda la biología moderna.*

Actualmente, el proceso evolutivo es considerado el mecanismo clave, responsable de la enorme biodiversidad existente en nuestro planeta.

ACTIVIDADES

1. ¿Cuántas especies distintas de seres vivos conocen y podrían nombrar? Hagan una lista.
2. ¿Saben, aproximadamente, cuántas especies de insectos existen? Investiguen en internet y comparen los resultados con el resto de sus compañeros.
3. ¿Conocen animales y plantas que habitaron la Tierra en el pasado remoto y que se hayan extinguido?
4. Nombren tres palabras que incluirían si tuvieran que definir qué es la evolución.

Concepto biológico de especie

Seguramente, muchas veces habrán oído hablar de "especies autóctonas" o "especies en peligro de extinción", en charlas, documentales y revistas sobre la naturaleza. Pero... ¿qué es una especie? Desde el punto de vista biológico, una **especie** es un grupo de poblaciones naturales cuyos integrantes pueden entrecruzarse y dejar descendencia fértil. A esta definición se la conoce como **concepto biológico de especie**.

Veamos algunos ejemplos: las poblaciones de dorado, un pez que habita en los ríos Paraná y Uruguay, y en otros ríos del norte de nuestro país, constituyen una especie. Los dorados pueden cruzarse con otros dorados; los huevos fecundados dan origen a individuos fértiles; en cambio, no pueden tener descendencia fértil con surubíes, peces que pertenecen a otra especie. Las yeguas (caballos) y los burros pertenecen a dos especies distintas que pueden cruzarse y tener descendencia: las mulas. Sin embargo, las mulas no pueden cruzarse entre sí, son híbridos.

El análisis de ADN
Si bien una de las formas de identificar las especies es por su similitud, rasgos compartidos y la capacidad de entrecruzarse y generar descendencia fértil, actualmente son los análisis de ADN los que aportan la mayor información sobre la identidad y la relación de parentesco.

Los individuos de una especie, por lo general, se pueden reconocer a simple vista porque son similares en cuanto a tamaño, forma, color, comportamiento reproductivo, lugar donde viven, etc. Sin embargo, individuos de una misma especie pueden ser muy diferentes. Cuando machos y hembras de una misma especie se diferencian externamente, ya sea en su fisonomía, coloración, forma del cuerpo o tamaño, se habla de **dimorfismo sexual**. Recordemos el caso de los leones, cuyos machos tienen una gran melena y son de mayor tamaño que las hembras. En muchas especies de aves suelen encontrarse marcadas diferencias entre ambos sexos. El dimorfismo sexual también se observa dentro del grupo de los insectos, y en las arañas es común que los machos sean de menor tamaño que las hembras, como ocurre, por ejemplo, con la tarántula.

Existen, incluso, ciertas características morfológicas transitorias que aparecen solo durante la etapa reproductiva para atraer al sexo opuesto y luego desaparecen.

Las diferencias dentro de la misma especie se encuentran también entre individuos jóvenes y adultos. Las aves cambian sus colores desde pichones a adultos, incluso la distribución y forma de sus plumas. Los mamíferos cambian los colores y manchas de sus pelajes.

Muchas especies presentan estadios de desarrollo muy diferenciados, como por ejemplo los renacuajos, que luego se transforman en ranas; las orugas, que más tarde se transforman en mariposas.

En contraparte, también ocurre algo curioso con algunas especies cuyas características externas son muy similares y sin embargo pertenecen a diferentes especies. Sucede a menudo en el grupo de las aves, donde en algunos casos se torna una tarea de especialistas distinguir entre determinadas especies.

▲ A diferencia de la hembra, el macho de ciervo de los pantanos tiene una notable cornamenta.

ACTIVIDADES

5. Investiguen si es posible el cruzamiento entre un león y un tigre y, en el caso de que sea posible, qué características tendrán sus descendientes.

6. Nombren tres especies que presentan diferencias entre machos y hembras.

2 La diversidad biológica

Muchas veces, cuando se habla de **biodiversidad** se hace referencia a la diversidad de especies que hay en un ambiente determinado o en el planeta en general.

Sin embargo, el término biodiversidad incluye más que la diversidad de especies. Actualmente se define la biodiversidad como la variedad de seres vivos, sus relaciones y sus interacciones con el ambiente donde viven. Por eso, el concepto de biodiversidad incluye a la **diversidad de especies**, a la **diversidad de ecosistemas** y a la **diversidad de genes** que existen en el planeta.

▲ Garcita azulada.

- La **diversidad de especies** o **biodiversidad específica** está relacionada con las distintas especies que viven en un área determinada. Para caracterizar la diversidad de especies de un área o región es necesario conocer diversos parámetros: como la riqueza, la abundancia y la equitatividad.

  La **riqueza** es la cantidad de especies diferentes que viven en un área determinada. Por ejemplo, en una laguna donde viven 30 especies distintas, la riqueza es de 30.

  La **abundancia** es la cantidad de individuos de una misma especie que hay en una determinada área. Por ejemplo, la abundancia de las garcitas azuladas en una laguna puede ser de 10, es decir que hay 10 ejemplares de garcitas azuladas.

  Cuanto más homogénea o **equitativa** es la abundancia de cada especie, mayor es la diversidad. Por ejemplo, la diversidad específica de una laguna con 10 especies distintas, representadas cada especie por 100 individuos, es mayor que la de una laguna con la misma riqueza de 10 especies, pero donde hay una sola especie que tiene 991 individuos y las otras nueve cuentan solo con un individuo cada una.

  Cuanto mayor es la riqueza, la abundancia y la equitatividad, mayor es la biodiversidad.

  Se estima que la cantidad aproximada de especies descriptas hasta el momento es de 1,7 millones; sin embargo, los especialistas consideran que solo han sido descriptas entre un 10 y un 15% de las especies existentes.

  De las especies descriptas, 750.000 corresponden a insectos, 41.000 a vertebrados y 250.000 a plantas. El resto se reparte entre invertebrados, hongos, algas y microorganismos.

▲ El Proyecto Internacional de Código de Barras de la Vida, del que participan prestigiosas instituciones de la Argentina, tiene como objetivo la obtención de "huellas genéticas" de todas las especies animales y vegetales del planeta.

- La **biodiversidad ecológica** hace referencia a la diversidad de ecosistemas. La biodiversidad de ecosistemas puede ser estudiada desde el punto de vista de las ecorregiones, grandes regiones caracterizadas por un determinado tipo de clima y de vegetación. En la actualidad hay una tendencia a homogeneizar los criterios para el estudio de la conservación de la biodiversidad biológica utilizando las ecorregiones.

- La **biodiversidad genética** hace referencia a la variedad de genes que constituyen las poblaciones. Cada especie es un inmenso reservorio de información genética. El número de genes es muy variable: hay especies de bacterias con 1.000 genes, algunos hongos tienen 10.000 y muchas plantas con flor y especies animales tienen hasta 400.000. El número de especies y la cantidad de información genética de un organismo constituye solo una parte de la biodiversidad del planeta.

3 El origen de la biodiversidad en la historia

A lo largo de la historia surgieron diversas teorías que intentaron explicar las causas de la gran diversidad de los seres vivos.

En el siglo XVIII dominaban las teorías **fijistas** y **creacionistas**. Las explicaciones fijistas consideraban que los seres vivos permanecían invariables, es decir, no se modificaban a lo largo del tiempo. La doctrina creacionista sostenía que cada forma de vida se había originado a partir de un acto de creación sobrenatural y que cada especie había sido creada para una determinada forma de vida y colocada en la zona más adecuada para esa forma de vida. Los creacionistas también sostenían que las especies no cambiaban a lo largo del tiempo.

Algunos naturalistas de la época se detuvieron a observar la gran diversidad de especies vegetales y animales, así como el origen y la adaptación de las estructuras que les permitían a los seres vivos llevar a cabo sus funciones. El naturalista Carl von Linné (1707-1778), se dedicó al estudio y la clasificación de los seres vivos. Durante sus viajes describió una enorme cantidad de especies. Sus trabajos motivaron que muchos científicos desarrollaran distintas teorías acerca del cambio de los organismos a lo largo del tiempo.

En el siglo XVII, el naturalista danés Nicholas Steno (1638-1686) comparó la anatomía de muchas especies vivas con restos fósiles, y llegó a la conclusión de que los fósiles eran restos de animales y plantas del pasado que habían quedado enterrados.

Los geólogos también jugaron un papel fundamental en la construcción de las nuevas ideas. Plantearon que la historia de la Tierra era mucho más antigua que los apenas 6.000 años de existencia que se creía en esa época. También postularon que la Tierra no era un sistema estático, sino que estaba sometida a cambios permanentes. De este modo, los naturalistas del siglo XVIII y los geólogos del siglo XIX, con sus aportes acerca de la edad de la Tierra y la posibilidad de que hubiera cambiado desde sus orígenes, comenzaron a concebir la idea de **cambio** o **transformismo**. El transformismo proponía que las especies cambiaban, se iban transformando unas en otras.

La idea del cambio de los seres vivos a lo largo del tiempo no fue inmediatamente aceptada. El prestigioso naturalista Georges Cuvier (1769-1832), considerado el padre de la paleontología (estudio del pasado de los seres vivos a través de los fósiles), sostenía que la desaparición de las especies se debía a la ocurrencia de catástrofes, y que los espacios que dejaban eran ocupados por nuevas especies.

Esqueleto fósil de mosasaurio. Georges Cuvier confirmó que los mosasaurios, gigantescos reptiles marinos fósiles, estaban emparentados con los varanos, un tipo de lagartos predadores.

Los aportes de todas estas ideas fueron clave para el surgimiento de la teoría de la **evolución**, que explica los procesos de cambio de los organismos a lo largo del tiempo, y por lo tanto, la diversidad de seres vivos.

Los primeros naturalistas

Los primeros naturalistas no se especializaban en algún aspecto de la naturaleza, como sucede con los científicos de la actualidad, sino que tenían conocimientos generales sobre la naturaleza, las plantas, los animales, la medicina, los minerales, etcétera. A lo largo del tiempo, cuando las distintas ramas de las ciencias se fueron especializando y acotando su campo de estudio, se fue formando la noción de científico que conocemos en la actualidad.

Uno de los fenómenos que más llamó la atención de los naturalistas de todas las épocas fue la gran variedad de seres vivientes.

ACTIVIDADES

7. ¿Cuál de estas dos posiciones, la fijista y la transformista, propone el cambio de los seres vivos a lo largo del tiempo?
8. ¿Qué estudió Georges Cuvier?
9. ¿Cuáles fueron los aportes de Nicholas Steno?

4 La teoría de Lamarck

▲ Jean-Baptiste Lamarck.

La primera teoría organizada sobre la evolución de los seres vivos fue propuesta por el naturalista francés Jean-Baptiste Lamarck (1744-1829). Su teoría, enunciada en el siglo XIX, planteaba por primera vez una explicación científica sobre los procesos biológicos que originaban la enorme diversidad de seres vivos existentes en el planeta.

Lamarck centraba su atención en el proceso de cambio a lo largo del tiempo. Concebía al cambio como una progresión de la naturaleza desde los organismos más simples hasta los más complejos. Su teoría se basaba en dos leyes: el **principio de uso y desuso** y el **principio de la herencia de los caracteres adquiridos**.

Lamarck afirmaba que los seres vivos tenían una **voluntad** o **fuerza vital universal** que los impulsaba a evolucionar. Así, se podían adaptar a los cambios del ambiente. Lamarck apelaba al primer principio, el de uso y desuso de los órganos, según el cual las estructuras se desarrollaban en proporción a su utilización. Es decir, aquellas estructuras u órganos que no se usaban (desuso), se debilitaban y tendían a atrofiarse o a desaparecer, mientras que las que se usaban de manera frecuente y continua, se desarrollaban y aumentaban de tamaño. Lamarck se basaba también en el principio de la **herencia de los caracteres adquiridos**, según el cual a medida que los individuos cambiaban, **transmitían estos cambios a sus hijos**. Es decir que tanto las estructuras u órganos perdidos por el desuso como los desarrollados por el uso eran transmitidos a la descendencia.

Además de estos principios, Lamarck adhería a la idea de la generación espontánea de la vida, que postulaba que los seres vivos más simples surgían espontáneamente de la materia orgánica o inorgánica bajo ciertas condiciones ambientales.

Si bien la teoría de Lamarck resultó errónea y con el correr del tiempo fue abandonada, fue muy importante porque reconoció, por primera vez, el papel fundamental de las adaptaciones y del cambio de las especies a lo largo del tiempo.

▶ Lamarck postulaba que los antecesores de las jirafas actuales estiraban sus cuellos para alcanzar las hojas más altas. Esta práctica frecuente hizo que el cuello de las jirafas se desarrollara y alargara. La característica recién adquirida, el cuello largo, se transmitía a los descendientes.

ACTIVIDADES

10. Si el dedo meñique de los pies de los humanos desapareciera, ¿qué explicaciones daría Lamarck?

11. Busquen dos ejemplos de la vida cotidiana que ejemplifiquen que el principio de los caracteres adquiridos es erróneo.

5 La teoría de Darwin

El naturalista británico Charles R. Darwin se interesó desde muy joven en explicar el origen de la diversidad de los seres vivos, cómo se originaban las especies y cómo estas se distribuían en un área geográfica.

Emprendió una expedición de cinco años a bordo del navío Beagle, en la cual recopiló abundantes observaciones sobre patrones de diversidad y distribución de los organismos. En el tramo del viaje que pasaba por las islas Galápagos, en Ecuador, un grupo de aves llamadas pinzones atrajo especialmente la atención de Darwin. Entre ellas reconoció 14 especies que se diferenciaban entre sí por un tipo de pico adaptado a una forma determinada de alimentación. El parecido de estas aves con otras que habitaban en el continente, con las cuales las aves del archipiélago no tenían contacto, le permitió pensar en la idea de la modificación gradual de las especies a partir de un antepasado común.

▲ Charles R. Darwin (1809-1882).

Al regreso de su viaje, en Inglaterra, y tras reunir una extensa cantidad de datos, Darwin comprendió la importancia que tenía el **ambiente** en la diferenciación de las especies y la influencia del **aislamiento geográfico** que no permite el contacto de especies o poblaciones entre sí.

En 1850, Darwin publicó su libro *El origen de las especies*, donde plantea los postulados de su teoría evolutiva. Algunos de estos postulados ya se encontraban presentes en las ideas de Lamarck, como la idea de que el mundo se encuentra en permanente evolución y la noción de que ese proceso es gradual y continuo. Otros postulados, en cambio, constituyeron ideas nuevas, como el que sostiene que los organismos semejantes están emparentados y descienden de un antepasado común y el papel de la **selección natural** en la evolución.

▲ Pinzón del cactus de las islas Galápagos.

Evolución por selección natural

El postulado más importante de Darwin es el de la evolución por **selección natural**, según el cual, el cambio evolutivo es el resultado de la selección que ejerce el ambiente sobre los organismos. Esta selección no es dirigida, no tiene un objetivo determinado, como podría tener un criador de caballos que selecciona los caballos más veloces. El ambiente cambia, puede volverse más seco o más húmedo, y eso plantea exigencias para los organismos. Aquellos individuos más aptos son los que tienen las variaciones más favorables para hacer frente a estas exigencias del medio. Estas variaciones pueden ser, por ejemplo, estructurales, un cuello más o menos largo; fisiológicas, capacidad para regular la temperatura; de comportamiento, reacción de huida frente a un depredador, etc. Darwin sostenía que las variaciones favorables eran heredadas por los descendientes y que, a lo largo de muchas generaciones, bajo la continua presión del ambiente, se producían modificaciones lentas y graduales de la descendencia y así la acumulación de modificaciones generaban el surgimiento de nuevas especies. Sostenía, además, que las variaciones eran producto del azar, no de una fuerza vital universal, como proponía Lamarck.

▲ Alfred Russel Wallace (1823-1913) fue un naturalista británico que tras 18 meses de observaciones en el archipiélago malayo, al sudeste de Asia, llegó a conclusiones similares a las de Darwin.

Postulados de la teoría de la evolución por selección natural

▲ Iguana marina de las islas Galápagos.

La teoría de la evolución por selección natural se basa en una serie de proposiciones:

1. Los organismos de una misma especie no son idénticos. Varían, aunque sea ligeramente, en tamaño, capacidad reproductiva, resistencia a los cambios de temperatura, velocidad, habilidad para conseguir alimento, etcétera.
2. Algunas de estas variaciones son heredables. Las características de un individuo están determinadas por su composición genética. Los organismos reciben los genes de sus antepasados y por lo tanto comparten características similares.
3. Nacen más individuos que los que llegan a sobrevivir y a reproducirse. Muchos organismos mueren antes de poder reproducirse y pocos pueden utilizar su capacidad reproductiva al máximo.
4. El número de descendientes que puede dejar un individuo depende, fundamentalmente, de la interacción entre las características del individuo y las del entorno. Las características consideradas "favorables" les permitirán a algunos individuos vivir más tiempo y dejar mayor descendencia.
5. Dado que hay ciertos individuos que sobreviven más tiempo que otros, y en comparación dejan más descendientes que otros, las características hereditarias de una población van cambiando de generación en generación, cuando ocurre esto, decimos que hay evolución por selección natural.

▲ El mirasol es un ave que se esconde en el pastizal. Se mantiene erguido e inmóvil y su plumaje le permite camuflarse con el ambiente. Los individuos mejor camuflados son más eficientes para esconderse de los predadores, por lo tanto, pueden vivir más tiempo y dejar más descendencia.

6 Evidencias de la evolución

Aunque todavía existen debates acerca de cómo actúa la evolución, la existencia de la evolución como responsable de la enorme biodiversidad que hay en el planeta fue acumulando tantas evidencias a su favor, que llegó a convertirse en una teoría central de la biología moderna. Algunas de estas evidencias provienen de distintas áreas del conocimiento.

Biogeografía

La biogeografía estudia la distribución de los seres vivos en las distintas regiones del planeta.

Durante su viaje, Darwin exploró y estudió diversas regiones, mientras comparaba las especies que encontraba en cada sitio. Hasta ese entonces, predominaba la teoría creacionista, que sostenía que cada organismo había sido creado para vivir en un determinado tipo de ambiente. Por lo tanto, en ambientes similares de distintos lugares del mundo deberían encontrarse los mismos tipos de animales. Por ejemplo, los grandes mamíferos de las sabanas africanas deberían estar presentes en ambientes similares de otros sitios del mundo, como las sabanas de Sudamérica. Sin embargo, esto no ocurre. Darwin encontró que ambientes muy similares de distintos lugares del mundo tenían una fauna diferente. Una de las evidencias biogeográficas que despertó la atención de Darwin es la existencia de especies muy semejantes entre sí, pero con algunas diferencias. Darwin se preguntó si estas especies, estrechamente emparentadas, habían sido creadas por separado y ubicadas ahí, como algunos sostenían en aquel momento, o en realidad eran el producto de la modificación de una misma especie a lo largo del tiempo. La biogeografía hacía evidente que la vida tiene una historia y que a lo largo de esa historia surgían modificaciones.

Darwin en la Argentina
A los 23 años, Charles Darwin estuvo en la Argentina por un período de 2 años, aproximadamente. Durante su estadía, no solo realizó registros de la flora y la fauna nativa, sino que también observó las costumbres de los pueblos originarios y de los criollos. Recorrió Buenos Aires, Santa Fe, Mendoza, la costa patagónica hasta Tierra del Fuego y las islas Malvinas.

El registro fósil

Los fósiles son restos, huellas o rastros de organismos que han vivido en el pasado. La paleontología, ciencia que estudia los fósiles, pone en evidencia la ocurrencia de la evolución. Durante el largo viaje de Darwin por Sudamérica, dos especies animales le llamaron la atención: los perezosos y los armadillos. Darwin encontró ejemplares actuales de armadillos y perezosos en este continente y, curiosamente, también encontró fósiles que, por su extrema similitud, dedujo que eran ancestros de los perezosos y de los armadillos. Este hecho fue muy importante para explicar que ambas especies actuales habitan Sudamérica porque sus ancestros ya existían allí. Estos ancestros, si bien son similares, no son idénticos. Cuanto más recientes sean los fósiles, más se parecerán a las especies como hoy las conocemos.

▲ Armadillo actual o peludo.

▲ Restos fósiles de la cola de un gliptodonte.

La anatomía comparada

El grado de parentesco entre los seres vivos está estrechamente relacionado con sus similitudes físicas, fisiológicas, de comportamiento y moleculares. La similitud entre los seres vivos no es fruto del azar, sino que es producto de la evolución a partir de **antepasados comunes**.

El estudio de la anatomía comparada de los órganos de individuos de diferentes especies aportó pruebas importantes a favor de la teoría de la evolución. De estos estudios surgen dos conceptos importantes: la **homología** y la **analogía**.

Elefantes y mamuts
El mamut es un fósil reciente y posee extrema similitud con el elefante, además habitaba las mismas regiones que hoy habitan los elefantes, evidenciando ser su ancestro.

- Los **órganos homólogos** son aquellos que tienen un origen común, independientemente de su función. Por ejemplo, las extremidades anteriores de los humanos, de los gatos, de las aletas de las ballenas y de las alas de los murciélagos están formadas por los mismos huesos dispuestos en un mismo patrón, y eso se debe a que han sido heredados a partir de un antepasado común. La similitud entre estos órganos homólogos no se puede explicar por su función, ya que las funciones que cumplen son diferentes. Las ballenas, por ejemplo, conservan vestigios de los huesos de la pelvis y de las patas, que no utilizan y no cumplen ninguna función. Su existencia evidencia el origen común de estas especies.

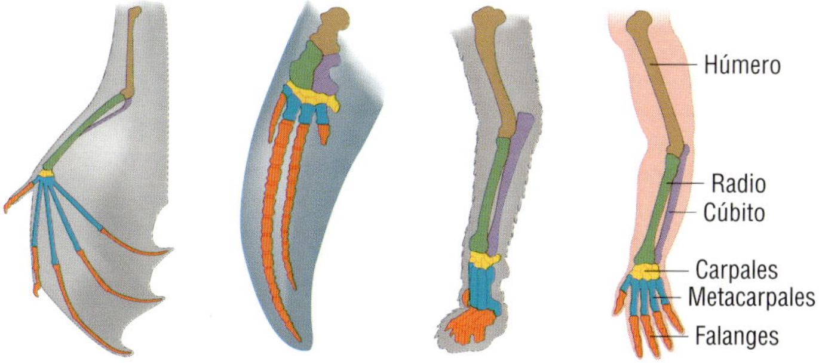

▲ Esqueleto de estructuras homólogas, en este caso, las extremidades anteriores de diferentes especies que evidencian un origen común.

- Los **órganos análogos**, en cambio, son aquellos órganos de individuos de diferentes especies que tienen cierta similitud debido a que cumplen funciones semejantes, pero no poseen un origen común. Por ejemplo, las alas de las aves y las alas de las mariposas (insectos) no son órganos modificados a partir de un antepasado común, puesto que estas especies no son parientes cercanos, sino que ambos órganos han surgido independientemente como una adaptación a una función común, la del vuelo. Así entonces, la diversidad de estructuras existentes en los diferentes seres vivos resulta del proceso evolutivo en el que por selección natural surgen nuevas formas que resultan favorables a las presiones que plantea el ambiente y se establecen como características de cada especie.

ACTIVIDADES

12. ¿Qué ideas de Lamarck retoma la teoría de la evolución de Darwin?

13. ¿Qué tipo de evidencia representan los órganos homólogos y análogos?

Embrión de pollo.

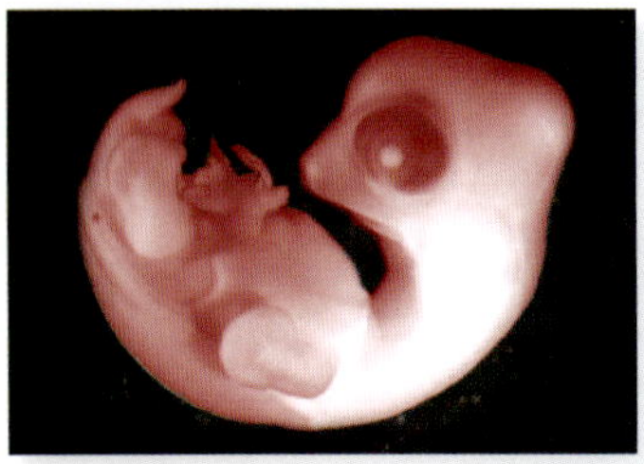
Embrión de tortuga.

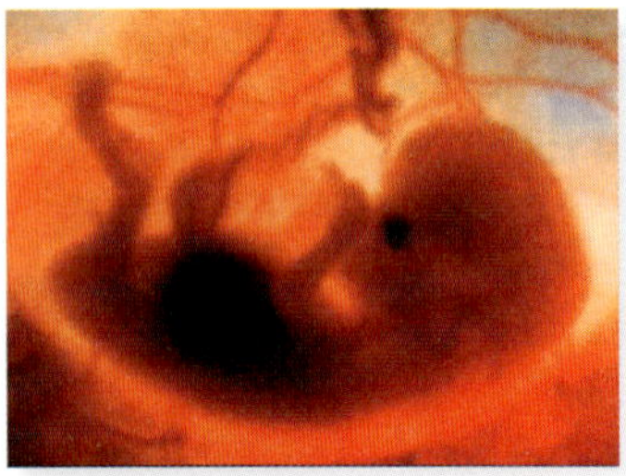
Embrión humano.

Embriología

Otra evidencia que apoya fuertemente la teoría de la evolución proviene de la embriología, que es la ciencia que estudia la formación y el desarrollo de embriones de seres vivos.

Comparando las etapas iniciales de los embriones de diferentes especies de mamíferos, peces, aves y reptiles, se comprobó que son extremadamente similares y solo comienzan a diferenciarse en etapas más avanzadas y finales del desarrollo. La única explicación posible de esta llamativa similitud entre estos embriones es que tengan un **origen común**. Es decir, que el plan de desarrollo inicial sea el mismo para todos.

Una de las pruebas más contundentes que parten de la observación de los embriones de mamíferos, aves, anfibios y reptiles es que todos ellos poseen relictos de una estructura típica de los peces, como lo son las hendiduras branquiales. Estas se encuentran en los embriones de todos los grupos, lo cual refuerza el origen común.

Si a lo largo de millones de años, los peces evolucionaron a anfibios y estos a reptiles, y luego a mamíferos, se explica que en las etapas iniciales de todos estos embriones se observen numerosas similitudes.

Si los mamíferos no tuvieran un origen común con los demás grupos, las similitudes embrionarias serían inexplicables, y muy improbables por causas del azar, tanto como la presencia de hendiduras branquiales en sus embriones. Los embriones de la especie humana poseen solo en las etapas iniciales una prolongación o cola que prueba que sus ancestros primates poseían cola.

La embriología considera que el origen de un individuo, es decir, su génesis, resume en sus etapas cómo evolucionó la especie.

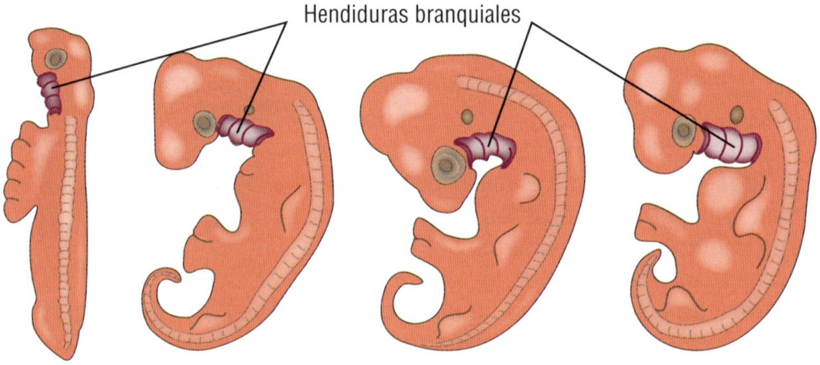

Esquemas de los embriones de pez, reptil, ave y humano.

Escribió Darwin

"Ha quedado establecido ya que diversas partes de un mismo individuo que son exactamente iguales durante un período embrionario temprano, se vuelven muy diferentes y sirven para fines muy distintos en estado adulto. También se ha demostrando que, por lo general, los embriones de las especies más distintas pertenecientes a una misma clase son muy semejantes, pero cuando se desarrollan por completo se vuelven muy diferentes".
El origen de las especies, p. 438, cap. 14.

La biología molecular

La biología molecular estudia las moléculas características de la vida, principalmente el ADN, base del código genético universal. Una de las pruebas más contundentes de la evolución de los seres vivos a partir de un ancestro común proviene del **código genético universal**. Todos los organismos, bacterias, algas, hongos, plantas, animales, etc., utilizan el mismo código genético para "escribir" la información que les permite realizar todas las funciones de la vida y transmitir esa información a la descendencia. El estudio del ADN permite conocer la historia evolutiva de una especie, establecer relaciones evolutivas con otras especies y distinguir los diversos grados de parentesco.

7 Los pinzones y el *Archaeopteryx*

Sabemos que cada especie posee características morfológicas que le son favorables para vivir en el ambiente donde habita. En las distintas islas que conforman el archipiélago de las Galápagos, a 1000 km de la costa del Ecuador, viven unas aves llamadas pinzones, que le llamaron la atención a Darwin y las describió durante su estadía en las islas. Actualmente existen catorce especies de pinzones. Todas son muy similares entre sí y difieren bastante del volantinero, un ave que vive en el continente y es considerado el ancestro común de todos los pinzones actuales.

▼ Ilustración de cinco especies de pinzones con sus distintos tipos de pico adaptados al consumo de diferentes alimentos: pequeños insectos; insectos grandes y duros, como los escarabajos; semillas pequeñas; néctar de cactus y semillas, y semillas grandes y duras, como nueces.

Las islas se encuentran separadas por una distancia suficientemente grande como para que los pinzones rara vez se trasladen de una isla a otra. Están constituidas por una gran variedad de ambientes, algunos muy distintos entre sí. Hay islas áridas, con vegetación baja, con bosques, llanas, con montañas, etc. Esto da origen a una gran variedad de ambientes. En cada tipo de ambiente vive una población de pinzones cuya forma de pico está adaptado a los alimentos disponibles en ese lugar, como semillas, frutos, brotes, insectos, etcétera.

Excepcionalmente, puede ocurrir que algunos individuos migren de una isla a otra. Sin embargo, estos individuos no pueden cruzarse con las poblaciones de pinzones residentes en las islas. Y si los recién llegados se cruzaran entre sí, sus descendientes no tendrían las adaptaciones necesarias para alimentarse tan eficientemente como lo están las poblaciones residentes.

El *Archaeopteryx*

Una de las evidencias más importantes en apoyo de la teoría de Darwin es un registro fósil, es decir, una evidencia paleontológica.

Apenas dos años después de la publicación del libro *El origen de las especies* fue hallada una pieza fundamental para comprender la evolución de las especies. Se trata de un fósil del esqueleto de un género extinto de un ave primitiva conocida como *Archaeopteryx*. Este hallazgo refuerza la idea de que todas las especies provienen de un ancestro común y en especial evidencia el origen de las aves. Estudios indican que perteneció al período Jurásico Superior, hace 150 millones de años. Esta especie poseía características intermedias entre los dinosaurios y las aves modernas, constituyendo una evidente transición evolutiva entre estos. Medía alrededor de cincuenta centímetros de altura y su aspecto era similar al de una urraca actual.

▲ Son once los fósiles de *Archaeopteryx* encontrados hasta hoy, el primero de ellos fue descubierto apenas dos años después de la publicación de *El origen de las especies*.

ACTIVIDADES

14. En grupos, investiguen al menos cuatro características comunes entre el *Archaeopteryx* y las aves modernas, y cuatro características comunes entre el *Archaeopteryx* y los reptiles modernos. Expónganlo en clase.

▲ En la Ciudad de Buenos Aires y sus alrededores existen reservas como el Parque Costero del Sur en Punta Indio, la Reserva Ecológica Costanera Sur y la Reserva Municipal Refugio Natural Educativo Ribera Norte. Consigan folletos con mapas, senderos y carteles para el mejor aprovechamiento del paseo.

▲ Antes de una salida de campo es necesario prever qué se necesitará, pues una vez en el lugar, seguramente, no será posible conseguir los elementos faltantes.

▲ Cartel en la Reserva Natural Otamendi, dependiente de la Administración de Parques Nacionales, con información sobre el paisaje la flora y la fauna, y un mapa con los senderos habilitados.

Integrarse a la naturaleza

El silencio es fundamental mientras caminan observando el ambiente. La mayoría de los animales no vocaliza (por ejemplo, las aves no cantan) ni continúan con sus comportamientos habituales si perciben la presencia de un grupo de personas hablando y haciendo ruido. Traten de integrarse al ambiente. Comuníquense con la ayuda de señas y gestos.

8 Salida de campo

Una salida de campo es una actividad grupal que permite el contacto directo con la naturaleza. Durante una salida de campo se pueden realizar numerosas actividades: observar el ambiente, tomar muestras para su posterior estudio, realizar censos de vegetación, estudiar la biodiversidad, analizar el ambiente físico, tomar fotografías de la flora y de la fauna, grabar el canto de las aves, tomar muestras para la confección de un herbario o de un terrario, etc. Como las actividades que se pueden realizar son muchas, definir "qué se va a hacer" es el primer paso en la organización de la salida de campo.

Una vez definidos los objetivos de la salida, los siguientes pasos consisten en elegir el lugar, seleccionar los elementos que se necesitarán antes, durante y después de la salida, y diseñar un plan de trabajo.

Selección del lugar

Conjuntamente con la profesora o el profesor, deberán elegir un área natural en la que se puedan llevar a cabo las tareas planeadas. Por ejemplo, si se desea estudiar un ambiente acuático, el lugar puede ser una laguna o un arroyo. Deben recordar que de las reservas naturales no se pueden tomar muestras de flora ni de fauna. Las actividades indicadas para realizar en una reserva son observación, fotografía, identificación de aves, reconocimiento de plantas, etcétera.

El equipo

Vestimenta. Debe ser adecuada a la época del año y al tipo de ambiente que se va a estudiar. El calzado debe ser cómodo. Si en el lugar hay agua o barro, es conveniente llevar botas de agua. Es importante incluir un gorro para protegerse del sol.

Mochila individual. La mochila de cada estudiante debe incluir: agua; protector solar; repelente de insectos; libreta; lápiz; cinta métrica; de cinco a diez recipientes y bolsitas para recolección de muestras; cortaplumas; linterna.

Elementos comunes al grupo. Alimentos y bebidas de acuerdo con el tiempo que dure la salida de campo.

Brújula, binoculares, mapa, GPS, máquina de fotos, botiquín de primeros auxilios. Este último deberá incluir, mínimamente: repelente contra insectos y protector solar (para aquellos que lo hayan olvidado), crema contra picaduras, loción para quemaduras, venda, cinta adhesiva, desinfectante, analgésico.

La organización

Antes de realizar la salida, deben buscar la mayor información posible sobre la zona: ubicación, distancia, horarios de visita, ubicación del hospital o centro de salud más cercano, etc. En caso de ser necesario, hay que tramitar permisos y autorizaciones ante las autoridades correspondientes.

Es imprescindible contar con un medio de transporte seguro y confiable para el traslado del grupo.

Para aprovechar mejor la salida, es conveniente realizar una investigación previa sobre las características del lugar. Pueden conseguir una imagen satelital del área en la que se observen los detalles de relieve y la vegetación. Investiguen cuál es la flora y la fauna característica de la zona, el tipo de clima, etc. Si es posible, es conveniente consultar el pronóstico del tiempo unos días antes de la salida.

Deben tener en cuenta que es importante salir temprano. La mayor actividad de los animales ocurre muy temprano por la mañana, o bien en la madrugada (animales nocturnos).

Plan de trabajo

Formen grupos de trabajo de hasta seis alumnos.

Una vez en el campo, con la ayuda de un mapa ubiquen el punto de partida. Durante el recorrido, es conveniente tomar referencias ambientales y marcarlas en el mapa, por ejemplo, un árbol muy grande, un tronco caído, un pozo, un montículo, grandes rocas, etcétera.

Deberán mantenerse alerta a todas las señales que indiquen la presencia de seres vivos.

Durante el trayecto deberán observar, hacer anotaciones y tomar fotografías. Es importante que cuando tomen una foto, pongan las referencias del lugar.

Una de las primeras tareas es determinar las características del ambiente. Pueden comenzar caracterizando la vegetación, comprobar si en la zona solo hay hierbas, si hay hierbas y arbustos, o si además hay árboles. Estos datos les permitirán establecer si se trata de un pastizal, un bosque, un ambiente acuático, una selva, etcétera.

Investiguen qué tipo de planta predomina en cada uno de los diferentes ambientes. Registren si las plantas están en flor o en fruto, es decir, cuál es el estadio en el que se encuentran (floración, fructificación), si están brotando o sus hojas están cayendo, etcétera.

Si está permitido, pueden tomar muestras de hierbas con flores, y el extremo de una rama con flores de un arbusto o de un árbol. Deberán colocar las muestras dentro de una bolsa plástica con una etiqueta para poder identificarlas posteriormente en clase. Esta actividad no se puede realizar en una reserva natural.

Animales: tomen nota y fotografías de los animales que encuentren durante la recorrida. Una manera indirecta de observar animales es a través de sus rastros: huellas, plumas, pedazos de piel, materia fecal, cuevas, nidos nuevos, nidos abandonados, pelos, huesos, restos de fruta mordida, animales muertos, etc. Los sonidos también son importantes para el reconocimiento de la fauna.

Determinen cuáles son las características de los suelos del lugar; si son de tierra, arenosos, arcillosos, pedregosos; si tienen mucha hojarasca; si son muy húmedos o más bien secos.

Observen si existen pendientes; cuál es el punto más alto; si hay depresiones; si hay cuerpos de agua, como bañados, lagunas, arroyos, etcétera.

Para completar el estudio del ambiente, tomen la temperatura del aire a la sombra, debajo de los árboles, y en los lugares despejados de vegetación. Y si hay alguna laguna, arroyo o río, midan la temperatura del agua. En ese caso, recojan una muestra de agua para analizar en clase.

Recomendaciones

No se debe comer nada del campo, porque puede ser tóxico.

Si es posible, inviten a un biólogo a que acompañe al grupo.

Tomen nota de todo lo observado y cuando sea posible, recojan muestras del ambiente. Una imagen fotográfica será sin duda muy ilustrativa. Siempre deberá referenciarse en el mapa la muestra, la observación o la fotografía. Podrán recoger: hojas, pequeñas plantas, frutas y flores, o aquello que haya llamado la atención del grupo.

No es necesario obtener una muestra por alumno, una muestra por cada grupo de trabajo de 6 alumnos es suficiente.

▲ Durante la salida de campo pueden tomar fotografías de flores para reconocerlas luego, en la escuela.

▲ En las reservas naturales pueden observar aves, como el churrinche, que no son comunes de ver en parques o plazas de la ciudad.

ACTIVIDADES

15. Con todos los datos obtenidos durante la salida, cada grupo deberá elaborar un afiche que quedará expuesto para el resto de la clase.

El afiche debe incluir un mapa que refleje las características geográficas del lugar. Sobre el mapa, deben dibujar los senderos y las distintas zonas de vegetación que pudieron reconocer. Pueden identificar los diversos ambientes con un código de letras o colores. Por ejemplo: A= bosque bajo; B= laguna; C= pastizal, D= barranco, E= puesto de observación, etcétera.

Acompañen el mapa con un informe de cada ambiente en el que figure el tipo de suelo, la vegetación predominante y los organismos observados. Completen el afiche con las fotografías obtenidas durante la salida.

16. Realicen una investigación para responder las siguientes preguntas: ¿Existe el dimorfismo sexual en las plantas? ¿Es común? ¿Cuál es su diferencia más evidente? Citen algunos ejemplos.

17. Innumerables imágenes ilustran la biodiversidad del planeta. Realicen un póster que represente la biodiversidad y su importancia para los seres humanos. Puede ser, por ejemplo, un *collage* con imágenes digitales que luego se imprima. Podrán hacer una muestra en la escuela con todos los pósters.

18. Formen grupos de tres a cinco integrantes. Cada grupo deberá realizar un video de cinco minutos de duración sobre la importancia de conservar la biodiversidad y sus beneficios para el hombre. Muéstrenlo a su profesor o profesora y a sus padres para pedir autorización y luego súbanlo a *YouTube*. Al cabo de un mes, observen el número de personas que miraron el video y los comentarios que hicieron. También pueden usar el Facebook y ver cuántos *Me Gusta* consiguieron en el transcurso de ese mes. Elaboren un breve informe con los datos del número de observaciones y el tipo de comentarios obtenidos. Cuenten cómo se realizó la experiencia, cuáles fueron los resultados y las conclusiones que sacaron.

19. Teniendo presente la teoría de la evolución de Darwin, y que existen diferencias dentro de una misma especie, busquen fotos de diferentes cachorros de animales con sus padres y observen qué características han heredado los cachorros de sus padres qué los hacen diferentes del resto de sus hermanos. Dentro de estas características, describan cuáles podrían ser favorables, por ejemplo: tener abundante pelo largo puede ser un beneficio en climas fríos y una desventaja en climas muy cálidos, o ser más alto, más bajo, etcétera.

20. ¿Cuáles de estos términos corresponden a la teoría de Lamarck y cuáles a la de Darwin?
Uso y desuso de los órganos.
Selección natural.
Herencia de los caracteres adquiridos.
Nacen más individuos de los que pueden llegar a adultos y reproducirse.
El ambiente ejerce una "presión selectiva" sobre los organismos.

21. ¿Cómo explicarían Lamarck y Darwin los siguientes casos?
a) Las alas de los pingüinos transformadas en aletas.
b) El pico largo de algunas aves, como el ostrero.
c) La larga trompa del oso hormiguero.
d) El néctar de las flores que atrae a los polinizadores.

▲ Pingüino.

▲ Ostrero.

▲ Oso hormiguero.

▲ Rosa china.

22. Lean el siguiente texto y luego respondan.
La jirafa, el más alto de los mamíferos, vive en el interior de África en lugares donde hay poca hierba, por lo que se alimenta de las hojas de los árboles. El permanente esfuerzo por alcanzarlas ha hecho que sus patas delanteras sean mucho más largas que las traseras y que su cuello se haya estirado notablemente.
a) ¿Quién creen que es el autor del texto?
b) ¿Cómo se dieron cuenta?

23. ¿Cuáles son los postulados de Darwin que constituyeron ideas nuevas respecto de la teoría de Lamarck?

24. Observen las dos imágenes y determinen si, en este caso, las alas son estructuras homólogas o análogas. Justifiquen su respuesta.

25. Busquen ejemplos de estructuras homólogas y análogas de animales actuales.

26. ¿Qué relación hay entre la evolución y la biodiversidad?

Autoevaluación

1. **Los individuos pertenecen a la misma especie cuando:**
   - **a.** viven siempre en un mismo espacio geográfico. ☐
   - **b.** pueden dejar descendencia fértil. ☐
   - **c.** son enteramente idénticos. ☐

2. **La afirmación *Los seres vivos permanecen invariables a lo largo del tiempo* es de tipo:**
   - **a.** transformista. ☐
   - **b.** fijista. ☐
   - **c.** creacionista. ☐

3. **Según Lamarck, las variaciones entre los seres vivos se producen por:**
   - **a.** un poder sobrenatural. ☐
   - **b.** el azar. ☐
   - **c.** la voluntad. ☐

4. **Darwin considera a la evolución como un proceso:**
   - **a.** repentino. ☐
   - **b.** que no ocurre. ☐
   - **c.** gradual y continuo. ☐

5. **Las estructuras homólogas:**
   - **a.** no comparten un origen común. ☐
   - **b.** están presentes entre cualquier par de seres vivos. ☐
   - **c.** tienen un origen común, aunque puedan cumplir una función diferente. ☐

6. **Las estructuras análogas:**
   - **a.** no tienen un origen común, aunque la función sea semejante. ☐
   - **b.** tienen un origen común. ☐
   - **c.** están presentes entre cualquier par de seres vivos. ☐

7. **La similitud entre embriones de aves, mamíferos, reptiles y peces:**
   - **a.** son fruto del azar. ☐
   - **b.** constituyen una evidencia del origen común de las especies. ☐
   - **c.** continúan hasta etapas tardías del desarrollo. ☐

8. **Actualmente el concepto de biodiversidad incluye:**
   - **a.** solo la diversidad de especies. ☐
   - **b.** a todos los seres vivos, a su información genética y a la variedad de ecosistemas de los que forman parte. ☐
   - **c.** solo la diversidad de genes que existen en el planeta. ☐

9. **Uno de los siguientes no es un postulado de la teoría de la evolución:**
   - **a.** nacen más individuos que los que llegan a sobrevivir y a reproducirse. ☐
   - **b.** las características consideradas "favorables" les permitirán a algunos individuos vivir más tiempo y dejar mayor descendencia que otros. ☐
   - **c.** el uso de un órgano hace que este se desarrolle y que los hijos hereden esta característica. ☐

10. **El registro fósil aporta evidencias a favor de la evolución porque permite comprobar que:**
    - **a.** las especies permanecieron sin cambios a lo largo del tiempo. ☐
    - **b.** las especies extinguidas no guardan relación con las especies actuales. ☐
    - **c.** las especies cambian a lo largo del tiempo y son producto de una historia evolutiva. ☐

10 Relaciones de parentesco entre los seres vivos

◀ Mariposa.

▲ Polilla.

La mariposa y la polilla difieren enormemente en su aspecto, antenas, color, tamaño; y sin embargo, presentan características compartidas derivadas de un ancestro común, anterior a la polilla y a la mariposa.

▼ Murciélago.

▲ Zorro volador.

El murciélago es insectívoro y tiene muy mala visión; se guía por ecolocación. Mientras que el zorro volador tiene buena visión y es frugívoro. Pero a pesar de estas diferencias, ambos comparten características derivadas de un ancestro común.

Ya en el siglo XIX se pensaba que las aves eran dinosaurios que habían sobrevivido. Recién a partir de la década de 1970 comenzaron los estudios que confirmaron el parentesco entre aves y dinosaurios, e incluso hace pocos años se hallaron plumas en restos de varias especies de dinosaurios, incluidos los tiranosaurios y velocirraptores.

En el marco de la fenomenal diversidad de seres vivos existente en nuestro planeta, siempre es posible descubrir la unidad. Diversidad y unidad, diferencias y semejanzas son manifestaciones de un mismo fenómeno. Se puede decir que los atributos en común son los que permiten efectuar la clasificación de los organismos para determinar la pertenencia a un grupo. Se definen entonces criterios de similitud para identificar o discriminar, reunir o separar en dichos grupos, por ejemplo, la presencia o ausencia de pelos o plumas en el cuerpo. Así, los llamados taxones manifiestan el orden en grupos o clases discretas y diferenciadas entre sí de los organismos emparentados. El criterio elegido dependerá del objetivo de nuestra clasificación.

ACTIVIDADES

1. ¿Qué características morfológicas elegirían para clasificar a los seres vivos de las imágenes en dos grupos nada más?
2. Si tuvieran que elegir un criterio para separar dinosaurios y aves de las mariposas y polillas, ¿cuál elegirían? ¿Y para separar los murciélagos y zorros voladores de las aves?

Clasificación de los seres vivos

El campo concreto de la ciencia que se ocupa de describir y clasificar la vasta diversidad de la naturaleza es la **taxonomía**, descrita como práctica de la **clasificación**. A su vez, la ciencia que estudia los criterios de clasificación es la **sistemática**.

Los **individuos** se agrupan en **poblaciones**, y esas poblaciones pertenecen a la misma o a diferentes especies. La **especie** es la única categoría o grupo de clasificación de existencia real en la naturaleza (es decir, no una abstracción humana, sino una entidad perceptible, real). En efecto, todos los individuos de una misma especie son reconocibles, generalmente, por diferentes criterios, entre los cuales los más importantes no son los morfológicos, sino los genéticos, la existencia de similitudes en la molécula de la vida, el ADN (ácido desoxirribonucleico).

Poner orden en la inmensa variedad de seres vivos existentes, es decir, clasificar las especies que se encuentran en el planeta, fue un reto para los naturalistas de todas las épocas. Pero los criterios de clasificación fueron cambiando a medida que se modificaban las técnicas, producto de la invención de nuevos aparatos para poder observar y analizar, como el microscopio óptico y el microscopio electrónico, y de la aparición de vehículos e instrumentos que permitieron explorar el ambiente, como los batiscafos con los cuales es posible descender a grandes profundidades submarinas. Pero la mayor sorpresa fue encontrar ambientes todavía inexplorados en la tierra firme, como los tepuyes de Roraima, entre Venezuela, Brasil y Guyana, grandes elevaciones naturales a las que solo se puede acceder con helicópteros. Allí se descubrieron numerosas especies nuevas para la ciencia, que no se podían clasificar en ningún grupo conocido, como una nueva familia de angiospermas (plantas con flores) y nuevas especies de plantas carnívoras, arañas, ranas y lagartos, entre muchas otras.

▲ Tepuyes de Roraima. Mediante sondas y redes especiales se puede acceder a los árboles más altos y capturar insectos que viven en la cima.

Los sistemas de clasificación

"Los sistemas de clasificación no son percheros que nos presentan de manera objetiva la naturaleza. Son teorías dinámicas desarrolladas por nosotros para expresar puntos de vista específicos sobre la historia de los organismos. La evolución ha proporcionado un conjunto de especies únicas, ordenadas mediante diferentes grados de relación genealógica. La taxonomía, la búsqueda de ese orden natural, es la ciencia fundamental de la historia".

Stephen J. Gould, *Historia Natural*, 1987.

El taxón o grupo taxonómico

Clasificar implica agrupar determinados objetos en clases, sobre la base de atributos comunes que estos poseen. La **clasificación taxonómica** ordena en grupos discretos o **clases**, los denominados **taxones**.

El **taxón** o **grupo taxonómico** es toda colección de organismos con características comunes y diferenciales que permiten distinguirlos de los restantes. La categoría taxonómica principal es la especie, definida, como ya se señaló, por un grupo de organismos o grupos de poblaciones naturales, real o potencialmente interfértiles, es decir que pueden reproducirse sexualmente entre sí, y que comparten un acervo genético común. En las especies sin reproducción sexual pueden derivar de un linaje único o **clon** a partir de un solo individuo. Pero las especies deben clasificarse en categorías superiores o taxones de mayor nivel. Por lo tanto, **la clasificación es jerárquica**.

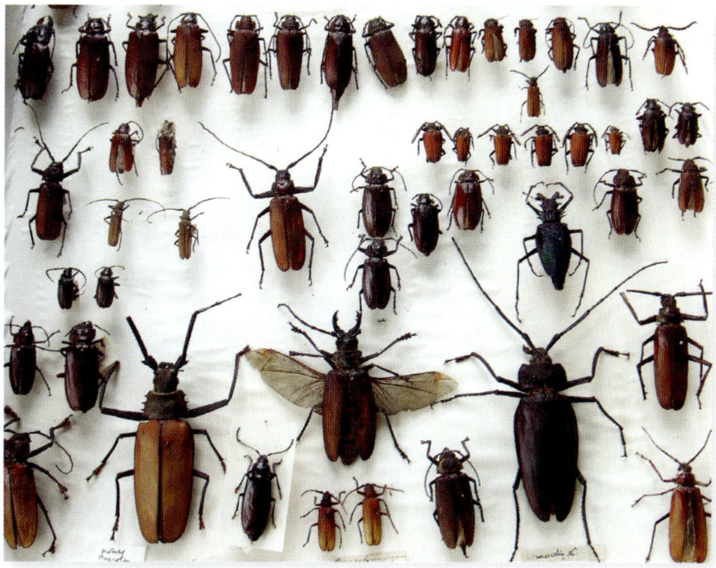

▲ Colección de escarabajos en un museo de Ciencias naturales.

2 Niveles o jerarquías taxonómicas

▲ Linneo fue el primer naturalista que realizó una clasificación jerárquica de los seres vivos.

En el sistema jerárquico, mayormente basado en la forma de los organismos (morfológico), establecido por Carl von Linné (Linneo), a cada taxón se le asigna una posición jerárquica. El criterio jerárquico es muy importante ya que permite clasificar a los organismos en **categorías**, **jerarquías** o **niveles taxonómicos**.

- **categorías supraespecíficas**, las principales, porque existen numerosas categorías intermedias, de menor a mayor son: **género**, **familia**, **orden**, **clase**, **filo** (***phylum***, también llamada tipo o división; plural: *phyla*), **reino** y **dominio** (esta última es la más reciente, incorporada a partir de la década de 1980).
- **categorías infraespecíficas**, las principales de mayor a menor son: **subespecie** o **raza**, **variedad** y **forma**.

Nomenclatura e identificación

Los biólogos sistemáticos son los encargados de transformar el conocimiento biológico en un sistema ordenado y lógico. Cuando un biólogo logra clasificar a un ser vivo en la categoría de especie, se dice que la ha identificado, y la forma correcta de nombrarla debe estar de acuerdo con la nomenclatura binomial propuesta también por Linneo en 1758. El término binomial pone de manifiesto que se requieren dos nombres para designar a una especie.

La manera correcta de nombrar a cualquier especie incluye las siguientes reglas:

▲ La garza blanca (izquierda) y la garza mora (derecha) son dos especies distintas que pertenecen al mismo género.

- Las especies deben ser nombradas con dos palabras en latín, una para el género y otra para la especie, por ejemplo, la garza mora es *Ardea cocoi* y la garza blanca, *Ardea alba*.

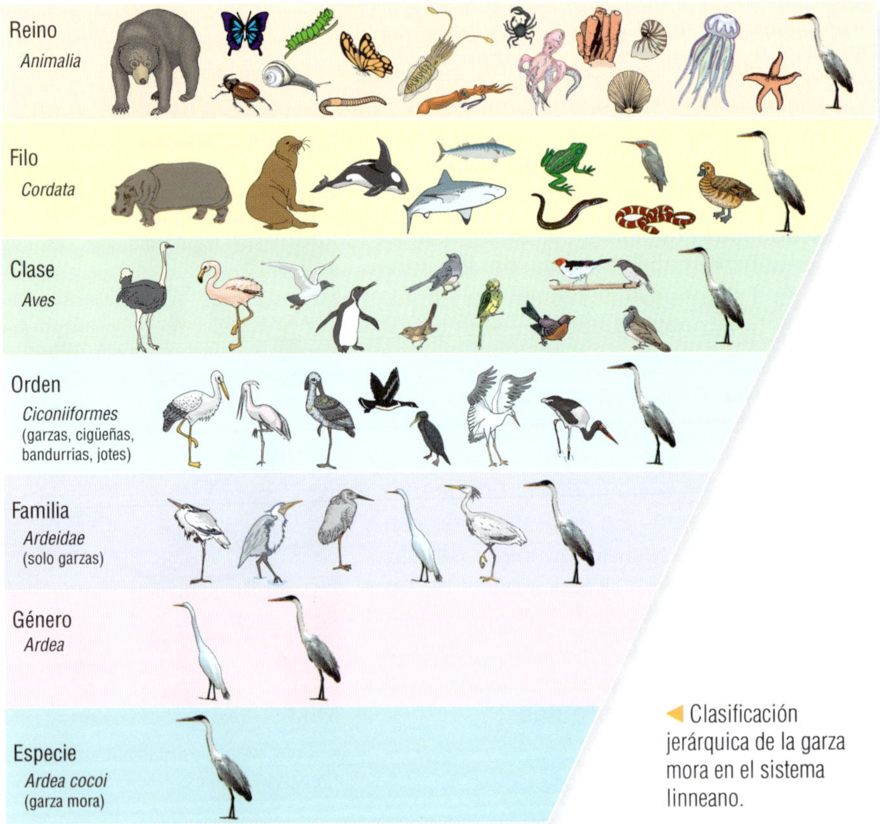

◀ Clasificación jerárquica de la garza mora en el sistema linneano.

3 Caracteres o atributos utilizados para clasificar

Un **carácter** o **atributo** es toda característica que identifica a un taxón. La identificación de cada taxón se basa en un número determinado de tales caracteres o atributos. A su vez, la descripción del taxón enumera el conjunto de caracteres o atributos usados para identificarlo. Desde la época de Linneo, la diagnosis o identificación de un ser vivo se basa en el estudio de la morfología, es decir de la forma y el tamaño de distintas partes del cuerpo, tanto en el análisis macroscópico como microscópico del material, tanto en relación con la **anatomía interna** como con la **morfología externa**.

En la actualidad, además, los datos son comparados con aquellos que aportan la **genética**, la **bioquímica** y otras disciplinas de las Ciencias biológicas que estudian los organismos a nivel **molecular**.

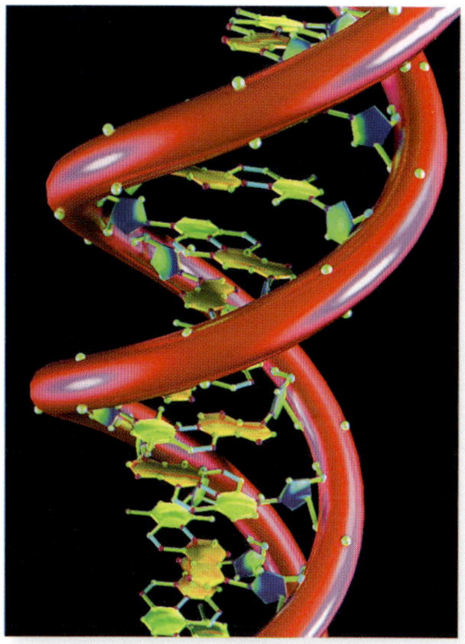

▲ Representación de un fragmento de molécula de ADN. El ADN es la molécula clave de la información de los seres vivos. Gracias a ella, que sirve de matriz para formar las proteínas, es posible estimar el grado de distancia y el parentesco entre los seres vivos.

El código genético en la clasificación

La vida actual en el planeta, al igual que la que existió en el pasado geológico, resulta extraordinariamente diversa. Se calcula que han vivido cerca de cien billones de especies y que en la actualidad el número de organismos vivientes podría alcanzar hasta cien millones (de los que solo se han catalogado cerca de dos millones). Pero a pesar de tamaña diversidad, la maquinaria molecular, el ADN o ácido desoxirribonucleico, es común a todos los seres vivos, y constituye la base del **código genético universal**, basado en un "lenguaje" que permite transmitir la información que tiene el ADN y utilizarla para construir las distintas proteínas que necesita un organismo. Es decir, el ADN tiene la información necesaria para fabricar proteínas, y esta información se transmite mediante el código genético universal. Esta característica crucial de los seres vivos permite **clasificar a las especies** teniendo en cuenta las **similitudes y diferencias de sus moléculas de ADN y sus proteínas**. Es decir, las diferencias y afinidades reales que existen en dichas moléculas se expresan en características morfológicas, fisiológicas y bioquímicas observables, y pueden ser estudiadas y comparadas.

Los atributos morfológicos y embriológicos

Entre los atributos utilizados para caracterizar a los organismos se encuentran: el **tipo de célula**: procariota o eucariota; la forma y distribución de las **organelas** y otras **estructuras celulares**, y el **nivel de organización**: celular, colonial, tisular o de tejidos, de órganos, de sistemas de órganos.

▲ En los museos de Ciencias naturales se encuentran importantes colecciones de animales, plantas y de otros organismos, tanto actuales como fósiles, que representan los ejemplares que sirvieron para las descripciones originales de las especies descubiertas.

Caracteres utilizados en la clasificación de las plantas

En la clasificación de las plantas además se tienen en cuenta algunos caracteres importantes:

- La alternancia de generaciones: una generación haploide (con un solo juego de cromosomas), denominada gametofito, que produce los gametos, se alterna con otra generación diploide (con doble juego de cromosomas), denominada esporofito, que produce las esporas.
- Diferenciación del organismo en raíz, tallo y hojas.
- Presencia de tejidos vasculares o de conducción.
- Morfología de las estructuras productoras de esporas (esporangios).
- Presencia de semillas.
- Reproducción por medio de flores y la formación de frutos.
- Número de cotiledones de las semillas.

Caracteres utilizados en la clasificación de animales

En la clasificación de los **animales** (metazoos) se consideran, entre otras, las siguientes características:

- El **nivel de organización**, desde el colonial hasta el de sistema de órganos.
- El **tipo de simetría**:
  radial, de dos a numerosos planos de simetría;
  bilateral, un solo plano de simetría;
  asimétrico, sin plano de simetría.

Simetría bilateral.

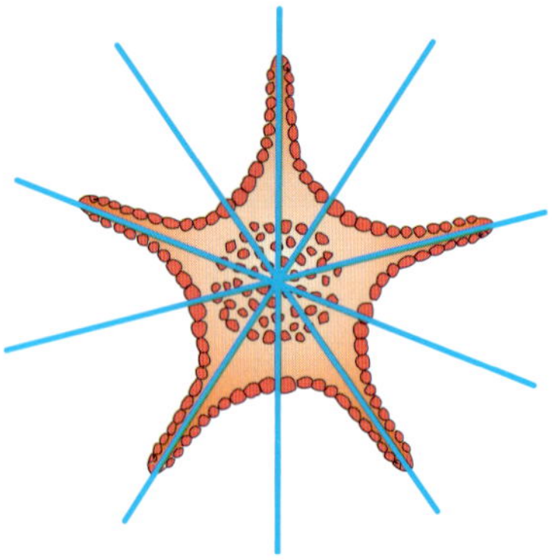

Simetría radial.

- **El sistema digestivo**
  El sistema digestivo de los animales incluye desde una simple cavidad gastrovascular, como en las medusas, hasta un **sistema digestivo tubular con dos aberturas** –boca y ano–, como en la mayoría de los animales. Aunque también algunos organismos cuentan con un **tubo digestivo incompleto con una sola abertura** (como en muchos gusanos planos).
- **El origen de la boca y el ano**
  Según el origen de la boca y el ano, los animales se clasifican en:
  Deuterostomados: en el embrión de estos animales existe una cavidad digestiva que se comunica con el exterior mediante una abertura denominada **blastoporo**. En los animales deuterostomados el blastoporo da origen al ano del adulto, posteriormente se forma la boca en la parte anterior, como una nueva abertura.
  Protostomados: el blastoporo da origen a la boca del adulto.
  Lofoforados: grupos especiales de organismos intermedios entre deuterostomados y protostomados.
- **Las capas germinales**
  Durante el desarrollo embrionario, las células se agrupan formando capas de tejido embrionario o germinal. Los organismos **diblásticos** tienen dos capas germinales: **ectodermo** y **endodermo** (cnidarios, como las anémonas de mar). Los **triblásticos**, en cambio, son organismos que poseen tres capas germinales, **ectodermo**, **endodermo** y **mesodermo** (los animales con simetría bilateral). La formación de la **gástrula** es el proceso mediante el cual el embrión adquiere las tres capas germinales.

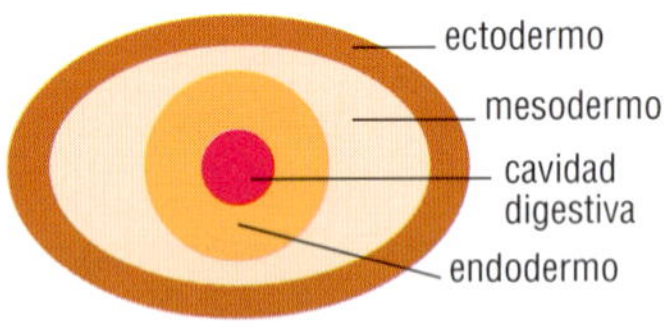

Acelomados.

- **Las cavidades corporales**
  Los principales tipos de cavidades corporales son:
  Celomados: con cavidad corporal llena de líquido, denominada celoma, que está totalmente rodeada por mesodermo.
  Acelomados: carecen de cavidades corporales cerradas.
  Pseudocelomados: tienen una cavidad rodeada por mesodermo, pero solo por fuera de la cavidad.

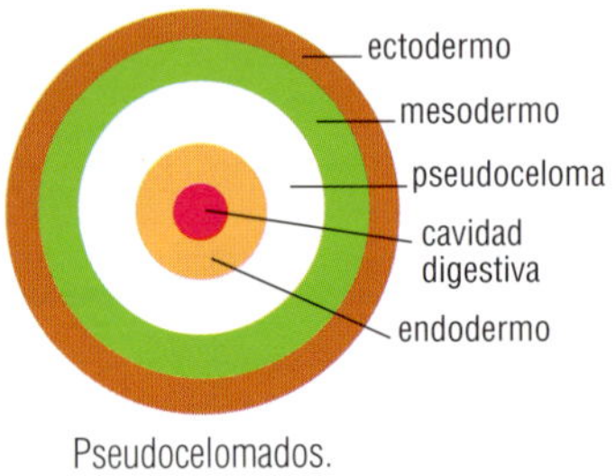

Pseudocelomados.

- **Las divisiones del cuerpo**
  Algunos animales tienen **metamería**: **cuerpo dividido** en segmentos más o menos iguales denominados **metámeros**, como la lombriz de tierra. En otros animales la segmentación o metamería solo es externa y los segmentos son distintos unos de otros. También puede ocurrir que los segmentos se agrupen formando regiones, como en los insectos que tienen el cuerpo dividido en cabeza, tórax y abdomen.
- **La presencia de notocorda**
  La **notocorda** es una estructura de sostén en forma de varilla característica de los cordados, aunque la mayoría de los cordados posee notocorda solo en el estadio de larva. Los vertebrados son cordados con columna vertebral.

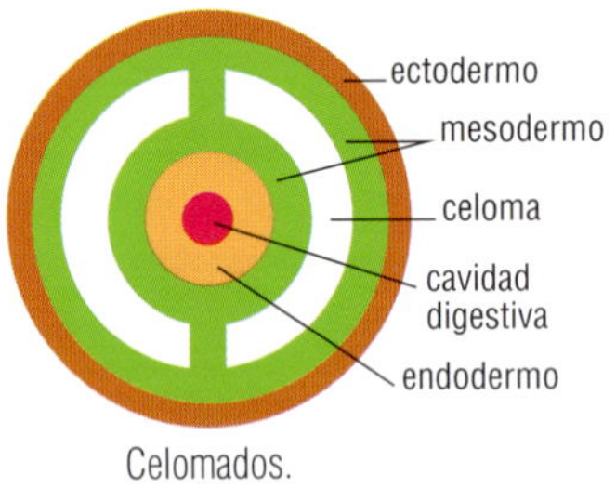

Celomados.

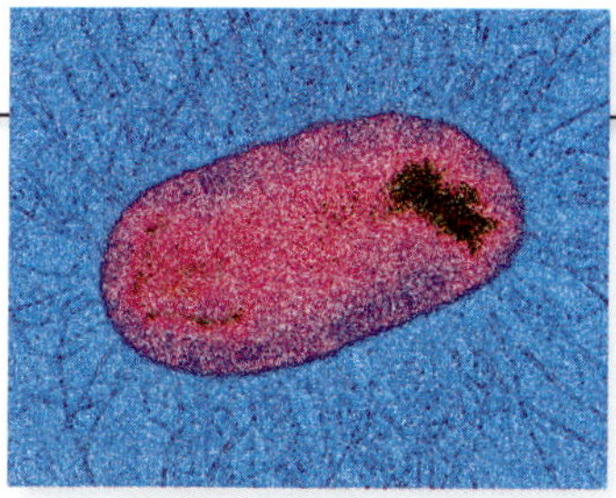

▲ LUCA debió ser muy similar a una bacteria, aunque con un muy pequeño genoma, como en los micoplasmas actuales que son parásitos intracelulares. Debió originarse hace alrededor de 4.000 millones de años.

4 Las relaciones de parentesco

El ancestro común, clave de la organización de la vida

De acuerdo con la **teoría del ancestro común universal** (conocido como **LUCA**, de las siglas inglesas *Last Universal Common Ancestor*, ancestro común universal más reciente) se postula que todos los seres vivos están relacionados entre sí por relaciones de parentesco, es decir que todos descienden de un único ancestro celular y se fueron diferenciando a lo largo de las generaciones. Pero esta diferenciación junto con las semejanzas es la que permite encontrar ancestros y derivar parentescos. Esta es justamente la tarea básica de los biólogos, la búsqueda de explicaciones posibles de la unidad de la vida, de las semejanzas, pero también la delimitación de las diferencias que implican la variedad o diversidad.

Grupo monofilético y polifilético

Una clave de la clasificación es encontrar grupos que tengan ancestros comunes compartidos. Cuando dos o más organismos comparten un ancestro común, se dice que conforman un **grupo monofilético**. Si en cambio no comparten ancestros, se habla de **grupos polifiléticos**. Ahora bien, cuando nos remontamos al ancestro común último, toda la vida de la Tierra es monofilética. Por eso, hablar de un grupo monofilético o polifilético depende de la posición en la ramificación del **árbol de la vida**.

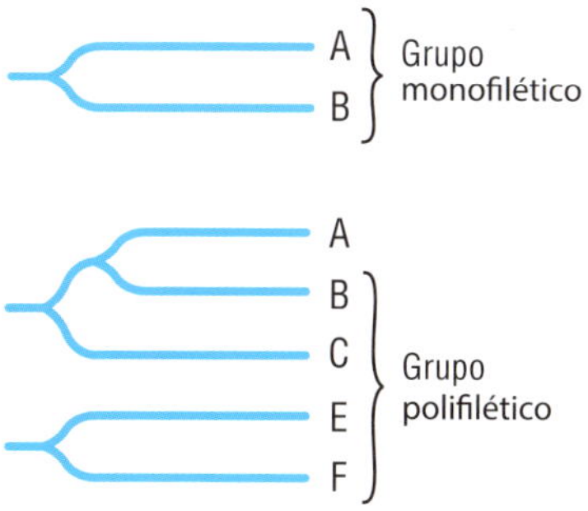

▲ Grupos monofilético y polifilético.

Taxón y clado

El **taxón**, o **grupo taxonómico**, es un grupo de clasificación, diferenciado de otros grupos similares por características reconocibles. Sin embargo, no necesariamente expresa relaciones de parentesco.

El **clado**, en cambio, es una ordenación real de parentesco, donde todas las especies están unidas por ancestros y características compartidas, **derivadas del último ancestro**, el más reciente. Por ejemplo, la diatomea y la opalina son dos organismos unicelulares muy diferentes. La opalina no fotosintetiza y tiene cilias, a diferencia de la diatomea que fotosintetiza y tiene una cubierta de dos valvas. Pero comparten un ancestro común reciente y tienen características genéticas similares. El conjunto de ambos organismos es un **clado**.

En cambio, otros dos organismos unicelulares, el alga dorada y la diatomea, fotosintetizan pero son diferentes en tamaño y forma. Comparten un ancestro, pero no el más cercano. El conjunto de estos organismos es un grupo taxonómico.

▲ Hasta hace poco tiempo se consideraba que el oso polar y el oso pardo pertenecían a especies de géneros diferentes: el oso polar era *Thalarctos maritimus* y el oso pardo *Ursus arctos*. Pero analizando su material genético se llegó a la conclusión que eran especies del mismo género (*Ursus*). Así, el oso pardo es *Ursus arctos*, y el oso polar, *Ursus maritimus*.

ACTIVIDADES

3. Observen las características de estos tres animales y luego respondan.

a) ¿Cómo los describirían?
b) ¿Comparten el mismo ambiente?
c) ¿Tienen morfologías similares?
d) Si son especies diferentes, ¿qué implicaría esto en relación con su información genética?
e) Si su morfología es claramente distinta, ¿de qué manera esto facilita su clasificación?
f) Observando su morfología, ¿qué criterio necesitarían si descubrieran otra especie que es demasiado parecida a alguna de las tres representadas?

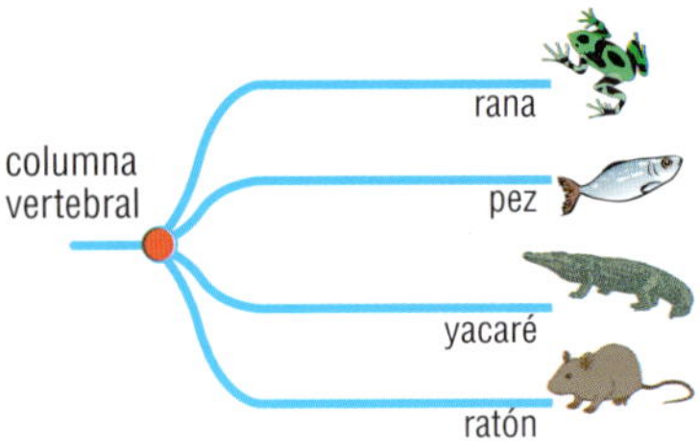

▲ La columna vertebral es una característica ancestral de los vertebrados, una simplesiomorfia.

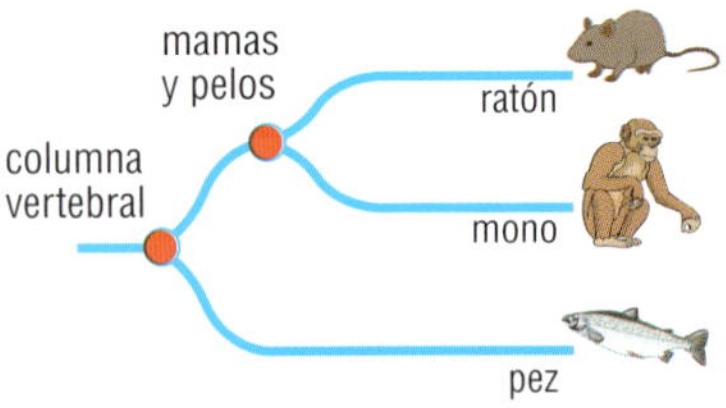

▲ La presencia de mamas y pelos son rasgos derivados más recientes, sinapomorfias, que permiten definir el grupo de los mamíferos.

5 La reconstrucción de los árboles filogenéticos

¿Qué es la filogenia? Es la historia de cómo descendió un grupo de organismos a partir de un ancestro común. Para esto, se establecen relaciones filogenéticas, que representan grados de parentesco y permiten construir árboles filogenéticos. Así, los grupos que comparten rasgos comunes constituyen las "ramas" de los árboles. La representación de los árboles filogenéticos se denominan **cladogramas**. Aunque no todos los sistemas de clasificación o taxonómicos indican estrictamente relaciones de parentesco y ancestros comunes.

Las características compartidas por dos especies que provienen de un ancestro común se denominan **homologías**, como los huesos de las extremidades de los mamíferos y de los anfibios (órganos homólogos, como vimos en el capítulo anterior). Las alas de los murciélagos y las alas de las aves no son órganos homólogos, pero sí son homólogos los huesos que forman las alas. Para reconstruir un árbol filogenético es necesario buscar los **caracteres homólogos**, u homologías. Las características homólogas pueden ser morfológicas, como en el caso de los huesos, pero también un tipo de comportamiento o una secuencia de material genético.

Los caracteres homólogos pueden ser de dos tipos: aquellos **caracteres primitivos y ancestrales** que son compartidos con otras especies y que provienen de una especie "abuela" u otra más antigua, se denominan **simplesiomorfias**, y aquellos caracteres derivados del último ancestro común o más reciente, **sinapomorfias**. Por ejemplo, vertebrados como los anfibios, reptiles, aves y mamíferos comparten una característica ancestral: la presencia de columna vertebral. Pero solo los mamíferos, como el mono y el ratón, comparten la presencia de mamas y pelos, sinapomorfias, que permiten definir el grupo de los mamíferos.

Para la construcción de un árbol filogenético es necesario diferenciar rasgos ancestrales (simplesiomorfias) de rasgos derivados (sinapomorfias).

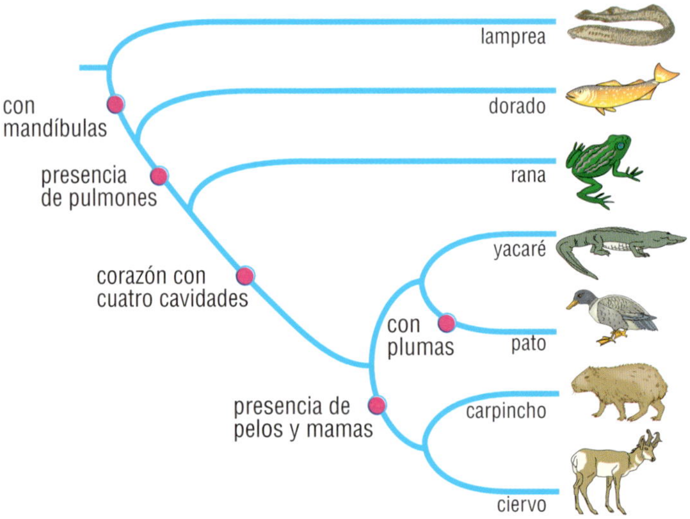

▲ Árbol filogenético de algunos grupos importantes de metazoos, o animales. Se indican las características que comparten los organismos a partir del ancestro común (el punto de ramificación).
Los árboles filogenéticos constituyen la forma más común de representar las relaciones de parentesco entre las especies o sus agrupaciones. Existen muchas formas diferentes de dibujar estos diagramas. Lo importante es que cada nodo o punto de intersección entre dos ramas representa un origen común (y un ancestro).

6 Las primeras clasificaciones de la vida

En la actualidad, los científicos consideran tres grandes dominios (clados), que incluyen a todos los seres vivos: **Bacteria**, **Archaea** y **Eukarya**. Pero no siempre fue así. Las primeras clasificaciones se basaron en la división aristotélica que establecía dos reinos básicos: el reino animal y el reino vegetal. Alrededor de 1735, Carlos Linneo publicó su obra *Systema naturae*, en la que asignaba a cada organismo una categoría basada, principalmente, en criterios morfológicos.

Con el desarrollo del microscopio se abrieron las puertas al mundo de los microorganismos. Dentro de la óptica evolucionista de la época, en 1856, el naturalista John Hogg (1800-1869) creó el término **Protoctistas** para englobar a los organismos microscópicos simples. Casi al mismo tiempo, otro evolucionista alemán, Ernst Haeckel (1834-1919), creó el tercer reino de los Protistas (homólogos de los Protoctistas) integrado por seres unicelulares.

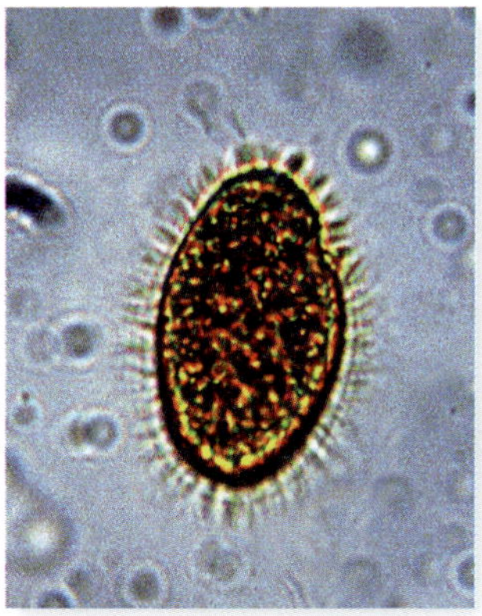

◄ Ciliado, organismo unicelular. Las viejas clasificaciones ubicaban a los organismos unicelulares dentro del grupo de los Protistas o Protoctistas. Actualmente, gracias a los datos moleculares, se ha dejado de utilizar esta categoría, ya que agrupa organismos muy alejados filogenéticamente entre sí.

Hacia 1885, Haeckel observó que ciertos organismos unicelulares (bacterias) carecían de núcleo celular. Denominó a estos organismos moneras. Posteriormente, el botánico estadounidense Herbert Copeland (1902-1968) propuso la creación de un cuarto reino, **Monera**, en el que incluyó las bacterias. En 1969, Robert Whittaker (1920-1980) reemplazó el sistema de cuatro reinos por uno de cinco reinos: Monera (bacterias), Protista (protozoos), Fungi (hongos), Plantae (plantas) y Animalia (animales).

Posteriormente, Whittaker y la investigadora Lynn Margulis redefinieron estos cinco reinos, e incluyeron las algas dentro del reino Protistas.

De esta manera la nueva clasificación quedó: Monera (bacterias), Protista (algas, protozoos, mohos acuáticos y otros organismos parásitos), Fungi (líquenes y hongos), Plantae (plantas) y Animalia (animales).

En la década de 1970, el microbiólogo Thomas D. Brock descubrió las arquibacterias, o arqueas, un nuevo grupo de organismos del tamaño de las bacterias.

Al borde de la vida

Algunos científicos consideran que los virus, partículas parásitas de ácido nucleico rodeado de una cubierta de proteínas (cápside) que solo se reproducen dentro de células hospedadoras, también pertenecen al árbol de la vida, e incluso organismos todavía más simples, todos los cuales, al igual que los virus, carecen de células.

7 La clasificación actual

Hacia 1977, Carl Woese y sus colaboradores analizaron el ARN (ácido ribonucleico) de los ribosomas, y encontraron diferencias filogenéticas entre los organismos basándose en el estudio de las moléculas del ARN. Confirmaron que los procariotas (organismos sin núcleo celular) incluían dos grupos muy diferentes, las arqueas y las bacterias.

Woese definió tres dominios de vida: **Bacteria**, que incluye las bacterias verdaderas, **Archaea** que incluye las arqueas recién descubiertas y **Eukarya**, que incluye a todos los eucariotas.

Si bien las ramas que forman el árbol de la vida se encuentran en permanente estudio y revisión, esta clasificación en tres dominios es la que predomina en la actualidad.

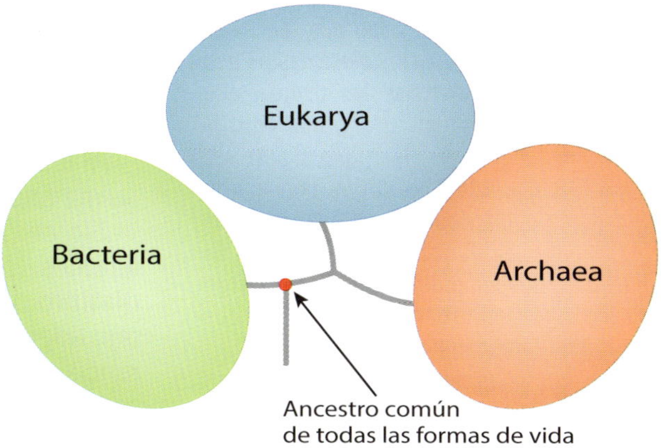

▲ Los tres dominios de la vida

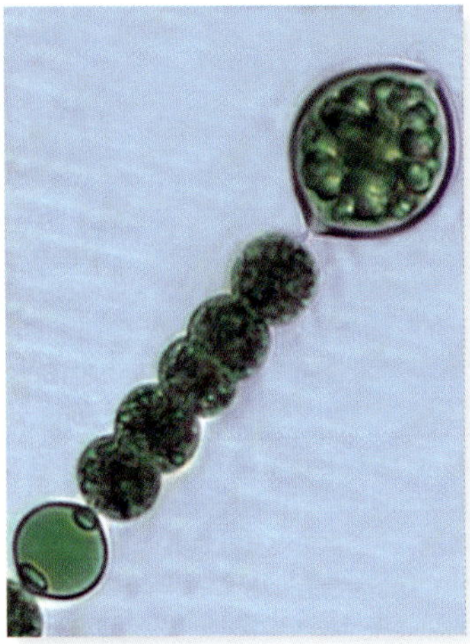

▲ Cianobacteria.

8 Los tres dominios de la vida y los datos moleculares

La clasificación de los seres vivos en tres dominios está basada en **datos moleculares**, y en especial en el estudio del ARN de los ribosomas. Como vimos en capítulos anteriores, los ribosomas son las estructuras donde se realiza la síntesis de proteínas, no son organelas, son complejos macromoleculares que no están rodeados de membranas. Tanto las células procariotas como las eucariotas tienen ribosomas.

Los ribosomas están formados por **dos subunidades**, una subunidad mayor y otra subunidad menor. Los científicos encontraron que la estructura de la subunidad menor es diferente y característica de cada dominio.

Analizar el **coeficiente de sedimentación S** es una técnica que permite tener una idea del tamaño y el peso de un ribosoma. Los científicos encontraron que el coeficiente de sedimentación S de los ribosomas de las bacterias y de las arqueas era **70 S**, en cambio, el de los ribosomas de los eucariotas era **80 S**, un poco más grande y más pesado.

Los lípidos que forman parte de las **membranas** de las bacterias y de los eucariotas tienen forma lineal, en cambio, los de las **arqueas** tienen forma **ramificada** y presentan **distinta composición química**.

La importancia de las cianobacterias

Las cianobacterias, o algas verde azuladas, se cuentan entre los organismos más importantes del planeta. Aparecieron hace 2.500 millones de años, y al contar con clorofila en los pliegues que forma la membrana plasmática, realizan una fotosíntesis aerobia que produce oxígeno como subproducto. Cuando surgieron las cianobacterias, muchos otros organismos se extinguieron, ya que para las especies anaerobias (que no respiran oxígeno), este gas es un potente veneno celular.

Las cianobacterias son fundamentales porque de ellas provienen los cloroplastos que tienen todas las plantas que fotosintetizan y producen oxígeno, es decir que alguna vez ciertos protozoos englobaron cianobacterias que vivieron simbióticamente dentro de los protozoos. Así nacieron los organismos fotosintéticos eucariotas.

Las cianobacterias además son responsables del verdín que se forma en lagunas y charcos, y de gran proporción del oxígeno que respiramos.

El dominio de las bacterias

Las bacterias se encuentran diseminadas por todo el planeta. Son organismos **procariotas**, por lo tanto **carecen de núcleo celular y de organelas rodeadas por membranas**.

El material genético de las bacterias se encuentra libre en el citoplasma. Está constituido por una única molécula circular de ADN que forma el cromosoma bacteriano.

La mayoría de las bacterias tienen una **pared celular** rígida compuesta por **peptidoglucano**, muy diferente de la pared celular de las plantas, que está compuesta por celulosa. Muchas bacterias tienen una capa externa, denominada cápsula, que les brinda protección y les sirve para adherirse. Otras son capaces de formar estructuras de resistencia denominadas **esporas**.

El **flagelo** es una prolongación celular que permite a las bacterias tener movilidad.

El dominio de las arqueas

Desde su descubrimiento, las arqueas cobraron gran interés para la ciencia debido a que, además de producir metano o biogás (se las llamó bacterias metanógenas), toleraban temperaturas extremas en géiseres, aguas sulfatadas y fuentes hidrotermales submarinas, que superaban los 100 °C (punto de ebullición), o vivían en lagos extremadamente ácidos o alcalinos.

Al igual que las bacterias verdaderas, las arqueas son **procariotas** y su material genético está formado por **una molécula circular de ADN**.

Sin embargo, la membrana plasmática y la pared celular son muy diferentes. La **membrana plasmática** está formada por **un tipo de lípido distinto** de los que forman la membrana de las bacterias y los eucariotas, además las **cadenas de lípidos son largas y ramificadas**. A diferencia de las bacterias y los eucariotas, la membrana de las arqueas es **monocapa** (no bicapa), al menos en parte. La **pared celular no tiene peptidoglucano**, sino otras sustancias, como las glucoproteínas y lipopolisacáridos. Y como los eucariotas, las arqueas presentan **histonas**, proteínas asociadas al material genético.

El dominio de los eucariotas

El dominio Eukarya abarca todos los organismos con células eucariotas. Es decir, células con **verdadero núcleo** donde se encuentra el **ADN asociado a proteínas**, rodeado de una **membrana nuclear**, o carioteca. La característica o señal más distintiva de todas las células de los organismos eucariotas, sean unicelulares o pluricelulares, incluidas las animales, es la **compartimentalización celular**, es decir, la división del trabajo entre diferentes estructuras celulares. Esto se debe al **sistema de endomembranas** (aparato de Golgi, retículo endoplasmático y membrana nuclear). Además, debido a un proceso conocido como endosimbiosis, poseen **organelas**, estructuras generalmente rodeadas de membranas dobles, como las **mitocondrias** y los **cloroplastos**.

Los eucariotas (Eukarya) comparten un amplio conjunto de características derivadas de un ancestro común. Además de las mencionadas, se pueden agregar: durante la interfase (reposo celular) los cromosomas se presentan en la forma de cromatina no condensada; la división celular tiene lugar por mitosis; los núcleos contienen, casi invariablemente, uno o más nucléolos de funciones organizadoras; tienen ribosomas 80 S, con una subunidad mayor y otra menor.

Los eucariotas comparten con las arqueas la presencia de histonas asociadas al material genético.

Si bien la mayoría de los eucariotas son muy conocidos, como los animales, las plantas y los hongos, otros lo son menos, como las algas pardas y las algas rojas. Solo los que hayan observado un preparado en el microscopio habrán visto amebas y paramecios, eucariotas unicelulares todos ellos, más una infinidad de otros microorganismos que también pertenecen al dominio Eukarya.

Algunos representantes del dominio Eukarya

▲ Animal.

▲ Planta.

▲ Hongo.

▲ Alga verde.

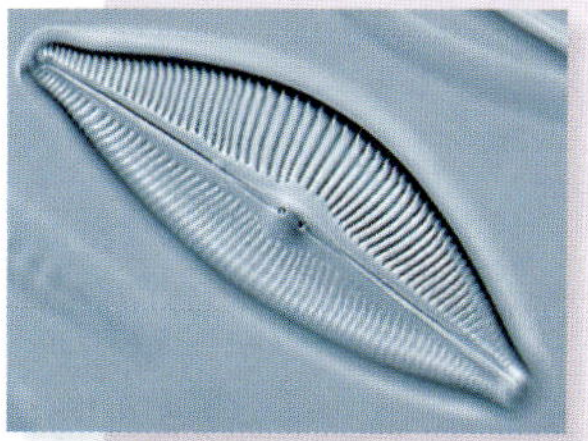
▲ Diatomea.

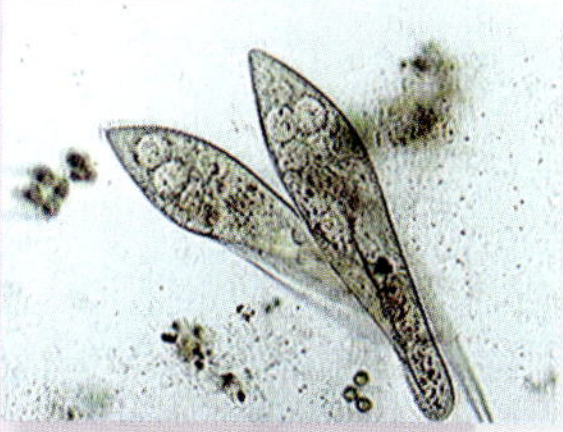
▲ Paramecio.

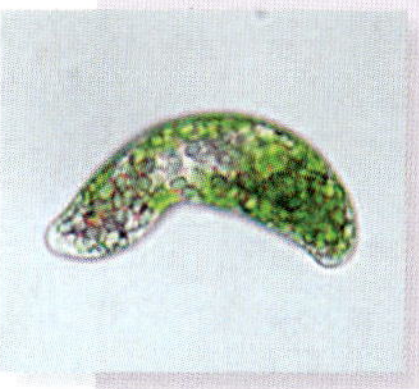
▲ Euglena.

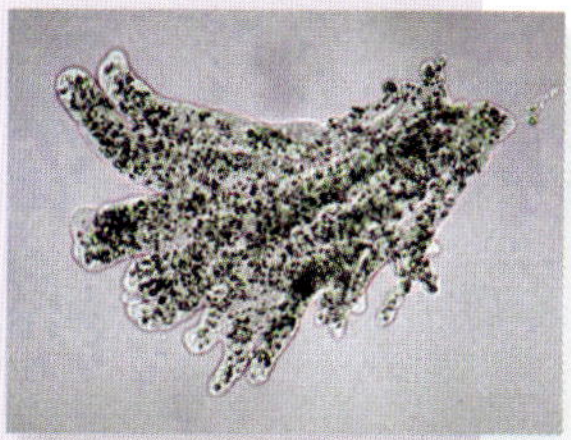
▲ Ameba.

Bacteria	Archaea	Eukarya
Célula procariota (sin núcleo y sin organelas rodeadas por membranas).	Célula procariota (sin núcleo y sin organelas rodeadas por membranas).	Célula eucariota (con núcleo celular y organelas rodeadas de membranas). Organismos con ADN lineal.
Organismos con ADN circular.	Organismos con ADN circular.	Presencia de citoesqueleto.
Lípidos de la membrana unidos en forma lineal.	Lípidos de la membrana unidos en forma ramificada.	Lípidos de la membrana unidos en forma lineal.
Estructura del ARN de la subunidad menor de los ribosomas característica del dominio Bacteria.	Estructura del ARN de la subunidad menor de los ribosomas característica del dominio Archaea.	Estructura del ARN de la subunidad menor de los ribosomas característica del dominio Eukarya.
Ribosomas compuestos por dos subunidades con valor de sedimentación 70 S.	Ribosomas compuestos por dos subunidades con valor de sedimentación 70 S.	Ribosomas compuestos por dos subunidades con valor de sedimentación 80 S.

9 Sistemática: los grandes grupos de los tres dominios de la vida

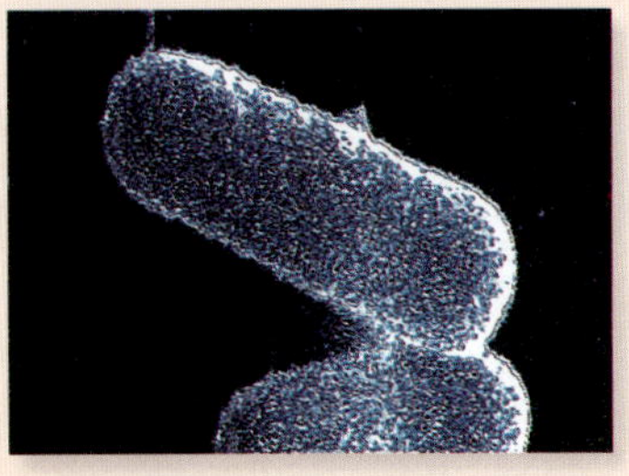

▲ Fotografía con microscopio electrónico de una bacteria actual. En la Tierra primitiva, hace unos 3.800 millones de años (m.a.) aparecieron las bacterias; más tarde, hacia 3.200 m.a. debieron aparecer las arqueas, pero los eucariotas no llegarían hasta hace 2.200 m.a.

Dominio Bacteria

En la actualidad, dentro del dominio Bacteria, que integra las bacterias verdaderas, se reconocen a partir de su origen dos tipos fundamentales:

- las **Terrabacterias**, que surgieron en la tierra firme, en un ambiente sujeto a radiaciones, hace 4.000 millones de años. Representa varios grupos de bacterias, como las bacterias verdes, las bacterias resistentes a las altas temperaturas, las bacterias rojas, las bacterias filamentosas, las bacterias sin pared celular y las cianobacterias, de gran importancia biológica y evolutiva;
- las **Hydrobacterias**, que aparecieron en el ambiente marino poco tiempo después. Incluye las bacterias púrpura, las bacterias azufrosas y muchos otros grupos.

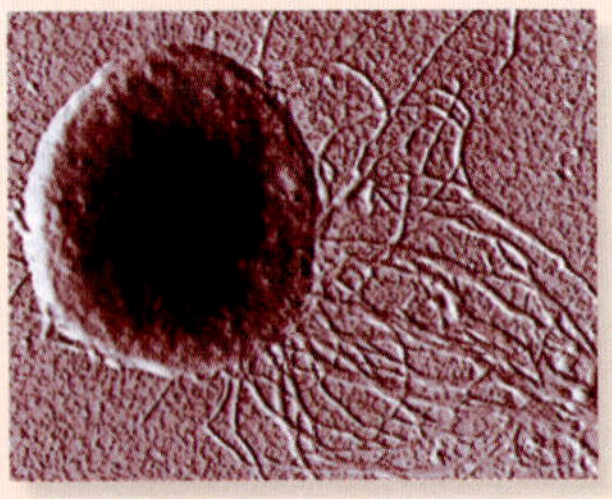

▲ Arquea termófila, vive en temperaturas extremas.

Dominio Archaea

Se distinguen al menos cuatro grupos diferentes con categoría de reinos:

- **Crenarqueas:** arqueas termófilas o amantes de las temperaturas elevadas y los ambientes ácidos.
- **Euryarqueas:** arqueas metanógenas o productoras de metano y de ambientes alcalinos o salinos.
- **Nanoarqueas:** arqueas diminutas, de un tamaño equivalente a 0,00001 mm.
- **Korarqueas:** que viven en la corteza terrestre pero también en el ambiente marino.

▲ Los hongos verdaderos, Fungi, y los animales o metazoos son eucariotas que pertenecen al mismo grupo de los Opistocontos.

Dominio Eukarya

Los eucariotas se clasifican actualmente en alrededor de cinco a diez grandes clados, entre los cuales las plantas se ubican en uno de ellos (**arqueplastos**), y los hongos verdaderos y animales, o metazoos, en otro (**opistocontos**).

El resto de protozoos, algas y hongos falsos, antes clasificados como **protistas**, constituyen los restantes grandes clados de eucariotas. Lo importante es entender que la gran mayoría de los grupos de eucariotas consisten en organismos unicelulares, y que solo algunos grupos adquirieron la pluricelularidad.

- **Opistocontos:** animales, hongos verdaderos, y varios grupos de protozoos flagelados y mohos gelatinosos.
- **Arqueplastos:** plantas terrestres, algas verdes, algas rojas y algas azul amarillentas, además de algunos organismos unicelulares heterótrofos.
- **Excavados:** varios grupos de protozoos flagelados, como las tricomonas y el parásito Giardia.
- **Discicristados:** euglenas, algas unicelulares y varios grupos de flagelados heterótrofos, como los tripanosomas causantes de enfermedades, como el mal de Chagas-Mazza.
- **Rhizarios:** varios grupos de protozoos, como las amebas, los foraminíferos y los radiolarios, y parásitos de animales, plantas y algas.
- **Chromalveolados:** varios grupos de protozoos, dinoflagelados (flagelados acuáticos), varios grupos de algas, y los oomicetes, u hongos con huevos.
- **Hacrobios:** dos grupos de algas y varios grupos de protozoos.
- **Neoexcavados y tecados:** varios grupos de protozoos.
- **Amebozoos:** amebas y varios grupos de mohos gelatinosos.

10 Construcción de cuadro de estados y árbol filogenético

El **cuadro de estados** es similar a un cuadro comparativo, pero los datos utilizados en cada columna se basan únicamente en los valores 0 (ausencia) y 1 (presencia), o signos – y +, respectivamente. De esta manera, es posible separar cada grupo sobre la base de una determinada característica. Las características o rasgos se eligen a partir de dos criterios principales que van a servir para comparar los grupos:

a) **Criterio de simplicidad.** Conviene seleccionar caracteres que sean fáciles de identificar.

b) **Criterio evolutivo.** Los caracteres elegidos deberán ser homologías; así, el diagrama representará, además, relaciones de parentesco evolutivo entre los grupos. En el cuadro se representan los datos obtenidos.

Procedimiento

Se construye el cuadro de estados utilizando signos + y –, que indican la presencia o ausencia del carácter.

Por ejemplo, si se tienen siete animales que representan a las principales clases de vertebrados, el cuadro quedará conformado de la siguiente manera:

	Columna vertebral	Esqueleto óseo	Cuatro patas	Corazón con cuatro cavidades	Plumas	Pelos y glándulas mamarias
Tiburón	+	–	–	–	–	–
Caballa	+	+	–	–	–	–
Rana	+	+	+	–	–	–
Yacaré	+	+	+	+	–	–
Gaviota	+	+	+	+	+	–
Murciélago	+	+	+	+	–	+
Puma	+	+	+	+	–	+

Para la construcción del árbol filogenético, el diagrama partirá de un rasgo común. Luego se elegirán los grupos que se quieren clasificar. En este caso, todos los animales tienen columna vertebral, por lo que se toma como punto de partida.

A partir del origen común, las líneas o ramas del diagrama se bifurcan; en cada bifurcación se indica el rasgo que ha permitido hacer la división:

- Tener esqueleto óseo es un rasgo que permite hacer la primera división en dos grupos, y separar al tiburón, que tiene esqueleto de cartílago.
- Tener cuatro patas es un rasgo que comparten todos los que tienen esqueleto óseo, menos la caballa. Por lo que se abre una nueva rama en el diagrama.
- Tener el corazón dividido en cuatro cámaras es un rasgo que lo poseen todos los animales con cuatro patas menos la rana. En este punto se bifurca la rama correspondiente a la rana.
- Tener plumas es un rasgo que solo lo encontramos en la gaviota.
- Tener pelo y glándulas mamarias es un rasgo que solo comparten el murciélago y el puma; así que se puede suponer que proceden de un antecesor común que se separó del resto de los vertebrados.

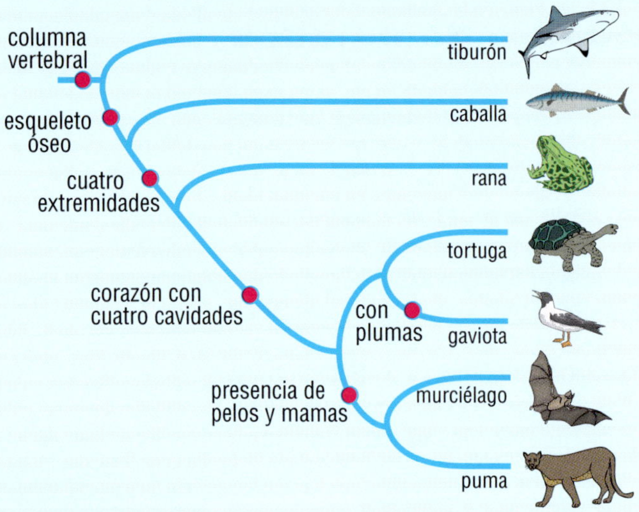

Presentación final del árbol filogenético

El diagrama del árbol finaliza colocando cada animal en el extremo de su correspondiente rama.

Alternativamente, las características se pueden representar con series de 0 y 1; por ejemplo, para separar las algas verdes, los musgos, los helechos, las gimnospermas y las angiospermas, es decir, todos los grupos principales de plantas verdes. El cuadro quedará conformado de la siguiente manera:

▲ Orangután de la especie *Pongo pygmaeus*. Hasta hace poco tiempo se creía que el orangután formaba una sola especie, *Pongo pygmaeus*, y que alguna vez vivió en toda el Asia sudoriental aunque en la actualidad estaba restringido a Sumatra y Borneo. Las investigaciones continuaron, y se descubrió que se trata de dos especies diferentes, *Pongo pygmaeus* solo vive en Sumatra, mientras que la especie de Borneo es *Pongo abeli*.

	Algas	Musgos	Helechos	Gimnospermas	Angiospermas
Clorofila y celulosa	1	1	1	1	1
Embrión	0	1	1	1	1
Tejidos vasculares	0	0	1	1	1
Semillas	0	0	0	1	1
Frutos	0	0	0	0	1

El diagrama de este cuadro será el siguiente:

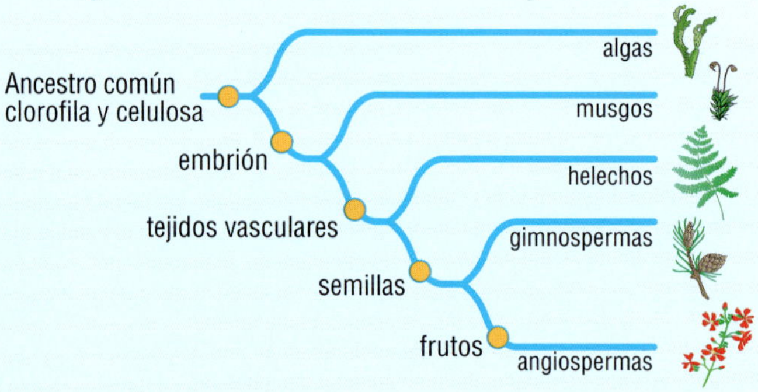

ACTIVIDADES

4. A partir del siguiente cuadro de estado de grupos de vertebrados, construyan el correspondiente árbol filogenético.

	Mandíbula	Garras o uñas	Pulmones	Plumas	Pelos	Mamas
Lamprea	–	–	–	–	–	–
Dorado	+	–	–	–	–	–
Chingolo	+	+	+	+	–	–
Mono	+	+	+	–	+	+
Salamandra	+	–	+	–	–	–
Yacaré	+	+	+	–	–	–
Carpincho	+	+	+	–	+	–

5. Construyan una tabla de estado y elaboren un diagrama de árbol para diferenciar los siguientes grupos de animales: esponjas, moluscos, peces, aves y mamíferos. Pueden utilizar los siguientes caracteres: tejidos, columna vertebral, plumas o pelos, glándulas mamarias.

6. Para clasificar diferentes organismos decidimos analizar algunas de sus características más sobresalientes. En la tabla aparecen cuatro características (a, b, c y d) que se han utilizado para establecer relaciones entre cinco especies distintas (numeradas de 1 a 5). La presencia del rasgo se indica con un (+) y la ausencia con un (-). Completen el diagrama situando al final de cada una de las ramas la especie correspondiente.

	a	b	c	d
1	–	–	–	–
2	+	–	–	–
3	+	–	+	–
4	+	+	+	–
5	+	+	+	+

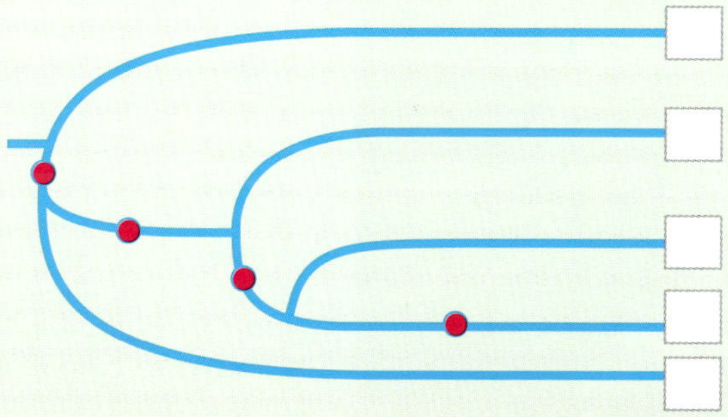

Autoevaluación

1. La clasificación es jerárquica porque:

a. las especies se clasifican en categorías superiores o taxones de mayor nivel. ☐
b. todas las categorías tienen el mismo nivel jerárquico. ☐
c. el género y la especie tienen un nivel jerárquico mayor que el orden. ☐

2. El ordenamiento de la jerarquía taxonómica de menor a mayor es el siguiente:

a. dominio, familia, género, especie, orden, reino, clase, *phylum*. ☐
b. especie, género, familia, orden, clase, *phylum*, reino, dominio. ☐
c. reino, género, familia, dominio, clase, orden, *phylum*, especie. ☐

3. La siguiente es una categoría infrataxonómica:

a. especie. ☐
b. raza. ☐
c. género. ☐

4. Los animales celomados son:

a. los que carecen de cavidad corporal. ☐
b. los que tienen una falsa cavidad corporal. ☐
c. los que tienen una cavidad corporal llena de líquido. ☐

5. Uno de los siguientes es un grupo perteneciente al dominio Eukarya:

a. animales. ☐
b. virus. ☐
c. arqueas. ☐

6. La nomenclatura binomial corresponde a:

a. géneros. ☐
b. órdenes. ☐
c. especies. ☐

7. Dos o más organismos conforman un grupo polifilético cuando:

a. no comparten ancestros comunes. ☐
b. comparten todos los ancestros. ☐
c. comparten el último ancestro común. ☐

8. Los órganos o estructuras homólogas son las que:

a. tienen un plan de organización común y un origen compartido. ☐
b. tienen formas y tamaños similares. ☐
c. representan una adaptación al ambiente. ☐

9. Las siguientes características corresponden al dominio Eukarya

a. ADN circular, sin organelas. ☐
b. compartimentalización celular, con organelas. ☐
c. pared celular de peptidoglucano, sin núcleo celular. ☐

10. Las bacterias y las arqueas comparten las siguientes características:

a. membrana celular con lípidos ramificados, sin membrana nuclear o carioteca. ☐
b. células procariotas, sin organelas, con ribosomas 70 S. ☐
c. con organismos celulares, como las cianobacterias, y organismos multicelulares. ☐

11 Grandes adquisiciones evolutivas

▲ Las amebas, que carecen de paredes celulares, emiten seudópodos que les permiten moverse activamente y fagocitar partículas de alimento.

◀ Las alas de las aves son las que permiten el vuelo, mientras que las plumas que las cubren contribuyen a su protección y aislamiento. Aunque no es preciso tener alas para estar cubierto de plumas. Así lo han demostrado algunos dinosaurios emplumados, incluso parientes del tiranosaurio, como Dilong, de la China, que poseía su propia cubierta plumífera. Y curiosamente, algunos investigadores coinciden en afirmar que las crías de dinosaurios también tenían plumas.

▲ El medio acuático requiere de un cuerpo adaptado a la dirección del movimiento, además de aletas propulsoras, ambas características que poseen los peces.

A lo largo de millones de años de evolución, los organismos han perfeccionado diversas adaptaciones para vivir en los variados y siempre cambiantes ambientes de nuestro planeta. Los mecanismos de la evolución actúan en las poblaciones naturales provocando verdaderas innovaciones en su desarrollo y en los planes de organización, que resultan fundamentales para la supervivencia de las especies. Cada problemática ambiental plantea una solución distinta para la adaptación de las distintas especies de organismos, aunque muchas veces organismos que no tienen un antepasado en común, desarrollan estructuras y estrategias similares. Por ejemplo, las alas de los insectos y las alas de los pájaros presentan desarrollos y planes de organización diferentes; pero a pesar de esto, han podido volar y perfeccionar sus habilidades, entre ellas la captura del alimento y la búsqueda de pareja. Infinidad de ejemplos explican las características de los seres vivos, su parentesco y sus diferencias. En este capítulo, conocerán las grandes adquisiciones evolutivas de diversos organismos, a lo largo de millones de años de historia de la Tierra, verdaderos hitos de la evolución relacionados con la diversidad de todo lo viviente, desde las bacterias hasta los animales.

ACTIVIDADES

1. La evolución explica las adaptaciones de los diferentes organismos a su ambiente. De acuerdo con esto, ¿qué ventajas representa para las aves poseer alas y plumas?
2. ¿Y para los peces poseer un cuerpo hidrodinámico y aletas?
3. Las amebas y los protozoos son organismos unicelulares muy diferentes. ¿Cuál es la ventaja de poder modificar el cuerpo celular en el caso de la ameba? ¿Por qué una bacteria no puede hacerlo?
4. Si tuvieran que ordenar cronológicamente estas adaptaciones de los organismos, ¿cómo lo harían?

1 Adquisiciones evolutivas

El resultado de las adaptaciones de los organismos son las **adquisiciones evolutivas**, o sea modificaciones o transformaciones que permiten la supervivencia. En cada etapa de la historia de la Tierra se han producido cambios, y como resultado, numerosas especies mejor adaptadas que otras a las condiciones ambientales han sobrevivido. Cuando se produce una gran extinción, ya sea por catástrofes terrestres (como erupciones volcánicas, por ejemplo) o celestes (caída de asteroides o cometas) desaparecen portadores de muchas de las adaptaciones y los espacios ecológicos de numerosas especies quedan vacantes para ser ocupados por otras nuevas, que a su turno se adaptan a las nuevas condiciones ambientales. Como ejemplo, cuando se extinguieron los dinosaurios carnívoros, su hábitat natural fue ocupado por algunas aves, como las diatrimas y las aves del terror, y por mamíferos, como los mesoníquidos, antepasados de las ballenas y cocodrilos terrestres.

▲ Las aves del terror fueron grandes predadores sudamericanos.

Cuando las adquisiciones persisten por mucho tiempo, ya que significan una ventaja para los organismos, se habla de verdaderos **hitos evolutivos**. Resulta interesante examinar cuáles podrían ser los principales hitos evolutivos de la vida celular a lo largo de millones de años, pero esto depende de la importancia que se les otorgue a determinadas características.

Si nos remontamos a comienzos del eón Arqueano, hace 3.800 millones de años (m.a.), un hito sería sin duda **la aparición de las primeras células**, es decir, del primer organismo celular (**LUCA**: de *Last ultimate common ancestor*, ancestro común más reciente).

Gradualismo y saltacionismo

A partir de las ideas de Darwin y Wallace surgió una postura, denominada **gradualismo**, que sostiene que el proceso evolutivo ocurre en forma gradual, con formas intermedias entre una especie y la aparición de otra.

Una postura alternativa, propuesta por Stephen Jay Gould y Ernst Mayr, denominada **equilibrio puntual** o **evolución saltatoria**, sostiene que las modificaciones de las especies se producen en tiempos muy cortos, con cambios explosivos y repentinos, sin formas intermedias.

Es probable que ambos mecanismos intervengan en el proceso evolutivo.

2 Escala de tiempo geológico

Los organismos cambian a lo largo del tiempo a diferentes velocidades y en distinto grado. Esto puede verse a través del registro fósil. Hay cambios que se producen muy lentamente a través de cientos de millones de años y otros que ocurren relativamente más rápido, como sucedió con la expansión de los mamíferos luego de la extinción de los dinosaurios.

Resulta difícil ubicar en el tiempo hechos ocurridos hace dos millones de años (2 m.a.) o, incluso, hace 3.800 millones de años (3.800 m.a.).

Sobre la base de los registros fósiles, los geólogos, científicos que estudian la Tierra, han establecido una escala de tiempo geológico que permite ubicar cronológicamente distintos acontecimientos ocurridos durante la historia de la vida. Como a lo largo del capítulo analizaremos el momento en que aparecieron determinadas adquisiciones evolutivas, incluimos, a modo de herramienta, una escala de tiempo geológico para facilitar la ubicación cronológica de acontecimientos ocurridos hace millones de años.

EÓN	ERA	PERÍODOS	ÉPOCA	millones de años
FANEROZOICO	CENOZOICA	Cuaternario	Holoceno	0,01
			Pleistoceno	1,8
		Terciario	Plioceno	5,3
			Mioceno	24
			Oligoceno	33
			Eoceno	54
			Paleoceno	65
	MESOZOICA	Cretácico		135
		Jurásico		190
		Triásico		225
	PALEOZOICA	Pérmico		280
		Carbonífero		345
		Devónico		395
		Silúrico		430
		Ordovícico		500
		Cámbrico		570
TIEMPOS PRECÁMBRICOS	PROTEROZOICO			2500
	ARQUEOZOICO			3800

▶ Escala de tiempo geológico.

BACTERIA

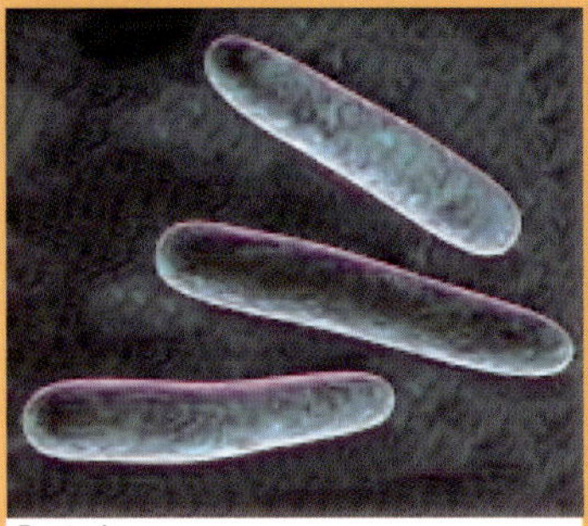

Bacterias

ARCHAEA

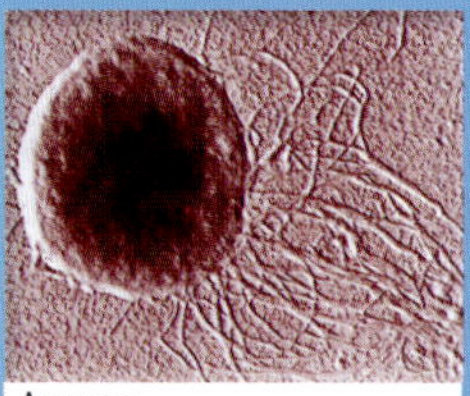

Arqueas

EUKARYA

Animales

Hongos verdaderos

Plantas

"Protistas" conjunto polifilético que incluye, en su mayoría, eucariotas unicelulares.

3 De los reinos a los dominios celulares

La **célula es la gran adquisición evolutiva** que hizo su aparición a comienzos del eón Arqueano, hace 3.800 m.a.

Hasta 1977, el reino se consideraba la categoría sistemática más inclusiva de la vida celular. Pero como vimos en el capítulo anterior, Woese y sus colaboradores postularon la construcción de un árbol filogenético único en el cual se diferencian tres líneas evolutivas principales: las bacterias (dominio Bacteria), las arqueas (dominio Archaea) y los eucariotas (dominio Eukarya).

Cuando se examina la evidencia fósil y los cambios que fueron ocurriendo en diferentes biomoléculas a lo largo de la historia evolutiva, se llega a la conclusión de que primero surgieron las **bacterias**, **hace 3.800 millones de años** (**m.a.**); luego las **arqueas**, **hace alrededor de 3.200 m.a.**, y probablemente al final, los **eucariotas**, **hace no más de 2.500 m.a.** (o incluso más tarde).

Las evidencias fósiles no solo provienen del estudio de los restos de organismos, sino también de métodos más indirectos, como el registro de la concentración de metano, un gas que producen las arqueas.

◀ Woese propuso la categoría de dominio para cada uno de estos linajes, o grupos monofiléticos: Bacteria, Archaea y Eukarya.

4 Adquisiciones comunes de todos los organismos celulares

Como corolario de la teoría celular (que vimos en el capítulo 3), puede establecerse que todos los seres vivos de los tres dominios comparten una serie de adquisiciones evolutivas que permiten su funcionamiento:

- La organización celular (la célula es la unidad estructural, funcional y reproductiva).
- La presencia de una membrana plasmática, la cual, al menos parcialmente, es una doble capa, semipermeable y formada por lípidos y proteínas especiales.
- La presencia de un citoplasma con los componentes necesarios para el desarrollo del metabolismo celular.
- Un material genético formado por ADN (ácido desoxirribonucleico).
- Un código genético universal que permite crear ARN a partir del ADN (proceso denominado transcripción), y luego sintetizar proteínas a partir del ARN (proceso denominado traducción).
- Proteínas resultantes formadas por combinaciones de alrededor de veinte aminoácidos.
- La presencia generalizada de ribosomas (formados por un tipo particular de ARN, el ARN ribosómico), que participan en la síntesis de proteínas.

5 Adquisiciones evolutivas de las bacterias

Las bacterias son los organismos más antiguos y los más abundantes. Como vimos en el capítulo anterior, son procariotas, es decir que carecen de núcleo definido y de organelas. La única molécula de ADN se encuentra enrollada y unida en sus extremos. Son organismos unicelulares que pueden vivir libres o formando agregados. Tienen ribosomas, membrana plasmática, pared celular, una capa gruesa denominada cápsula, pelos y flagelo bacteriano. La forma de las bacterias es diversa. Pueden tener forma de bastón (**bacilos**), de coma (**vibriones**), esférica (**cocos**) y espiralada (**espirilos**).

Pero sin duda, las adquisiciones evolutivas más importantes de las bacterias se relacionan con la **estructura de la pared celular** y la diversidad de **modos de nutrición**.

- **Estructura de la pared celular de las bacterias**
  La pared celular de las bacterias está compuesta, principalmente, por una capa denominada **peptidoglucano**, también conocida como **mureína**. Esta capa puede ser gruesa o fina. Las bacterias con capa gruesa se denominan **gram positivas**, y las que tienen capa fina, **gram negativas**.
- **Modos de nutrición bacteriana**
  Algunas bacterias pueden utilizar la luz como fuente de energía para elaborar sus propias moléculas y otras la obtienen de compuestos químicos. Hay bacterias que utilizan compuestos orgánicos como fuente de alimento y otras que utilizan compuestos inorgánicos. La **nutrición bacteriana es muy variada**, esto les permite adaptarse a todo tipo de ambiente.

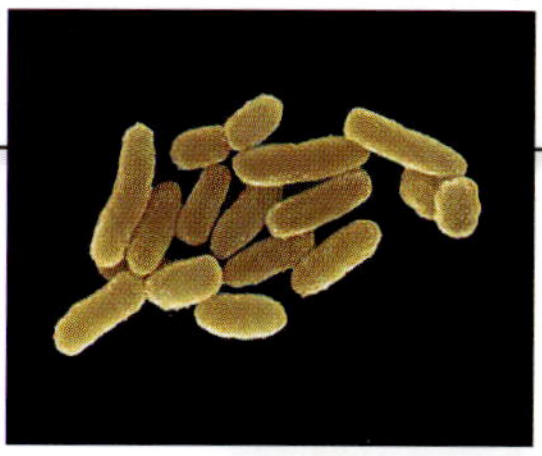
▲ Bacilos.

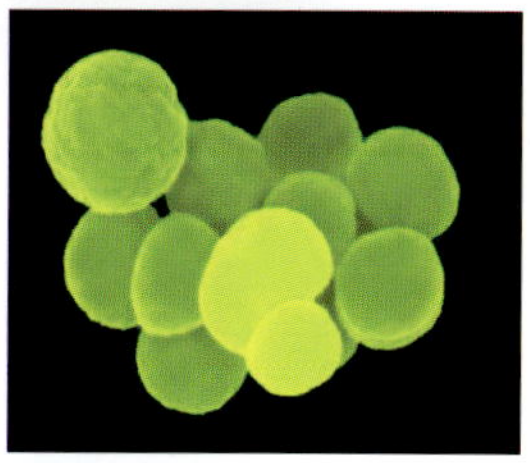
▲ Cocos.

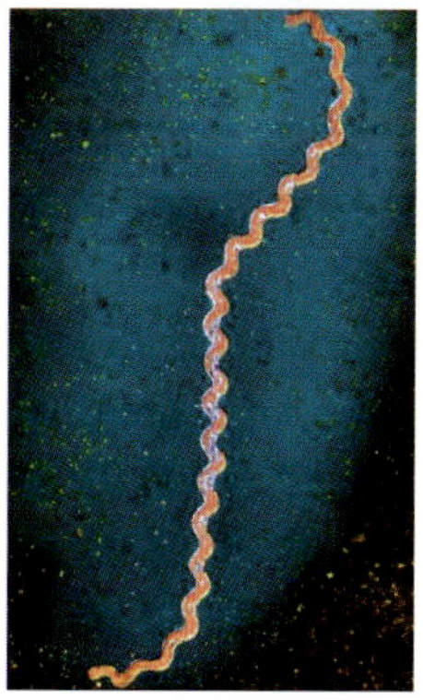
▲ Espirilos.

Las cianobacterias y dos espectaculares adquisiciones evolutivas

Las **cianobacterias** se cuentan entre los organismos más importantes del planeta, por ser **productoras de oxígeno** y por su capacidad para **fijar el nitrógeno atmosférico**. La composición de la atmósfera se mantiene en los niveles actuales de oxígeno, en gran parte, por acción de las cianobacterias. Aparecieron hace 2.750 millones de años. Al contar con clorofila verdadera, determinan la realización de la fotosíntesis, que libera oxígeno como subproducto.

Pero las cianobacterias, además de producir oxígeno tienen otra adquisición importante: pueden fijar el nitrógeno de la atmósfera y convertirlo en nitratos (necesarios para las plantas y otros organismos).

Cuando se congeló la Tierra

Cuando surgieron las cianobacterias, muchos otros organismos se extinguieron por no poder respirar oxígeno, ya que para las especies anaerobias este gas es un potente veneno celular. Además, como resultado de la acumulación de oxígeno en la atmósfera, disminuyó la temperatura notablemente y se produjo un extraño fenómeno, la Tierra se congeló completamente (los geólogos la llaman **Tierra bola de nieve**). De no haber sido por la actividad volcánica, la Tierra habría permanecido así para siempre, como un planeta helado, no muy diferente del planeta enano Plutón.

6 Surgen las arqueas

Al igual que las bacterias, las arqueas son procariotas y tienen una molécula de ADN circular. La membrana celular está formada por un tipo característico de lípido, que le otorga gran resistencia a temperaturas y salinidad extremas. A diferencia de las bacterias y los eucariotas, la membrana celular de las arqueas está constituida, en parte, por una sola capa. Pero el carácter más distintivo y la adquisición evolutiva del grupo es que las arqueas son las **únicas productoras naturales de gas metano**.

Eventualmente las arqueas invadieron la corteza terrestre; el fondo submarino, donde hay chimeneas volcánicas (arqueas hipertermófilas, resistentes a muy altas temperaturas); lagos muy ácidos o alcalinos, y el medio oceánico.

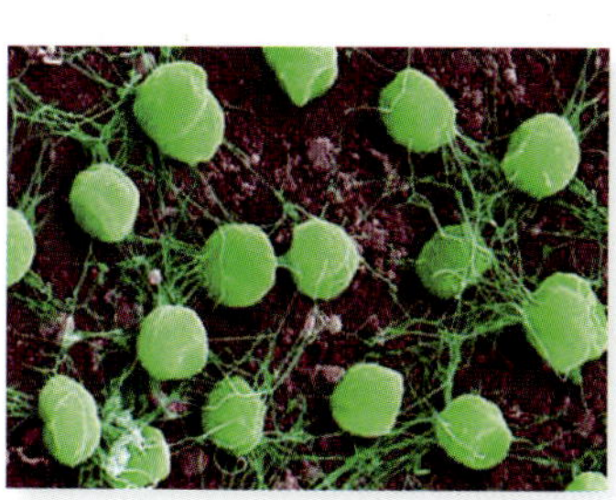
▲ Arqueas hipertermófilas vistas con microscopio electrónico, coloreadas en forma digital.

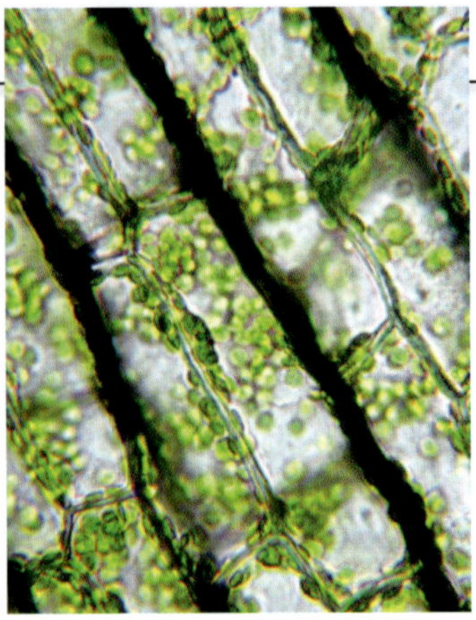

▲ Cloroplastos en células vegetales.

7 Los organismos eucariotas: un avance general en la vida del planeta

La característica o señal más distintiva de todas las células de los organismos eucariotas, sean unicelulares o pluricelulares, incluidas las células animales, es la **compartimentalización celular**, es decir, la división del trabajo entre diferentes estructuras celulares. Esto se debe al sistema de **endomembranas**. Además, debido al proceso denominado **endosimbiosis** (estudiado en el capítulo 2), poseen **organelas**, estructuras generalmente rodeadas de membranas dobles, como las **mitocondrias** y los **cloroplastos**.

El árbol de los eucariotas

Como se analizó en el capítulo anterior, los eucariotas se clasifican actualmente en unos cinco a diez grandes grupos, entre los cuales las plantas se ubican en uno de ellos –los **arqueplastos**–, y los hongos verdaderos y los animales, o metazoos, en otro –los **opistocontos**. El resto de protozoos, algas y hongos falsos, antes clasificados en un grupo heterogéneo, no natural, los **protistas**, constituyen los restantes grandes grupos de eucariotas.

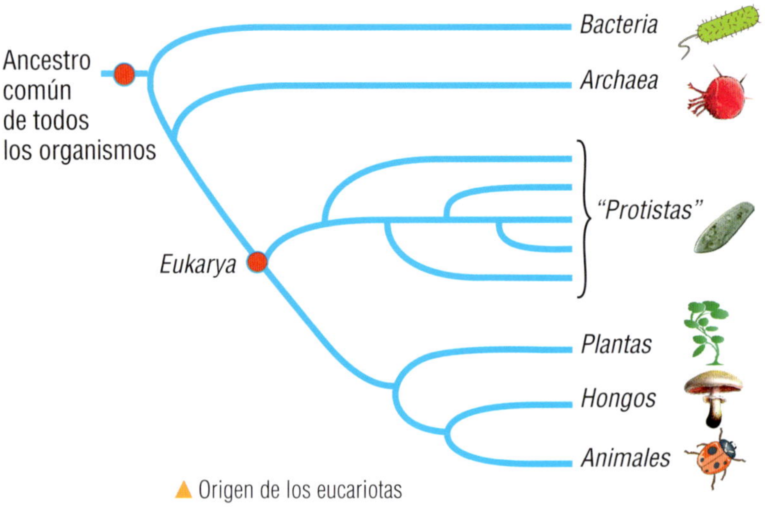

▲ Origen de los eucariotas en el árbol de la vida.

8 Las plantas: del agua a la tierra

▲ Los musgos, plantas sin verdaderos tejidos de conducción, representaron un avance evolutivo en la conquista del medio terrestre.

Durante el período Ordovícico, un grupo de algas verdes, con cloroplastos, colonizaron el ambiente aeroterrestre. Hacia el final de este período aparecieron los primeros antecedentes de **musgos** (**briofitas**), y más tarde, en el Silúrico, hicieron su aparición las primeras plantas con verdaderos vasos de conducción: las **plantas vasculares** (**traqueofitas**). Tanto los musgos como las plantas vasculares desarrollaron una **fase embrionaria**, la **plántula**, caracterizada por tejidos embrionarios, los **meristemas**, conformando el grupo de las **embriofitas**.

La transición del medio acuático al terrestre por parte de los organismos fotosintéticos significó la adquisición de características que les permitieron **absorber agua del suelo**, desarrollar una **cutícula protectora** para evitar la deshidratación y conformar **estructuras reproductivas** multicelulares para la producción de **gametos** (gametofitos) y de **esporas** (esporofitos).

Los musgos

Hacia el final del período Ordovícico aparecieron los primeros antecedentes de los **musgos**, o **briofitas**, plantas terrestres que habitan en lugares húmedos, con estructuras absorbentes muy sencillas llamadas **rizoides**.

Los musgos **carecen de verdaderos vasos de conducción**, sin embargo poseen células especializadas, los **hidroides**, que transportan agua, y preanuncian los vasos de conducción de las plantas vasculares.

Las briofitas tienen alternancia de generaciones, con una fase dominante que produce gametos, el **gametofito**, y otra fase que produce esporas, el **esporofito**, de menor tamaño.

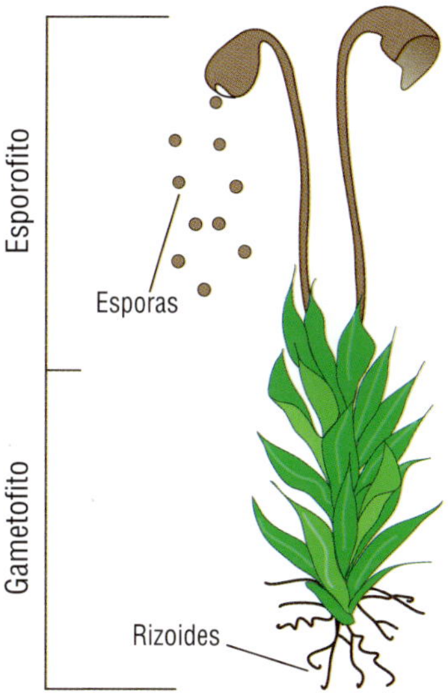

▲ Ilustración de gametofito y esporofito de un musgo.

La adquisición de vasos de conducción: las traqueofitas

Más tarde, en el Silúrico o tercer período de la era Paleozoica, hicieron su aparición las primeras **plantas vasculares** (**con verdaderos vasos de conducción**), o **traqueofitas**. La adquisición de tejido vascular que permitía el transporte de agua y nutrientes fue sin duda un paso fundamental en la conquista del medio aeroterrestre.

El cormo, otra gran adquisición evolutiva

El **cormo** está constituido por un **sistema radicular** (de raíces), y un **vástago aéreo** formado por **tallo** y **hojas**. El vástago es una estructura adaptada a la vida aérea, con una epidermis cubierta con una **cutícula**. Para regular la salida de agua y de gases tiene poros, denominados **estomas**, rodeados de células que se abren y cierran.

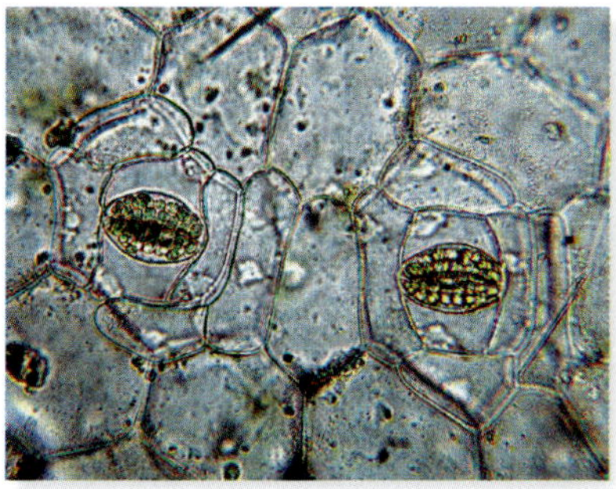

◀ Estomas vistos con microscopio óptico. Los estomas permiten evitar la pérdida de agua y regular la entrada y salida de gases.

Por dentro del vástago se encuentran los **vasos conductores** (xilema que transporta en forma ascendente la savia bruta, y floema, en forma descendente la savia elaborada).

La **raíz** es el órgano generalmente subterráneo, que se halla especializado en:

- Fijación de la planta al sustrato.
- Absorción de agua y sustancias disueltas (minerales).
- Transporte de agua y solutos hacia las partes aéreas.
- Almacenamiento o reserva.

Surgen las plantas sin semillas: los helechos

Dentro de las traqueofitas, hay que distinguir dos grandes grupos: las **plantas sin semillas**, o **pteridofitas**, y las **plantas con semillas**, o **espermatofitas**.

Dentro de las pteridofitas se encuentran los helechos, plantas sin semilla, con hojas compuestas, denominadas **frondes**, formadas por numerosos folíolos. El tallo es subterráneo y se denomina **rizoma**.

El ciclo de vida de los helechos se caracteriza por la alternancia de generaciones con **predominancia del esporofito**. El gametofito está reducido a un pequeño grupo de células. Los gametos masculinos necesitan la presencia de agua para llegar el gameto femenino, por eso los helechos crecen en lugares húmedos. El esporofito tiene estructuras que producen esporas, los **esporangios**.

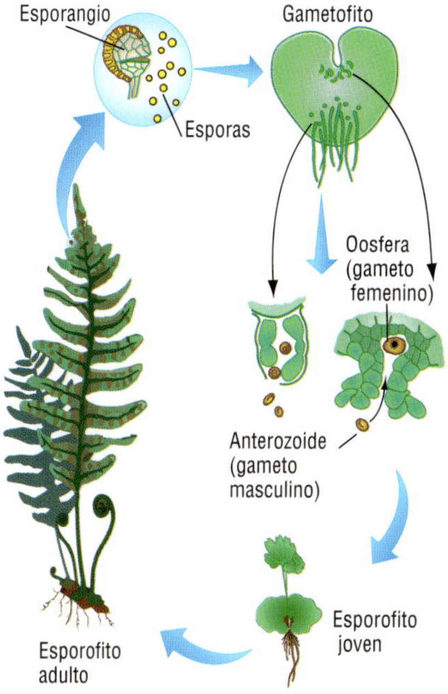

▲ Ciclo de vida de un helecho (pteridofita).

▲ Germinación de una semilla de pino.

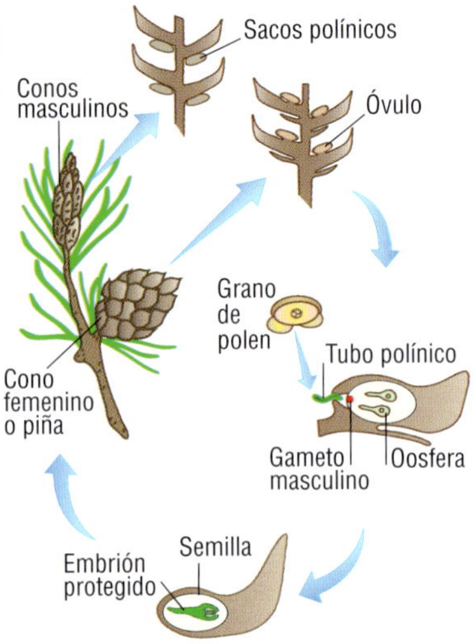

▲ Ciclo de vida de una conífera (gimnosperma).

9 Una nueva adquisición evolutiva: la semilla

A medida que las plantas colonizaron el medio aeroterrestre debieron mejorar sus capacidades reproductivas. El gametofito se fue reduciendo hasta hacerse completamente dependiente y quedar retenido en el cuerpo del esporofito.

Una adquisición evolutiva fundamental a este respecto fue la aparición de las semillas. La **semilla** es una estructura que protege el embrión y le permite mantenerse en reposo durante largos períodos. Esta y otras propiedades contribuyeron al predominio de las plantas con semilla sobre la Tierra a partir del Devónico, cuando aparecieron las primeras gimnospermas.

Surgen las gimnospermas

En conjunto, las gimnospermas son **plantas con semillas, sin flores verdaderas ni frutos**. Los óvulos no están protegidos dentro de un ovario, están ubicados en la parte superior de las **escamas**, hojas especializadas que forman estructuras reproductivas denominadas **conos**. Los conos femeninos, o **piñas**, que llevan las semillas, son mucho más grandes que los masculinos que llevan el polen. Los conos masculinos se encuentran en los extremos y los conos femeninos son laterales.

Las gimnospermas más abundantes son plantas leñosas que tienen hojas aciculares o escamiformes, como el pino y el ciprés. Los granos de polen son muy abundantes, con flotadores que favorecen su dispersión por el viento.

Adquisiciones evolutivas de las angiospermas

Las angiospermas son plantas con **flores verdaderas** y **semillas protegidas por un fruto**. Hay más de 270.000 especies, y esto indica que desde su aparición, a finales del Jurásico, tuvieron gran éxito por sus adquisiciones evolutivas, entre las que se cuentan las siguientes:

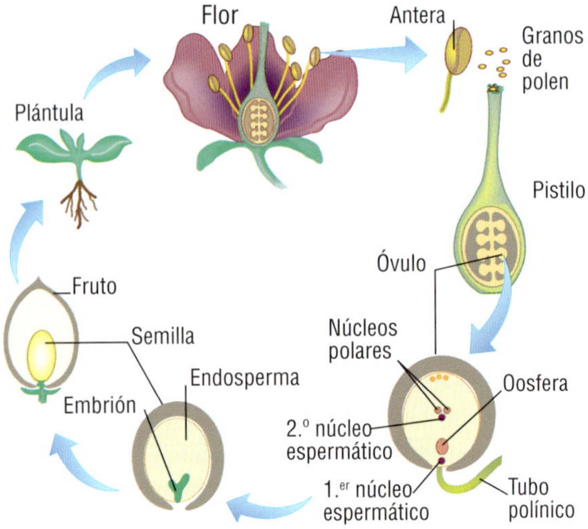

▲ Ciclo de vida de una angiosperma.

- Flores verdaderas, compuestas, por lo general, por cuatro series de piezas: cáliz, corola, androceo y gineceo.
- Protección de los óvulos en la cavidad del ovario.
- Formación del fruto por madurez del ovario, que protege a las semillas.
- Granos de polen para favorecer la dispersión por polinizadores.
- Gametofito masculino (el grano de polen) reducido a tres células.
- Gametofito femenino reducido al saco embrionario (un conjunto de 8 a 64 células).
- Doble fecundación: un gameto masculino fecunda la oosfera y se forma el cigoto; el otro se fusiona con dos núcleos polares, que se encuentran en el óvulo, y forma el endosperma, sustancia de reserva de la semilla.
- Árboles, arbustos y hierbas.

Las angiospermas se clasifican por detalles de sus estructuras reproductoras. La primera división indica el número de piezas (cotiledones) del embrión; además de diferenciarse por otras características. De esta manera quedan conformados dos grupos: **monocotiledóneas**, como el trigo, y **eudicotiledóneas**, como la rosa.

10 Las adquisiciones de los hongos verdaderos

Hasta no hace mucho tiempo se pensaba que los parientes más cercanos de las plantas eran los hongos. Sin embargo, datos provenientes de estudios moleculares parecen indicar que los parientes más cercanos de los hongos son los animales.

Los hongos verdaderos (Fungi) son organismos heterótrofos, no realizan fotosíntesis. Se caracterizan por tener filamentos multicelulares denominados **hifas**. El conjunto de hifas se denomina **micelio**. Las paredes celulares de las hifas están compuestas por **quitina**, una sustancia que no tienen las plantas y que aparece en algunos grupos de animales, como los artrópodos. Los hongos almacenan glucógeno y lípidos como sustancias de reserva, a diferencia de las plantas que almacenan almidón. Una característica importante del grupo es que producen **esporas**, células reproductivas asexuales que originan nuevos organismos sin fusionarse con otras células.

Las estructuras productoras de esporas son los **cuerpos fructíferos**. Los principales son los **ascocarpos** (de los Ascomicetes) y los **basidiocarpos** (de los Basidiomicetes, u hongos de sombrero).

La novedad más importante de los hongos son sus variados modos de nutrición y reproducción. En cuanto a la nutrición, algunos se alimentan degradando la materia orgánica (son descomponedores); otros se asocian a las raíces de las plantas o a algas en simbiosis (líquenes), y también están los hongos parásitos que forman un grupo muy importante.

Acerca de la reproducción, los hongos presentan diferentes ciclos de vida, algunos con dos generaciones (haploide y diploide) y otros reducidos a una sola generación. La fusión de los gametos puede ser entre gametos iguales o entre gametos desiguales.

▲ Cuerpo fructífero (estructura productora de esporas) de un hongo de sombrero (Basidiomicete) creciendo sobre un tronco. El cuerpo fructífero es la única parte visible del hongo; el resto del micelio, formado por hifas, se encuentra dentro de la madera.

▲ Los ascomicetes, como los de la fotografía, tienen estructuras complejas, los ascocarpos, que liberan las esporas en forma explosiva cuando están maduros.

11 Los metazoos, o animales: sus adquisiciones evolutivas

Los metazoos, además de la locomoción, que suele ser activa, y de otras características heredadas de los ancestros eucariotas, presentan las siguientes adquisiciones evolutivas:

- Un estadio embrionario, la blástula (o más frecuentemente también la gástrula, cuando se forma el blastoporo).
- Los gametos se forman por meiosis, no por esporas.
- Los gametos masculinos son espermatozoides y tienen una estructura característica.
- Los gametos masculinos y femeninos son diferentes (anisogamia).
- La mayoría de los metazoos son diploides y la única fase haploide es la de los gametos.
- Fibras de colágeno, un tipo de proteína que forma largos filamentos.

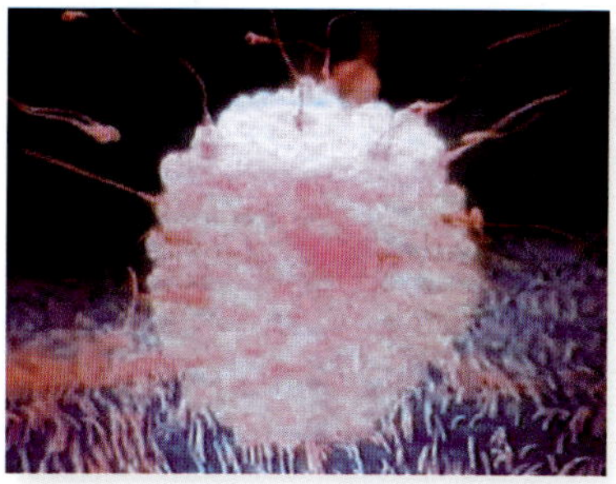

▲ Óvulo rodeado de espermatozoides visto en microscopio electrónico, coloreados en forma digital.

ACTIVIDADES

5. ¿Cómo se denomina la parte visible de un hongo de sombrero y cuál es su función?
6. ¿En qué se diferencian los hongos de las plantas?
7. Nombren una característica común entre los hongos y los animales.
8. ¿Cuál es el mecanismo por el cual se forman los gametos en los animales?
9. Expliquen con sus propias palabras qué significa que los metazoos son diploides y sus gametos haploides. Pueden consultar los capítulos 4 y 5.

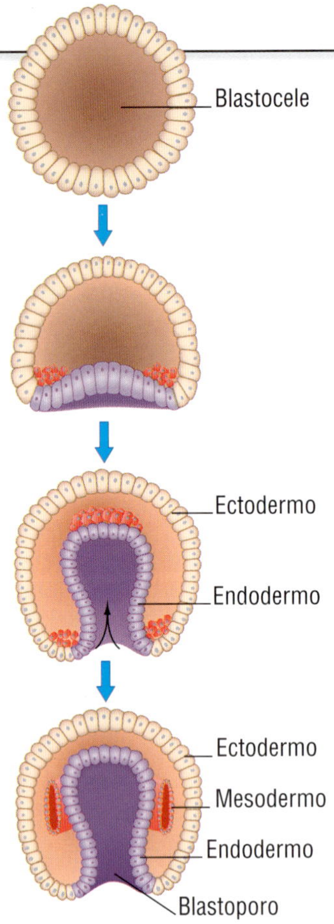

▲ Esquema del proceso de gastrulación. El embrión animal (la gástrula) tiene una polaridad caracterizada por la presencia de un blastoporo, o boca primitiva.

La gástrula, una adquisición clave

Durante el desarrollo embrionario de los animales, después de constituida la blástula, se produce un proceso denominado **gastrulación** que culmina con la formación de la **gástrula**, o **embrión animal característico**. Un embrión es un organismo en desarrollo que todavía carece de las características de los adultos. La gástrula surgió poco antes del Cámbrico, cuando aparecieron los cnidarios (pólipos y medusas). Pronto esto dio lugar a la generación de tres capas embrionarias, exclusivas de los **metazoos bilaterales** o **con simetría bilateral primaria**: el **ectodermo** (que originó el sistema nervioso y la epidermis); el **mesodermo** (que originó la musculatura, las gónadas y el sistema renal), y el **endodermo** (que originó el tubo digestivo y las glándulas anexas además del sistema respiratorio). Prácticamente la mayoría de los metazoos (salvo las esponjas, los cnidarios y algunos grupos menores) poseen un plan de organización derivado de estas tres capas embrionarias, además de un eje organizado alrededor del tubo digestivo (**eje oral-aboral**).

El desarrollo del embrión, o gástrula, en los animales puede ser indirecto, mediante **larvas**, o directo. En el primer caso, los organismos experimentarán **metamorfosis**, ya que las larvas serán muy diferentes de los adultos, aunque algunas se alimentan y otras gastan su propia sustancia nutritiva, o vitelo.

El tipo de simetría

Un primer grupo de metazoos, llamado **basales**, incluye desde animales **sin simetría**, como las esponjas, hasta animales **con simetría radial primaria** (presente desde las primeras fases del desarrollo), como anémonas, corales y medusas.

Los restantes grupos de metazoos forman parte de los **metazoos bilaterales**, caracterizados, como hemos visto, por la **simetría bilateral primaria** y tres capas embrionarias (ectodermo, mesodermo y endodermo). Es el caso de la mayoría de los metazoos, como los vertebrados, donde se reconoce un único plano de simetría, el plano sagital, que divide el cuerpo en dos mitades especulares, una derecha y otra izquierda. Pero un grupo de bilaterales, los equinodermos, desarrollan, secundariamente en el adulto, simetría pentarradial (cinco planos de simetría) como sucede en las estrellas y los erizos de mar.

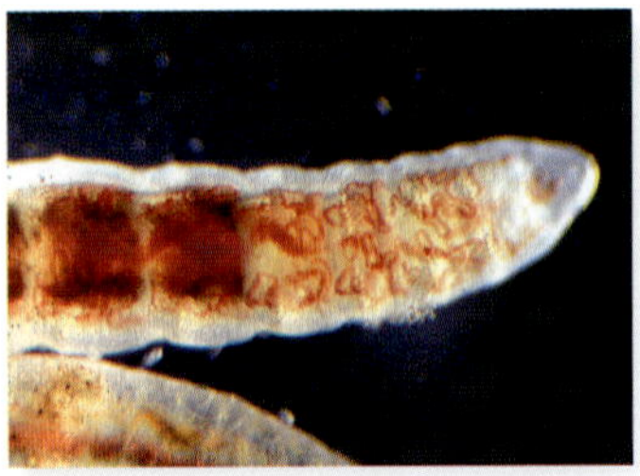

▲ Extremo de una lombriz de agua en el que se puede apreciar la segmentación del cuerpo.

Cavidades corporales y segmentación del cuerpo

A lo largo de la evolución se observa la transición entre la **ausencia de cavidades corporales**, como en los gusanos planos, y la **presencia de celomas**, o cavidades secundarias, como en la lombriz de tierra.

En los moluscos, como los caracoles y los calamares, el celoma se reduce y se forma una cavidad especial, el hemocele, que tiene función circulatoria. A su vez, hay otra tendencia de los animales bilaterales a la **segmentación del cuerpo**, o **metamerización**.

En las lombrices, la división del cuerpo en segmentos más o menos iguales es fácilmente visible. En otros animales bilaterales se han fusionado varios segmentos del cuerpo para constituir regiones diferenciadas, como la cabeza, el tórax y el abdomen de los insectos, y el cefalotórax y abdomen de los crustáceos.

◀ En los artrópodos los segmentos del cuerpo están agrupados en regiones, como la cabeza, el tórax y el abdomen.

El origen de la boca y del ano

Según el origen embrionario de la boca, los animales bilaterales se diferencian en dos grandes grupos:

- **Protostomados**, el blastoporo del embrión da origen a la boca del adulto.
  Se subdividen, a su vez, en dos grupos:
  - el primer grupo reúne animales con una corona de tentáculos alrededor de la boca, el **lofóforo**, y una larva característica, la **trocófora**, que posee bandas de cilias y un penacho. Los **anélidos**, como las lombrices de tierra, y los **moluscos**, como los caracoles, los calamares y los pulpos pertenecen a este grupo.
  - el segundo grupo se caracteriza porque sus integrantes experimentan **muda**, o **ecdisis**, carecen de cilias y **tienen un esqueleto externo** que los protege. Dentro de este grupo se encuentran los **artrópodos**, con un esqueleto externo articulado.
- **Deuterostomados**, el blastoporo del embrión da origen al ano del adulto. Estos organismos muestran una tendencia a la segmentación del cuerpo y a la formación de endoesqueletos (como en los equinodermos y vertebrados). Incluye dos grandes conjuntos, el de los **equinodermos** y **hemicordados**, y el de los **cordados**, que se caracterizan por la presencia de notocorda, una varilla protectora.

▲ El caracol es un molusco protostomado, el blastoporo da origen a la boca del adulto.

Surgen los cordados

Dentro de los deuterostomados, el grupo principal, el de los **cordados**, presenta las siguientes adquisiciones evolutivas:

- **Hendiduras faríngeas** o **hendiduras branquiales**. Las hendiduras aparecen temprano en el desarrollo embrionario y pueden persistir en el estado adulto (como en los tiburones, que las utilizan para la función respiratoria), o pueden desaparecer antes del nacimiento o eclosión (como en los animales terrestres).
- **Notocorda**. Es una varilla dorsal constituida por una pared de fibras de tejido firme pero flexible que se extiende formando un eje a lo largo del cuerpo. Está presente en algún estadio del ciclo vital.

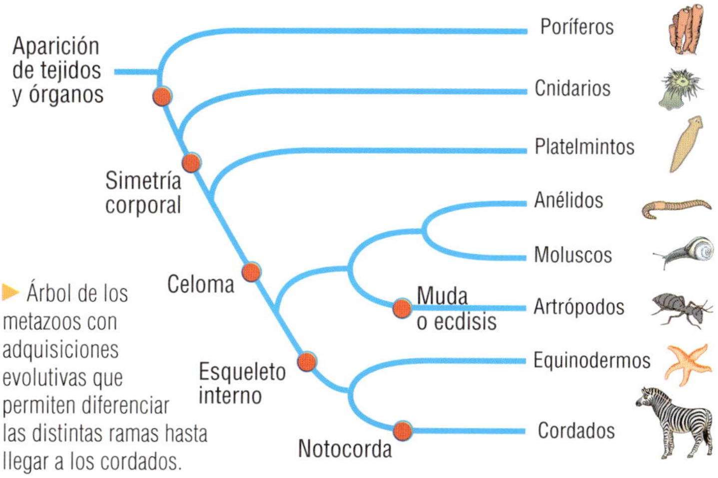

▶ Árbol de los metazoos con adquisiciones evolutivas que permiten diferenciar las distintas ramas hasta llegar a los cordados.

Una nueva adquisición evolutiva: el cráneo

Dentro de los cordados, el grupo principal son los **craneados**. Presentan una estructura protectora, el **cráneo**, que rodea y protege el **encéfalo**, formado por varios órganos, entre ellos, el **cerebro**. Inicialmente, el cráneo es fibroso y cartilaginoso, y posteriormente óseo.

Aparición de la columna vertebral

Dentro de los craneados, los **vertebrados** poseen un esqueleto constituido por cartílago o hueso, que les otorga sostén y movilidad. Presentan una columna vertebral, en reemplazo de la notocorda como elemento de sostén, formada por **vértebras** que rodean la médula espinal.

Tienen dos pares de apéndices vinculados con la columna vertebral que les aseguran una locomoción más rápida. El sistema circulatorio bien desarrollado permite llevar oxígeno a todo el organismo.

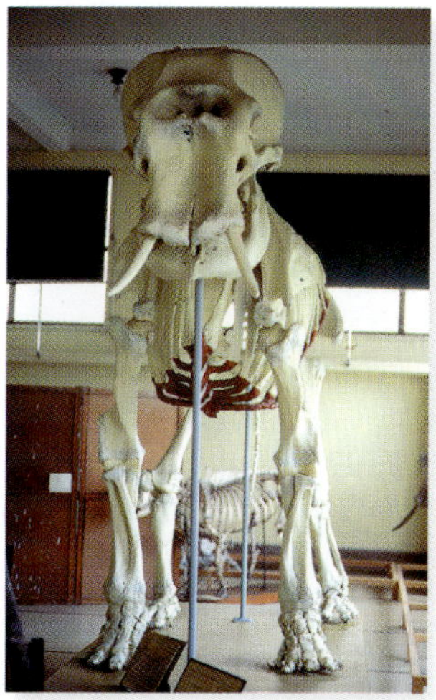

▲ Esqueleto de elefante de la India. El gran cráneo protege el encéfalo.

◄ Cabeza de lamprea, un vertebrado sin mandíbula.

Surgen las mandíbulas

Los vertebrados ancestrales **carecían de mandíbulas**, se alimentaban filtrando el barro del fondo y los sedimentos en busca de microorganismos. Estos animales dieron origen a los peces sin mandíbulas, actualmente representados por la lamprea, que utiliza su boca para aferrarse a otros peces y alimentarse de la carne y de la sangre.

Un linaje de estos peces fue desarrollando mandíbulas a partir de la modificación de algunos arcos branquiales (arcos del esqueleto que sostienen las branquias).

La aparición de mandíbulas amplió el tipo de alimentación. Los peces con mandíbulas y dientes podían comer a otros animales y masticar la carne.

Una primera división de los vertebrados permite diferenciarlos en **agnatos**, sin mandíbulas, como las lampreas, y **gnatostomados**, con mandíbulas.

▲ Los peces de aletas lobuladas surgieron en el Devónico y abundaron hasta hace 25 millones de años. En 1938, unos pescadores capturaron un pez lobulado que se creía extinto, *Latimeria chalumnae*. Y en años posteriores se capturaron varios ejemplares más de esta especie.

Peces con cartílagos o con huesos

Durante el período Devónico abundaron peces con dos tipos de esqueleto: unos de hueso y otros de cartílago.

En la actualidad existen peces cartilaginosos, como los tiburones y las rayas, y peces óseos, como la corvina y el besugo.

La transición al medio terrestre

Entre los descendientes de dos grupos de peces óseos, los peces con **aletas lobuladas** y los peces **pulmonados**, surgió una característica evolutiva fundamental para la conquista del medio terrestre, la adquisición de **aletas articuladas**. Algunos descendientes de estos peces con aletas articuladas dieron origen a los **tetrápodos**, vertebrados con mandíbulas que colonizaron el medio aeroterrestre, actualmente representados por los anfibios, los reptiles, las aves y los mamíferos.

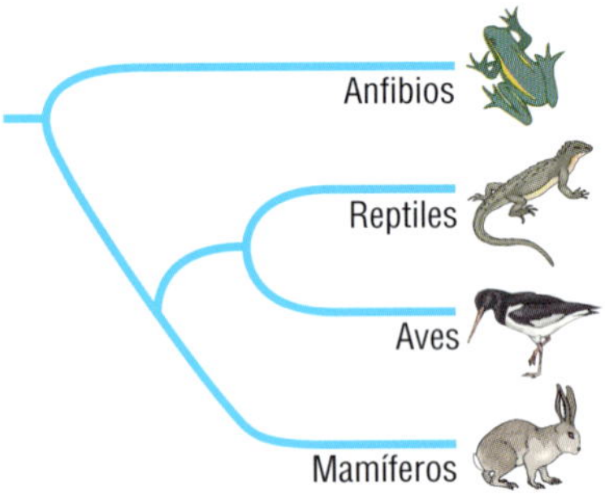

▲ Árbol de los tetrápodos.

Los anfibios, entre el agua y la tierra

Si bien los anfibios, como las ranas y los sapos (anuros), están adaptados al medio terrestre, su forma de vida continúa vinculada al medio acuático. Las ranas precisan agua para reproducirse. Su piel es fina, con glándulas, y necesita permanecer húmeda para poder respirar a través de ella. De este modo complementan la respiración pulmonar. El ciclo de vida de la mayoría de los anfibios tiene una etapa que se desarrolla en el agua y una etapa que continúa en el medio terrestre.

El huevo amniota, una nueva adquisición evolutiva

Además de los anfibios, hay un conjunto de grupos que pertenecen a los tetrápodos, denominados amniotas, que comparten un rasgo común: la presencia de huevo **amniota**. Esta nueva adquisición permitió la conquista completa del ambiente aeroterrestre.

El huevo amniota se caracteriza por tener tres membranas extraembrionarias: **amnios**, **corion** y **alantoides**. El amnios y el corion rodean el embrión y crean una cavidad llena de fluido donde este se desarrolla. El alantoides se aplica fuertemente contra el corion, permitiendo el intercambio de gases, y almacena desechos metabólicos.

El huevo amniota junto con el pene para la fertilización interna, la pérdida de estadios larvarios en su ciclo de vida y la capacidad para enterrar los huevos permitieron a los amniotas escapar de los límites que confinaban a sus ancestros tetrápodos al medio líquido.

▲ Algunos anfibios, como el axolote, no completan la metamorfosis y viven toda su vida en el agua en estadio larvario.

Los amniotas

Los amniotas comprenden a los típicos **reptiles** (como serpientes, cocodrilos y tortugas), a las **aves**, descendientes de los dinosaurios, y a los **mamíferos**.

Si bien en la actualidad se considera que los reptiles no son un grupo monofilético porque no incluye a las aves, de los que se separaron hace relativamente poco tiempo, podemos mencionar algunas características evolutivas de los **reptiles típicos** que les permitieron una mejor adaptación al ambiente terrestre:

- piel cubierta de escamas córneas que reducen la pérdida de agua;
- respiración por medio de pulmones, proporcionalmente más grandes que los pulmones de los anfibios;
- corazón dividido en cámaras.

▲ Los reptiles, como el yacaré negro de la fotografía, al igual que las aves, pertenecen al clado de los saurópsidos.

La adquisición del vuelo

Durante el Mesozoico, un grupo de dinosaurios dio origen a las aves. El *Archaeopteryx*, fósil que vivió hace 15 millones de años, tenía el cuerpo cubierto de plumas, similares a las de las aves actuales, mientras que las aves actuales tienen escamas en sus patas que recuerdan a sus ancestros reptiles. Un conjunto de modificaciones permitieron el vuelo, como la transformación de los miembros anteriores en alas; el ahuecamiento de los huesos del esqueleto, haciéndolo más liviano; el gran desarrollo del esternón o quilla para permitir la inserción de los músculos de las alas. Además, las plumas no solo hacen posible el vuelo, también permiten la aislación térmica.

▲ Son varias las adquisiciones evolutivas que permitieron el vuelo de las aves.

Aparecen los pelos y las glándulas mamarias

Los primeros mamíferos aparecieron a comienzos de la era Mesozoica. Eran pequeños, y convivieron con los dinosaurios alrededor de 150 millones de años. Después de la desaparición masiva de los dinosaurios a fines del Mesozoico, los mamíferos aumentaron en número y se diversificaron, muchos crecieron en tamaño.

Entre las adquisiciones evolutivas más importantes de los **mamíferos** destacan:

- Cubierta de pelos.
- Presencia de glándulas mamarias que producen leche para alimentar a las crías.
- Alta temperatura corporal que se mantiene constante: homeotermia.
- Articulación de la mandíbula inferior con la mandíbula superior.
- Tendencia a la heterodoncia (dientes diferentes en distintas regiones de la boca).

Una primera división de los mamíferos permite diferenciar tres grandes grupos:

- **Monotremas:** son ovíparos, ponen un huevo grande y sin cáscara; alimentan a su cría después del nacimiento. Ejemplo: los ornitorrincos y los equidnas.
- **Marsupiales:** son vivíparos, pero las crías nacen en una etapa muy inmadura, completan su desarrollo dentro de una bolsa especial que tiene la madre, el marsupio. Ejemplo, los canguros y las comadrejas.
- **Placentarios o euterios:** son vivíparos y el desarrollo completo se realiza en el útero con la placenta. Ejemplo, la gran mayoría de los mamíferos actuales.

▲ Los primates son mamíferos placentarios con visión estereoscópica, desarrollo de los hemisferios cerebrales y pulgar oponible.

12 Hacia la pluricelularidad y la formación de tejidos, órganos y sistemas

En varios grupos de eucariotas apareció la pluricelularidad: notablemente en las algas verdes y rojas, así como en las plantas; las algas pardas y amarillas; los falsos hongos, u oomicetes; los mohos gelatinosos; los hongos verdaderos y los metazoos, o animales pluricelulares.

La posibilidad de unión entre células resultó básica para iniciar la pluricelularidad. Esto pudo haber ocurrido en el planeta Tierra hace alrededor de 1.500 m.a., cuando aparecieron las primeras algas verdes y rojas pluricelulares. Luego, 1.000 m.a. atrás, surgieron los primeros metazoos (poríferos), formando **cenobios**, o **colonias complejas**.

▲ Las esponjas son cenobios, colonias celulares complejas.

La aparición de **tejidos**, con conjuntos de células especializados en diferentes funciones, pudo haberse producido después de los 700 m.a., con los cnidarios (pólipos y medusas). Esta misma estructura tisular es la que se presenta en los **musgos** (**briofitas**), organismos que surgieron en el Ordovícico, hace alrededor de 470 m.a.

En cuanto a los tejidos animales, se hallan caracterizados por la presencia de series de células que cumplen funciones determinadas. Por ejemplo, los cnidarios poseen células especializadas, como los **cnidoblastos** (con aguijones venenosos para capturar las presas) y diversos tejidos como el epidérmico y el gastrovascular.

▲ La anémona de mar es un cnidario. Los cnidarios tienen un nivel de organización tisular.

La aparición de **órganos**, estructuras formadas por varios tejidos que cumplen funciones mayores, como el estómago, pudo haber tenido lugar hacia el final del eón Proterozoico, hace 680 m.a., como en los **platelmintos** o gusanos planos actuales. También se supone que las plantas vasculares (traqueofitas) poseen órganos, y su origen se remontaría a 440 m.a. atrás.

Finalmente, los órganos especializados y reunidos en **sistemas orgánicos** se asocian al comienzo del Cámbrico, hace 543 m.a., junto con la aparición de esqueletos y caparazones en los metazoos.

13 Hitos evolutivos

En las diferentes eras geológicas se pueden hallar hitos clave que representaron la aparición de un nuevo grupo de organismos, por ejemplo, los primeros organismos eucariotas, hace 2.000 m.a.; los primeros organismos eucariotas pluricelulares, hace 1.500 m.a.; la **gástrula** o embrión animal, hace 680 m.a.; las **vértebras**, hace 530 m.a.; el **huevo amniótico**, hace 340 m.a., y la **placenta**, hace 110 m.a., entre otros que resumiremos en los siguientes cuadros.

Hitos evolutivos de las bacterias y las arqueas

1. Origen de las células (LUCA). 3800 m.a.
2. Desarrollo de un metabolismo especializado y de la respiración anaerobia (sin oxígeno), **bacterias**.
3. Transformación del dióxido de carbono en metano. 3.300 m.a., **primeras arqueas**.
4. Origen de la utilización de sustratos orgánicos y primera compartimentalización celular. Hace 3.200 m.a., **algunas bacterias**.
5. Desarrollo de la respiración aerobia. Hace 3.000 m.a., **algunas bacterias**.
6. Primera fotosíntesis aerobia. Formación de oxígeno en grandes cantidades como producto de la fotosíntesis. Fijación de nitrógeno inorgánico. Hace 2.800 m.a., **cianobacterias**.

Hitos evolutivos eucariotas

Durante el desarrollo del eón Proterozoico (que comienza hace 2.500 m.a.), gradualmente se van a producir los eslabones necesarios para el surgimiento y desarrollo de las células eucariotas. Los primeros eucariotas se remontan probablemente a 2.000 m.a. Con estos organismos aparecieron indicios de mitosis y meiosis, dos mecanismos de división celular de los eucariotas.

1. Fusión celular de una arquea y una bacteria. Formación del sistema de endomembranas y citoesqueleto. Hace 2.200 m.a.
2. Origen de la fagocitosis, las mitocondrias (por endosimbiosis de proteobacterias), la mitosis, la meiosis y la sexualidad. Hace 2.000 m.a., **primeros eucariotas unicelulares heterótrofos**.
3. Origen de la fotosíntesis eucariota por endosimbiosis primaria de cianobacterias. Aparición de los cloroplastos. Hace 1.500 m.a., **primeras algas eucariotas unicelulares verdes y rojas**.
4. Origen de otros grupos de algas por endosimbiosis secundaria de algas verdes o rojas. Hace 1.300 m.a., **dinoflagelados y algas doradas**.
5. Formación de cuerpos vegetativos ramificados en micelios. Hace 1.100 m.a., **primeros hongos**.
6. Formación de colonias simples y colonias complejas. Hace 1.000 m.a., **poríferos o esponjas**, **primeros metazoos**.
7. Origen de la blástula y de los epitelios. Aproximadamente hace 800 m.a., **ctenóforos** (**peines de mar**).
8. Formación de la **gástrula**, de los tejidos verdaderos, tentáculos, macrofagia (alimentación predadora) y cavidad gastrovascular. 650 m.a., **cnidarios** (**pólipos y medusas**).
9. Formación de primeras cavidades secundarias (celomas). Simetría bilateral primaria. Formación de primeros esqueletos y caparazones. Formación de gónadas u órganos productores de gametos. Locomoción activa. Hace 570 m.a., pero la radiación de los animales ocurrirá recién en el Cámbrico, hace 543 m.a., **animales bilaterales**.
10. Formación de los primeros endoesqueletos y desarrollo de la musculatura estriada. Formación de los primeros apéndices locomotores. Cámbrico medio; **euartrópodos**, **vertebrados**.
11. Formación de los primeros **arquegonios** (órganos productores de gametos femeninos) y de **anteridios** (órganos productores de gametos masculinos) en las plantas. Cámbrico superior; **algas verdes emparentadas con las plantas terrestres**.
12. Formación de la plántula o embrión vegetal. Ordovícico; **briofitas** (**musgos**).
13. Formación de órganos formadores de esporas o cuerpos fructíferos (ascocarpos, basidiocarpos). Ordovícico; **hongos verdaderos** (**ascomicetes**, **basidiomicetes**).
14. Células especializadas para el transporte de agua, los **hidroides**. Ordovícico; **musgos**.
15. División del cuerpo de la planta en sistema radical y aéreo (vástago) que constituyen el cormo. Tejidos vasculares verdaderos (xilema y floema). Silúrico; **primeras plantas vasculares**.
16. Semillas y granos de polen. Devónico superior; **coníferas**.
17. Semillas en ovario y frutos; **angiospermas**.

▲ Ctenóforo o "peine de mar".

▲ Dinoflagelado.

▲ Los cangrejos son artrópodos. Tienen esqueleto externo articulado y cada cierto tiempo experimentan muda o ecdisis.

▲ La estrella de mar es un animal deuterostomado que pertenece al grupo de los equinodermos. A diferencia de los cordados, las estrellas de mar no tienen notocorda.

10. ¿Qué ventajas pudieron producir las flores y las semillas para la evolución de las plantas?

11. Si tuvieran que elegir, ¿cuál es la característica principal que diferencia un pino de un rosal?

12. Nombren las adquisiciones evolutivas de los organismos procariotas (bacterias y arqueas).
   a. ¿Cuáles de estos organismos lograron producir metano?
   b. ¿Cuáles desarrollaron la fotosíntesis?

▲ Detalle de tres óvulos dentro del ovario de una flor.

13. ¿Qué organelas de eucariotas derivan de las bacterias?

14. ¿En qué se transforma el ovario de la flor después de la fecundación?

15. ¿Qué importancia pudo tener la aparición de cavidades secundarias, de esqueletos y caparazones para la movilidad de los metazoos?

16. ¿Qué características elegirían para separar una rana de un escarabajo?

17. Expliquen la diferencia entre simetría radial primaria y simetría radial secundaria.

18. ¿Cuántas capas embrionarias tienen los animales bilaterales?

19. Identifiquen los principales tejidos que derivan de las tres capas embrionarias en los bilaterales.

20. Nombren al menos una característica que les haya permitido a los animales capturar presas de mayor tamaño.

21. Supongan que son paleontólogos y durante una expedición encuentran fósiles de células que mediante diversos estudios se determina que tienen 3.000 millones de años de antigüedad.
   a. ¿A qué tipo de célula, procariota o eucariota, pertenecerán estos fósiles?
   b. Algunas células fósiles tienen 1.000 millones de años de antigüedad y mantuvieron preservadas las estructuras internas, ¿cómo harían para saber si se trata de células procariotas o eucariotas?
   c. Si encontraran fósiles de plantas, ¿qué estructuras buscarían para determinar si se trata de gimnospermas o angiospermas?
   d. Otro hallazgo de huesos fósiles de animales de 500 millones de años de antigüedad afirma que pertenecen a mamíferos, ¿estarían de acuerdo con la afirmación?

22. Coloquen V (verdadero) o F (falso) según corresponda:
   a. La mitosis es una característica exclusiva de los eucariotas. ☐
   b. Los mamíferos monotremas son ovíparos. ☐
   c. Los huesos huecos son característicos de las aves. ☐
   d. Los tetrápodos son vertebrados con mandíbulas que colonizaron el medio aeroterrestre. ☐
   e. Actualmente los tetrápodos están representados por peces, anfibios, reptiles, aves y mamíferos. ☐

23. ¿Cuáles son las principales diferencias entre los siguientes pares de términos?
   a. protostomados/deuterostomados
   b. simetría bilateral/simetría radial
   c. blástula/gástrula
   d. gimnospermas/angiospermas
   e. hongos/animales

24. Observación de semillas de angiosperma.

La germinación es el proceso por el cual una planta crece y se desarrolla a partir de una semilla.

La semilla está compuesta por una cubierta externa, llamada tegumento, el embrión, que es la plántula que se desarrollará y convertirá en planta adulta, y el endosperma, la sustancia de reserva que nutre al embrión.

a. Tomen una semilla de poroto. Con cuidado, hagan un corte superficial sobre el tegumento o "piel" de la semilla.
b. Retiren todo el tegumento.
c. Observarán que la semilla está compuesta por dos mitades, con cuidado, sepárenlas.
d. Con ayuda de una lupa, identifiquen el embrión y el endosperma.
e. Hagan un dibujo de lo observado y coloquen los nombres de cada una de las estructuras.

▲ Semilla de poroto donde se puede observar la plántula en su parte inferior.

Autoevaluación

1. **Las siguientes adquisiciones evolutivas son comunes a todos los organismos celulares:**
   - **a.** organización celular, ribosomas, cloroplastos. ☐
   - **b.** código genético universal, membrana plasmática, núcleo celular. ☐
   - **c.** membrana plasmática, material genético, ribosomas. ☐

2. **El siguiente hito evolutivo se produjo en el eón Arqueano:**
   - **a.** aparecen las células. ☐
   - **b.** aparece la columna vertebral. ☐
   - **c.** aparecen los primeros esqueletos internos. ☐

3. **La organización multicelular en filamentos denominados hifas corresponde a:**
   - **a.** musgos ☐
   - **b.** hongos. ☐
   - **c.** poríferos. ☐

4. **El blastoporo de la gástrula no deriva en la boca del adulto, en:**
   - **a.** lombrices de tierra, caracoles, pulpo. ☐
   - **b.** insectos, arañas, langostinos y cangrejos. ☐
   - **c.** aves, reptiles, mamíferos. ☐

5. **La adquisición evolutiva característica de las traqueofitas es:**
   - **a.** la presencia de vasos de conducción. ☐
   - **b.** la reproducción asexual. ☐
   - **c.** la presencia de células para el transporte del agua, llamadas hidroides. ☐

6. **Los helechos son traqueofitas sin semillas, la adquisición evolutiva de las semillas es característica de:**
   - **a.** los hongos verdaderos. ☐
   - **b.** las algas verdes. ☐
   - **c.** las embriofitas. ☐

7. **Las siguientes características corresponden a las coníferas:**
   - **a.** plantas sin verdaderas flores, semillas no protegidas dentro del ovario y del fruto. ☐
   - **b.** plantas con óvulos dentro del ovario, que luego de la fecundación se transforman en el fruto que protege las semillas. ☐
   - **c.** plantas sin verdaderos tejidos de conducción. ☐

8. **Varilla dorsal constituida por una pared de fibras de tejido firme pero flexible que se extiende formando un eje a lo largo del cuerpo característica de los cordados:**
   - **a.** columna vertebral. ☐
   - **b.** notocorda. ☐
   - **c.** cuerdas vocales. ☐

9. **El huevo amniota se caracteriza por:**
   - **a.** tener tres membranas extraembrionarias: amnios, corion y alantoides. ☐
   - **b.** carecer de cáscara y poder desarrollarse solo en ambientes acuáticos. ☐
   - **c.** ser una adquisición evolutiva típica de los anfibios. ☐

10. **Los mamíferos se destacan por las siguientes adquisiciones evolutivas:**
    - **a.** pelos, glándulas mamarias, homeotermia, heterodoncia. ☐
    - **b.** pelos, glándulas mamarias, temperatura corporal variable según la temperatura externa. ☐
    - **c.** glándulas mamarias, esqueleto interno con huesos, dos capas embrionarias. ☐

12 Importancia de la preservación de la biodiversidad

◀ Cada especie cumple un papel fundamental en el ecosistema natural. Su desaparición implica, muchas veces, la desaparición de otras especies.

▲ La Argentina posee gran diversidad de aves. Aproximadamente una de cada diez especies de aves existentes en el planeta vive en nuestro territorio.

▲ Proteger la biodiversidad es importante, no solo para mantener nuestros recursos preservados para las generaciones futuras, sino por los beneficios que los recursos naturales nos aportan, como el placer de disfrutar de las bellezas naturales.

La biodiversidad es resultado de la evolución. Este proceso que ha llevado millones de años es el responsable del conjunto de los seres vivos que habitan el planeta. Cada especie posee una importancia fundamental para la vida en general; y si se pierde, ya no podrá ser recuperada. La humanidad toda depende de la preservación de la biodiversidad del planeta. Sin embargo, no siempre es apreciada en su verdadera dimensión. Se calcula que por cada especie que vive hoy existieron más de 100 en el pasado. Algunos científicos sostienen que la pérdida de especies significativas, como los tiburones, podría alterar la vida entera del planeta, ya que los tiburones son los grandes "limpiadores" de los mares. Lo mismo podría ocurrir con la desaparición de insectos polinizadores, como las abejas, imprescindibles para la reproducción de las plantas. En la actualidad, la tasa de extinción es tan alta que algunos científicos la calculan en cantidad de especies, subespecies, formas de vida o poblaciones que desaparecen... ¡por día! Valorar y conservar la biodiversidad no solo es clave para cuidar el mundo en que vivimos, también nos permite cuidar el suministro de materias primas y riquezas naturales que utilizan las personas para mejorar sus condiciones de vida.

ACTIVIDADES

1. Investiguen y busquen ejemplos de cómo la extinción de una especie puede afectar la existencia de otras.
2. Entre todos, compartan ideas y opiniones sobre cómo imaginan que el aumento de la temperatura del planeta podría afectar la biodiversidad y la vida de las personas.

Los valores de la biodiversidad

La biodiversidad tiene valores económicos, ecológicos e intangibles.

- Los **valores económicos** están relacionados con la biodiversidad como proveedora de materias primas, tales como alimentos, combustible, fibra, agua potable, medicinas y materiales para la construcción. Muchas actividades humanas obtienen beneficios económicos de las materias primas naturales, por ejemplo, la agricultura, la industria alimentaria, la farmacéutica, la petroquímica, etc. Además, la utilización de los productos de la naturaleza genera empleos y sustenta la economía de muchos países. Actividades como la agricultura, la pesca, el turismo y la forestación son responsables de más de la mitad de los empleos en los países en vías de desarrollo.
- Los **valores ecológicos** de la biodiversidad se conectan con las funciones ecológicas o servicios naturales que dependen, en muchos casos, de las estructuras de los ecosistemas, de la existencia de diferentes hábitat así como de la variedad de especies. Algunos ejemplos de funciones ecológicas relacionados con la biodiversidad son la purificación del aire y del agua, la descomposición de residuos, la estabilización y regulación del clima de la Tierra, la moderación de inundaciones, sequías, temperaturas y fuerza de los vientos; también la generación y renovación de la fertilidad del suelo, el reciclado de los nutrientes, la polinización de las plantas, el control de plagas y enfermedades, el mantenimiento de los recursos genéticos como aportes clave para la variedad de los cultivos y las razas de ganado, medicamentos y otros productos.
- Los **valores intangibles** son aquellos que no pueden ser cuantificados en términos materiales, pero constituyen parte de los valores que la biodiversidad ofrece a los seres humanos. Estos pueden ser valores éticos, relacionados con el aprecio hacia los seres vivos y el deseo de legar a las generaciones futuras la posibilidad de disfrutar de la naturaleza; valores estéticos, asociados a la belleza del ambiente donde viven los seres humanos; valores culturales, vinculados con la relación entre la cultura humana y la naturaleza; valores recreativos, conectados con la importancia que la vida silvestre y los paisajes naturales tienen para las personas que buscan descanso y recreación, y valores educativos y científicos, destinados a brindar oportunidades de investigación y estudio para el desarrollo de la biotecnología y la ingeniería genética.

En la actualidad se reconoce ampliamente que la conservación de la biodiversidad es un aspecto fundamental del desarrollo económico, la estabilidad y el crecimiento de un país. Reducir la biodiversidad de un ecosistema compromete los beneficios que esta provee a los seres humanos y a las generaciones futuras. La reducción de la biodiversidad de un ecosistema disminuye la capacidad del ecosistema de reaccionar ante un cambio.

▲ Redes cargadas con pescado en un barco pesquero. La pesca es uno de los valores económicos relacionados con la biodiversidad.

▲ Selva nublada o yungas. Los ecosistemas naturales moderan las sequías, las inundaciones y las temperaturas; además contribuyen a la generación de suelo fértil y al reciclado de los nutrientes, entre muchas otras funciones relacionadas con los valores ecológicos de la biodiversidad. Los beneficios generados por los ambientes naturales a los seres humanos se denominan "servicios de los ecosistemas".

▲ Ciervo de los pantanos y carpincho en los Esteros del Iberá. El aprecio por los seres vivos y los lugares naturales forman parte de los valores intangibles de la biodiversidad.

ACTIVIDADES

3. ¿Por qué se considera a la biodiversidad como un recurso?
4. Identifiquen cuáles son los valores de la biodiversidad y expliquen en qué consiste cada uno de ellos.

2 La biodiversidad como consecuencia de la evolución

La expresión más visible del proceso evolutivo es la biodiversidad. La inmensa variedad de organismos vivos son el resultado de la selección natural y las adaptaciones de las distintas formas de vida a los ambientes heterogéneos y siempre cambiantes. Durante el proceso evolutivo, no solo la vida cambia y se modifica, el ambiente no vivo también es modificado. Vida y ambiente no vivo evolucionan en un mismo proceso único e inseparable. Seguramente habrán oído decir que nuestro país es muy rico en biodiversidad, y es verdad. Entre las principales causas de esta gran biodiversidad se encuentran la gran variedad de climas, una enorme extensión y una variada geografía. Esto posibilita la existencia de muchos ambientes diferentes.

▲ El pato de los torrentes adquirió la capacidad de buscar alimento buceando contra la corriente en las aguas rápidas de los ríos de montaña.

A lo largo del tiempo, en cada uno de estos ambientes tan distintos han actuado los mecanismos evolutivos. Los organismos y el ambiente se fueron moldeando y en este proceso surgieron distintas adaptaciones. Veamos un ejemplo: los patos que vivían en las montañas fueron adquiriendo adaptaciones que les permitieron aprovechar los recursos del agua de los torrentes de deshielo, como el pato de los torrentes, *Merganetta armata*. En cambio, los patos que vivían en la selva debieron adaptarse a un tipo de río diferente, y dieron origen a otra forma muy distinta: el pato serrucho, *Mergus octosetaceus*, que vivió en Misiones y en la actualidad se encuentra prácticamente extinguido en nuestro país. Entre estas dos especies, que viven en ambientes que podríamos ubicar en extremos opuestos, se encuentran otras que pertenecen a ambientes de llanura, que habitan ecosistemas con cuerpos de agua favorables para el desarrollo de la vida de estas aves.

Puntos calientes
Los científicos denominan punto caliente, o hotspot, a una región biogeográfica con una alta biodiversidad amenazada. Por convención, para que una región sea considerada "punto caliente" debe tener más de 1.500 especies vegetales endémicas y haber sufrido una pérdida de área original de más del 70%. Se considera que actualmente hay más de 30 puntos calientes en todo el planeta.

3 La pérdida de biodiversidad

Hemos visto que como consecuencia del proceso evolutivo surgen nuevas especies. Aun hoy se siguen descubriendo especies de animales y de plantas. En contraparte, también se produce de forma espontánea la extinción de especies, ya sea por cambios climáticos, incendios, erupciones volcánicas y otros fenómenos naturales que pueden traer aparejada la extinción de especies de una zona determinada. A muchas de ellas, los seres humanos ni siquiera las han conocido. Ambos procesos ocurren naturalmente. Sin embargo, durante los últimos años el proceso de extinción se ha visto enormemente acelerado por acción de los seres humanos y sus hábitos de vida.

► A veces, las manifestaciones de la biodiversidad son muy notorias, pero en ocasiones es necesario prestar cierta atención para poder apreciarlas. Por ejemplo, los caracoles terrestres del género *Spixia* son muy comunes en las sierras de Córdoba. En lugares como San Marcos Sierra se concentran más de una docena de especies diferentes de este género.

Nos encontramos en un momento de la historia muy particular, contamos las especies extinguidas y, al mismo tiempo, descubrimos nuevas especies. Sin embargo, hasta hace pocos siglos la extinción no era, a grandes rasgos, un problema para destacar y solo trascendían los descubrimientos de nuevas especies. Somos testigos de un momento inédito en la historia de la humanidad.

La extinción acelerada de especies

Varios factores han contribuido a la alteración y destrucción de ecosistemas completos, y por lo tanto de las especies que los habitan. La disminución acelerada de la biodiversidad tiene como consecuencia la pérdida de la información genética que tenían las especies extinguidas. De este modo, la información genética que existe en el mundo disminuye y no es posible recuperarla. Actualmente, más de 17.000 especies de animales y vegetales se encuentran en peligro de extinción.

▲ Desmonte en el noroeste de la Argentina. La destrucción del hábitat natural es la principal causa de la disminución de la diversidad.

4 Causas de la pérdida de biodiversidad

Pérdida del hábitat

El hábitat es el lugar donde vive un organismo, una población o una comunidad. La **pérdida del hábitat** o su **alteración y deterioro** constituye el factor que causa más pérdida de biodiversidad, es decir, el mayor número de extinciones en la Tierra.

Cada día son más los ambientes naturales transformados por los seres humanos para la explotación económica, la producción minera y energética, la agricultura, la ganadería, etc. Grandes extensiones de bosques naturales de todo el mundo son destruidos para la plantación de cultivos, un ejemplo de esto ocurrió en nuestro país con la soja. En muchas planicies de distintas regiones del mundo, en las que se acumula el agua, se extrae la vegetación natural y se reemplaza por cultivos de arroz. Para desarrollar la cría de ganado para el consumo, grandes extensiones de pastizales son alterados y los suelos sufren el pisoteo que los compacta y empobrece. El curso de infinidad de ríos es modificado para la construcción de embalses y represas que interrumpen el desplazamiento de las poblaciones de peces. Muchos lagos son utilizados para el cultivo de especies exóticas. Áreas naturales clave por su valor ecológico se sacrifican para la construcción de emprendimientos turísticos. En todos estos casos y en muchos otros, los hábitat naturales se ven comprometidos parcial o totalmente y gran cantidad de especies desaparecen.

▲ Desmonte de selva en el norte de Brasil. La agricultura y la ganadería extensivas son responsables de la enorme pérdida de ambientes naturales que conlleva a la extinción de especies.

Introducción de especies exóticas

Con respecto a su origen, podemos establecer dos grupos de especies: las especies **autóctonas**, o **nativas**, y las especies **exóticas**, o **introducidas**. Por ejemplo, en nuestro país el hornero es una especie autóctona y la paloma común es una especie exótica.

La introducción de **especies exóticas** es un problema no muy conocido, pero devastador para los ecosistemas. Es la responsable de extinciones masivas de especies nativas en todo el mundo.

Al introducir una especie nueva en un ambiente natural pueden suceder dos cosas, que no consiga sobrevivir porque no posee las condiciones ambientales mínimas para su sobrevivencia (espacio, alimento, temperatura, etc.), o que se encuentre con un ambiente sin predadores naturales y alimento disponible, factores que favorecen su rápida reproducción, y se transforma en una especie exótica invasora. En este último caso las especies introducidas se expanden rápidamente y acaban ocupando los espacios de las especies nativas, compitiendo por alimento o por luz, en el caso de las plantas, por agua u otro recurso disponible. También transmiten enfermedades nuevas a las especies nativas y hasta pueden convertirse en predadores feroces causando un desequilibrio ecológico irreversible.

Especies autóctonas y especies exóticas

Las especies autóctonas, o nativas, se denominan silvestres cuando viven en su ambiente natural, y cautivas cuando viven en ambientes artificiales creados por los seres humanos, como los zoológicos, los criaderos para consumo o los programas de reproducción en cautiverio con fines de repoblamiento, en el caso de especies amenazadas.

Las especies nativas, o autóctonas, están protegidas por diversas leyes. Por ley no le pertenecen a nadie, pero el Estado tiene la tutela y determina qué se puede hacer y qué no con ellas.

Las especies exóticas, o introducidas, pueden se asilvestradas o cautivas.

Se denominan exóticas asilvestradas a las especies que huyeron y colonizaron el medio silvestre, por ejemplo, la liebre. Son exóticas cautivas cuando viven en cautiverio y bajo control, por ejemplo, un criadero de visón, un animal que se cría para utilizar su piel.

▲ Mejillón dorado de río, *Limnoperna fortunei*.

Especies invasoras en la Argentina

Nuestro país tiene una extensa lista de especies exóticas e invasoras, algunas desde hace mucho tiempo, como la rata *Rattus rattus*, o el cardo de castilla, *Cynara cardunculus*, que llegaron hace siglos con los primeros colonizadores. Otras son más recientes, como el mejillón dorado de río, *Limnoperna fortunei*, o el estornino pinto, *Sturnus vulgaris*, un ave europea que puede causar graves daños económicos a la agricultura.

El elenco es muy completo y abarca a casi todos los grupos de animales y plantas. En las plantas es donde hemos sufrido la mayoría de las invasiones biológicas a lo largo de nuestra historia, con especies arbóreas como el ligustro, *Ligustrum lucidum*, y el paraíso, *Melia azedarach*, ambas de China, y una enorme cantidad de malezas que afectan los ecosistemas naturales. Es el caso del pino como cultivo de especie maderera en la región de estepa, en algunas zonas de los bosques andino-patagónicos y en otras regiones de la Argentina. Esta especie crece en pocos años, acidifica el suelo y se esparce fácilmente, ocupando lugares, alterando los suelos y evitando la entrada de luz para las especies que originariamente habitaban sus lugares. La liebre europea, introducida en el sur argentino, acabó ocupando los espacios de las maras, o liebres patagónicas, lo que provocó la reducción drástica de sus poblaciones. Otro caso es la introducción de las truchas en los lagos del sur, que compitieron por el alimento con los peces nativos de estos lagos, y produjeron la disminución drástica de sus poblaciones.

▲ Mara o liebre patagónica. La introducción de especies exóticas produce la pérdida de biodiversidad. Es el caso de la liebre europea (*Lepus europaeus*) que disminuyó drásticamente la población de mara o liebre nativa patagónica (*Dolichotis patagonum*) al expandirse y ocupar sus ambientes.

Antiguamente no se conocía ni se tenía conciencia de los daños que podía causar la introducción de especies. Con el tiempo, la extinción de muchas especies autóctonas y los problemas de desequilibrios ecológicos que surgieron por la introducción de especies fue cambiando la forma de ver este problema. Se comenzaron a escuchar las voces de los científicos que condenaban muy duramente las introducciones deliberadas de organismos foráneos en la naturaleza. De esta forma, se llegó a un consenso universal que culminó con la Convención Mundial de la Diversidad Biológica, del que participan casi todos los países del mundo.

Actualmente se podría afirmar que no hay introducción deliberada de especies exóticas en la naturaleza, salvo algunos casos aislados que constituyen delitos. Sin embargo, debido a la globalización del comercio, las especies exóticas viajan de un lado a otro del planeta con las mercaderías o en los contenedores. En este caso, la invasión de especies exóticas se produce de manera no intencional. Sin embargo, sus efectos tienen un alto grado de impacto ambiental. Si bien existen acuerdos internacionales para la fiscalización y el control del transporte de mercadería que tienden a evitar estos accidentes, las invasiones de especies exóticas son difíciles de controlar por completo. Algunas pueden llegar a ser graves, como el mejillón dorado que está alterando todos los ecosistemas de los ríos más importantes de nuestra región y causa pérdidas millonarias en las represas, sistemas de refrigeración de usinas y todo tipo de estructuras sumergidas en agua dulce. En algunos casos se han encontrado hasta 14.000 mejillones dorados por metro cuadrado.

Convenio de Diversidad Biológica

La Argentina ratificó el Convenio de Diversidad Biológica a través de la ley 24375, donde en el Artículo 8 dice que "las partes deberán impedir que se introduzcan las especies exóticas [...] deberán controlarse o erradicarse aquellas que sean una amenaza para la biodiversidad local", e incita a que se dicten las normativas necesarias para la preservación de los recursos.

► La introducción en Tierra del Fuego del castor canadiense, un roedor originario de Norteamérica, causó daños en los bosques naturales. Las bases de los árboles quedan bajo el agua debido a que los castores construyen diques con ramas y troncos.

La sobreexplotación

Otra de las problemáticas que provoca gran pérdida de biodiversidad es la **sobreexplotación** de los recursos naturales.

La sobreexplotación es la aplicación irracional y descontrolada de prácticas extractivas sobre los recursos naturales. Esta práctica ha producido la peligrosa disminución de muchas poblaciones naturales y, en algunos casos, su extinción.

La extracción de individuos de una población a una velocidad mayor que la que demoran en reponerse naturalmente produce la disminución de la población. Veamos un ejemplo: si de una población de peces que por reproducción tienen un millón de crías por año, se pescan dos millones de peces por año, se estará causando, irremediablemente, la disminución del recurso pesquero. Si se extraen recursos naturales en cantidades enormes y diariamente, sin darle tiempo a las poblaciones a reponerse, disminuye el número de ejemplares capturados y también el tamaño de los individuos. Lo mismo ocurre con las especies vegetales. A comienzos del siglo XX, en la provincia de Santiago del Estero se talaron cientos de miles de árboles de quebracho colorado para la fabricación de durmientes para el ferrocarril. Esta sobreexplotación produjo la destrucción de los bosques de quebracho y el irremediable deterioro de los suelos, cuyas consecuencias negativas se pueden ver actualmente.

▲ La extracción descontrolada de un recurso natural es una de las causas de la pérdida de biodiversidad.

La contaminación ambiental

El aumento de la población mundial y, en especial, el desarrollo tecnológico alcanzado han tenido un alto impacto sobre el ambiente. Fue a partir de la Revolución Industrial en el siglo XVIII y del desarrollo industrial y poblacional durante el siglo XX que el impacto de las actividades humanas sobre el ambiente experimentó un incremento notable. Lamentablemente este proceso de desarrollo estuvo acompañado de otros fenómenos, como el aumento de la **contaminación ambiental** en todas sus formas, física, química y biológica. La problemática de la contaminación ambiental del planeta altera las condiciones de los ecosistemas y condiciona la supervivencia de muchas especies.

▲ El cambio climático no solo produce sus efectos en los ambientes rurales y naturales, sino también en las ciudades.

Durante los últimos 50 años los científicos han detectado cambios en los patrones climáticos mundiales de mayor intensidad que los cambios que podrían haber ocurrido naturalmente. Este fenómeno, denominado **Cambio Climático Global** es consecuencia de la contaminación producto de las actividades de los seres humanos. La **quema de combustibles fósiles** (hidrocarburos, carbón y gas) y diversas actividades agropecuarias e industriales producen gases, como dióxido de carbono, metano y óxido nitroso, que tienden a aumentar la temperatura media del planeta, fenómeno denominado **calentamiento global**. Al problema de la emisión de estos gases se suma la deforestación de grandes áreas naturales, que también contribuyen al aumento de la temperatura del planeta. Estas nuevas condiciones climáticas alteran las condiciones de vida de muchas especies que no toleran los cambios de temperaturas ni la toxicidad del aire. También aumenta el nivel del mar por el derretimiento de los glaciares, y el agua avanza sobre los ecosistemas terrestres. El incremento de la temperatura y la contaminación de los mares por los desechos condiciona la existencia de ambientes acuáticos y sus especies, como los arrecifes de coral. El cambio climático global es hoy una importante causa de pérdida de biodiversidad.

▶ Los efectos de la contaminación sobre los seres vivos y la diversidad son directos. En la fotografía, un voluntario rescata un pingüino empetrolado en una playa cercana a Comodoro Rivadavia.

▲ Aunque se calcula que solo entre 1805 y 1844 se cazaron entre 40.000 y 45.000 ejemplares de ballena franca austral, lo que casi la llevó a la extinción, gracias a las medidas de protección, actualmente la UICN la ubica en la *categoría* de Preocupación Menor.

5 Especies vulnerables, niveles de protección

Las especies vulnerables son la que sufren algún riesgo o amenaza. A cada especie se le adjudica una categoría según el grado de amenaza que afecte su supervivencia. Hay especies autóctonas que no corren ningún riesgo, incluso llegan a reproducirse sin control, como la gaviota cocinera (*Larus dominicanus*), mientras otras, como el pato serrucho (*Mergus octosetaceus*), llegaron a la extinción. Entre estos dos extremos se establecen categorías intermedias de acuerdo con el grado de amenaza que tengan.

La UICN (Unión Internacional para la Conservación de la Naturaleza), organismo dependiente de las Naciones Unidas, estableció las categorías de amenaza que se usan en la actualidad en todo el mundo, estas son:

1. Para las especies amenazadas de extinción

- **Extinta:** cuando ha desaparecido de la naturaleza y no se cuenta con poblaciones en cautiverio.
- **Extinta en estado silvestre:** cuando se encuentra extinguida en la naturaleza pero se conserva la especie en cautiverio.
- **En peligro crítico:** cuando quedan pocos individuos y su extinción es inminente si no se toman medidas urgentes.
- **En peligro:** cuando la especie está en continuo retroceso numérico y con bajo número poblacional.
- **Vulnerable:** cuando la especie está en continuo retroceso numérico pero con poblaciones todavía abundantes.
- **Dependientes de la conservación; casi amenazadas y de preocupación menor:** son categorías utilizadas para las especies de menor riesgo.

▲ Las organizaciones no gubernamentales, ONG, como *Aves Argentinas. Asociación Ornitológica del Plata*, cumplen un papel fundamental en la conservación de la biodiversidad, llevando a cabo tareas de divulgación, concientización e investigación, entre otras.

2. Para las especies que no están amenazadas

- **Fuera de peligro:** cuando la especie está con bajos números poblacionales, pero en continuo aumento.

Es importante aclarar que en distintos países, regiones o provincias las categorías pueden cambiar para una especie. Por ejemplo, el puma puede estar "fuera de peligro" en Santa Cruz (considerado plaga por las provincias de Santa Cruz, Chubut y Río Negro) y "en peligro" en Buenos Aires.

Responsabilidad social en la conservación de la biodiversidad

La sociedad, en general, tiene el deber de velar por la conservación de la naturaleza y el Estado, en particular, tiene el deber constitucional de hacerlo. Diversos sectores de la sociedad trabajan para aportar soluciones al problema de la protección de especies. Organismos nacionales, provinciales, municipales e internacionales, ONG nacionales e internacionales pugnan por establecer nuevas leyes, áreas de reserva y estudios científicos para ayudar a las especies vulnerables.

Veamos el ejemplo de una especie protegida: la ballena franca austral (*Eubalaena australis*). Es conocida como una especie bandera, una especie carismática a la que se le da una atención especial, como sucede también con el panda de china (*Ailuropoda melanoleuca*) y el elefante africano (*Elephas maximus*).

▲ El oso hormiguero es una especie considerada vulnerable para la UICN, sin embargo, en nuestro país está considerada una especie en peligro.

Existen leyes y convenios internacionales que protegen a la ballena franca en su paso por las aguas territoriales por los distintos países, leyes nacionales que le dan cobertura especial declarándola Monumento Natural, leyes provinciales que reglamentan el turismo de observación de ballenas y hasta alguna resolución municipal que las abarca. También están las ONG nacionales e internacionales que se ocupan de esta especie.

6 Uso sustentable de la fauna silvestre en la Argentina: el proyecto "Elé"

En la Argentina, son numerosos los ejemplos de explotación de la **fauna silvestre** con fines comerciales que han llevado al borde del **exterminio** a diversas especies. Miles de cueros de venados de las pampas, zorros, coipos, vizcachas, carpinchos, iguanas, yacarés y boas se consumían localmente o en el exterior hasta la primera mitad del siglo XX.

En general, los pobladores locales son el eslabón más débil de la cadena de comercialización: venden a un precio bajísimo cueros o animales vivos que luego serán transformados en zapatos, cintos, abrigos o mascotas cotizados en cientos de dólares.

En la Argentina existen varios proyectos coordinados por la Dirección de Fauna Silvestre de la Secretaría de Ambiente y Desarrollo Sustentable de la Nación que apuntan a considerar:

La **sustentabilidad ambiental**: mantener el hábitat de las especies y no disminuir las poblaciones.

La **sustentabilidad social**: el aprovechamiento de la especie debe ser compatible con la identidad cultural de los habitantes, asegurando que la rentabilidad sea suficientemente alta para que el poblador no se vea obligado a diezmar las poblaciones.

La **sustentabilidad económica**: el aprovechamiento comercial de la especie debe ser rentable para todos los niveles y financiar la investigación científica y el entrenamiento de los pobladores que gestionan el proyecto.

En nuestro país varias especies están amparadas bajo **programas de uso sustentable**, como el Proyecto Elé para la conservación y uso sustentable del loro hablador (*Amazona aestiva*); el proyecto de manejo del ñandú (*Rhea americana* y *Rhea pennata*); el proyecto para la cría en granjas de yacarés del género Caimán; el Proyecto Tupinambis para el manejo y uso sustentable del lagarto overo y el lagarto colorado; el Programa Curiyú para la conservación y uso sustentable de la boa curiyú (*Eunectes notaeus*); el proyecto de manejo sustentable de la nutria o coipo (*Myocastor coypus*); el proyecto para el uso sustentable del carpincho (*Hydrochaeris hydrochaeris*), y el plan de manejo de vicuñas (*Vicugna vicugna*) en Salta y Jujuy.

Uno de los casos más destacables del uso racional de un recurso natural es el "Proyecto Elé" (elé en guaraní es el nombre que se le da al loro hablador). Este proyecto se inició en la década de 1990, y surgió como una necesidad del Estado de tomar medidas contra un comercio irracional y clandestino que estaba afectando la conservación de las poblaciones de esta especie. Una de las consecuencias del comercio ilegal era que para capturar los pichones para la venta se cortaban los árboles en donde estaban los nidos. De este modo no solo se afectaba la población de loros, también se destruía el bosque nativo.

La idea del proyecto fue crear un plan de aprovechamiento sustentable para desplazar el tráfico ilegal, que permitiera la protección de esta especie, la protección y conservación de los ecosistemas chaqueños y redundara en beneficios para los habitantes locales. Al cabo de los años, el proyecto fue tomando cuerpo y se fue perfeccionando hasta llegar a cumplir con su objetivo de conservación.

Se logró conservar y aumentar las poblaciones de loros, preservar los nidos y establecer importantes medidas de conservación en el área de trabajo, como las "Reservas de habitat" en el Chaco Seco, y su implementación en importantes parques provinciales con los fondos que el propio proyecto genera.

▲ El loro hablador (*Amazona aestiva*) ocupa una amplia región del Chaco argentino. La captura de pichones para su venta llevó a la Argentina a ser el segundo exportador de aves en el mundo. El método usado para capturar pichones antes del Proyecto Elé era derribar el árbol que tenía huecos (nidos). Así se perjudicaba el hábitat y la especie.

Uso sustentable

Hacer un uso sustentable de un recurso natural implica utilizarlo de modo que siga disponible para que pueda ser utilizado por las generaciones futuras. Esto implica hacer un aprovechamiento planificado del recurso, de modo que pueda recuperarse y conservarse a lo largo del tiempo.

Fuente: Bolkovic, M. L. y D. Ramadori (eds.). 2006. "Manejo de Fauna Silvestre en la Argentina. Programas de uso sustentable". Dirección de Fauna Silvestre, Secretaría de Ambiente y Desarrollo Sustentable, Buenos Aires.

5. Piensen y luego expliquen por qué la introducción de especies exóticas puede causar serios daños en un ambiente natural.

6. Organicen un debate en el que discutan la importancia de cuidar la biodiversidad. Armen dos grupos, uno representará a una empresa de explotación forestal que extrae árboles, produce objetos en madera y tiene 150 puestos de trabajo, y el otro representará a los habitantes que viven en el bosque donde la empresa extrae los árboles. Cada grupo deberá dar argumentos a favor y en contra de la explotación forestal.

7. Realicen en sus casas una investigación sobre tres convenciones, acuerdos o pactos internacionales creados para proteger la biodiversidad y la salud ambiental. Hagan una lista con los nombres y los objetivos de cada acuerdo y averigüen qué países los firmaron. Compartan en clase los resultados de la investigación y entre todos confeccionen un póster.

8. Son muchas las entidades que poseen el objetivo de crear conciencia y proteger la biodiversidad del planeta. Basta colocar la palabra biodiversidad en internet para observar el caudal de información al respecto que se divulga hoy en día. Realicen una investigación sobre las entidades, fundaciones y organizaciones de nuestro país relacionadas con la protección de la biodiversidad. Averigüen cuáles son sus objetivos específicos (por ejemplo, proteger a las ballenas) y cuáles sus acciones.

9. ¿Qué es un "punto caliente" de biodiversidad?

10. Investiguen y hagan un informe sobre dos casos de especies introducidas que hayan causado daños en el mundo. Luego hagan lo mismo con dos especies introducidas en la Argentina que hayan provocado desequilibrios ambientales.

11. Lean el siguiente texto y luego respondan:

En las islas de San Mauricio, en el océano Índico, vivía una extraña ave no voladora, llamada dodo (*Raphus cucullatus*). Poseía una cabeza de gran tamaño, un pico robusto y alas muy pequeñas que no permitían el vuelo. Alrededor del 1600, los colonizadores portugueses y holandeses introdujeron varias especies exóticas, entre ellas, una aparentemente inofensiva: el cerdo. Los dodos hacían sus nidos en el suelo. Los cerdos, que se esparcieron rápidamente por las islas, comenzaron a alimentarse de los nidos de los dodos, se comían los huevos. A esto se sumó la acción de los cazadores que mataban a los dodos para extraer las plumas. En poco menos de 80 años los dodos se extinguieron para siempre.

▲ Reconstrucción de un dodo

Con los conocimientos que existen en la actualidad sobre la introducción de especies, ¿qué medidas hubieran tomado para impedir la extinción del dodo?

12. Formen grupos de cuatro o cinco alumnos. Cada integrante de los grupos deberá buscar en diarios y revistas información relacionada con la biodiversidad.
Luego cada grupo deberá leer la información y responder las siguientes preguntas:
a. ¿El artículo o nota proporciona información sobre la biodiversidad o plantea un problema relacionado con la biodiversidad?
b. En el caso de proporcionar información, ¿cómo la resumirían en dos o tres oraciones?
c. Si la información está relacionada con un problema que compromete a la biodiversidad, identifiquen si el problema afecta a una especie, a muchas, al clima, a la región, al planeta, etcétera.
d. ¿Cuáles son las causas del problema?
e. ¿Qué soluciones propondrían ustedes?

13. Analicen el siguiente texto y luego respondan:

"La desertificación es un proceso que acarrea la degradación del suelo con una elevada pérdida de sus propiedades y aptitudes, tornándolo no apto para mantener las comunidades biológicas hasta ese momento establecidas [...]. La degradación del suelo se produce en diversas regiones del planeta, pero se reserva el término desertificación cuando ocurre en regiones áridas o semiáridas. Se origina y es producto de diversos factores. Entre los más importantes se encuentran las variaciones climáticas y actividades humanas tales como la deforestación, el sobrepastoreo, la sobreexplotación y la aplicación de técnicas agrícolas inapropiadas".

Melendi, D. L., Scafati L. y Volkheimer, W. *Biodiversidad actual y fósil. Elementos para una interpretación dinámica.* Buenos Aires; Fundación de Historia Natural "Félix de Azara"; 2006.

a. ¿A qué se denomina desertificación?
b. ¿Cómo relacionarían el proceso de desertificación con el de uso sustentable?
c. Desde el punto de vista de los recursos naturales, ¿cómo afecta la desertificación los valores económicos y ecológicos?

Autoevaluación

1. **La biodiversidad es producto de:**
   - **a.** la evolución. ☐
   - **b.** la actividad humana. ☐
   - **c.** la protección de la naturaleza. ☐

2. **La preservación de la biodiversidad permite:**
   - **a.** crear nuevas especies. ☐
   - **b.** conservar los ambientes naturales y las especies existentes para nosotros y las generaciones futuras. ☐
   - **c.** manipular la evolución en favor de los seres humanos. ☐

3. **Los valores económicos de la biodiversidad están relacionados con:**
   - **a.** el poder disfrutar de las bellezas naturales. ☐
   - **b.** considerarla proveedora de materiasx primas, como los alimentos. ☐
   - **c.** la moderación del clima, el control de las inundaciones y sequías. ☐

4. **Los valores educativos y científicos de la biodiversidad son:**
   - **a.** valores económicos. ☐
   - **b.** valores ecológicos. ☐
   - **c.** valores intangibles. ☐

5. **La pérdida de especies y la aparición de otras nuevas son fenómenos naturales en el proceso evolutivo, sin embargo, la pérdida de especies durante los últimos 200 años:**
   - **a.** disminuyó como consecuencia de la protección del ambiente. ☐
   - **b.** se mantuvo sin cambios significativos. ☐
   - **c.** se aceleró dramáticamente debido a la acción de los seres humanos. ☐

6. **¿Cuáles de estos factores causan la mayor pérdida de biodiversidad en la actualidad?**
   - **a.** los terremotos. ☐
   - **b.** el avance de la tecnología. ☐
   - **c.** la pérdida del hábitat. ☐

7. **Una especie autóctona es:**
   - **a.** una especie nativa, originaria del lugar. ☐
   - **b.** una especie que a pesar de no ser originaria del lugar se adaptó exitosamente. ☐
   - **c.** aquella que vive en libertad. ☐

8. **Las especies exóticas, o introducidas:**
   - **a.** están protegidas por las leyes de fauna de la Nación. ☐
   - **b.** son especies no originarias del lugar que han sido introducidas voluntariamente o involuntariamente. ☐
   - **c.** solo sobreviven en cautiverio, ya que en estado silvestre son desplazadas por las especies autóctonas que están mejor adaptadas al lugar. ☐

9. **Un factor de pérdida de biodiversidad es la sobreexplotación de un recurso natural. Un ejemplo de esto es:**
   - **a.** la extracción de quebracho colorado santiagueño. ☐
   - **b.** la supercosecha de trigo. ☐
   - **c.** la sobreexplotación del ganado ovino. ☐

10. **Según la UICN (Unión Internacional para la Conservación de la Naturaleza) una especie es categorizada como "En Peligro" cuando:**
    - **a.** quedan pocos individuos y su extinción es inminente si no se toman medidas urgentes. ☐
    - **b.** está en continuo retroceso numérico y con bajo número poblacional. ☐
    - **c.** está en continuo retroceso numérico pero con poblaciones todavía abundantes. ☐

1 La ciencia como actividad humana

La ciencia es una actividad humana que puede definirse de acuerdo con distintos criterios. Un criterio que puede usarse es el objeto de estudio. Las **ciencias fácticas**, por ejemplo, tienen por objeto de estudio los hechos observables y proceden a través de experiencias. El objetivo de estas ciencias es describir, explicar y predecir los fenómenos de la realidad, y los conocimientos que producen deben ser verificables por medio de la experimentación. A su vez, las ciencias fácticas se pueden dividir en dos grandes grupos: las naturales y las sociales. Dentro del grupo de las ciencias naturales encontramos la física, la química, la geología y la biología, por nombrar algunas, y dentro de las ciencias sociales, la sociología, la historia y la economía, entre muchas otras. Por otro lado, las ciencias formales estudian sistemas abstractos y lógicos de pensamiento, y su objetivo es desarrollar conceptos abstractos. A diferencia de las fácticas, los conocimientos que producen las **ciencias formales** se verifican mediante deducciones lógicas. Entre las ciencias formales se encuentran la matemática y la lógica.

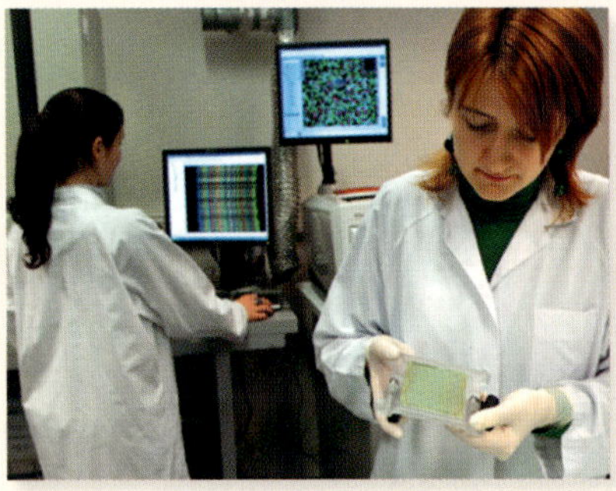

▶ En la actualidad, las herramientas que aporta la informática son esenciales para el avance de la ciencia.

Si pensamos en que los distintos tipos de ciencia se definen de acuerdo con el objeto de estudio, podríamos preguntarnos si existe una definición general de ciencia. Por ejemplo, para el físico y epistemólogo argentino Mario A. Bunge, la ciencia es un creciente cuerpo de ideas "que puede caracterizarse como conocimiento racional, sistemático, exacto, verificable y, por consiguiente, falible". Así, la ciencia constituye un conjunto de conocimientos que intenta dar explicaciones y fundamentos sobre los fenómenos que ocurren en la realidad; busca tener un dominio de los fenómenos a partir de sus causas y principios. La ciencia pretende realizar descripciones exactas y lo más precisas posibles acerca de los fenómenos o de las cosas mediante explicaciones claras, comprensibles y coherentes.

▲ En el imaginario de muchas personas, la ciencia es una actividad carente de valores, y las personas que hacen ciencia son hombres de apariencia extraña que mezclan líquidos en tubos de ensayo.

Presentada de esta forma, la ciencia parecería ser una actividad infalible y despojada de valores. No obstante, si volvemos al comienzo y la pensamos como una actividad humana, resulta casi imposible imaginarla de esa manera. Todos los seres humanos están atravesados por vivencias, sentimientos, valores, cultura, modelos, ideales, intereses personales y grupales, etc. Estos aspectos constituyen la esencia de lo humano, y por lo tanto resultan ineludibles a la hora de "hacer ciencia". En otras palabras, son aspectos que se cuelan en el quehacer científico, y funcionan como una especie de lente a través de la cual se ve la realidad y se constituye la ciencia. No existe una ciencia despojada de estos aspectos, porque son, en sí mismos, propios de los sujetos que llevan adelante esta actividad. En los últimos años ha comenzado a circular una visión más crítica de la actividad científica, desplazando poco a poco a aquella imagen de ciencia carente de valores. Por otro lado, dado el carácter falible de la ciencia en tanto actividad humana, cabría preguntarnos cuándo un conocimiento científico se vuelve válido. Lo cierto es que no hay conocimientos absolutos, y aquellas explicaciones acerca de los fenómenos de la realidad que la ciencia va encontrando son, lejos de verdades absolutas, acuerdos intersubjetivos entre las personas que se dedican a la actividad científica.

2 El método científico

Para que un conocimiento quede enmarcado en el campo de la ciencia, es necesario que se construya a través de un método racional, objetivo y comparable. De esta manera, el conocimiento podría llegar a tener un carácter más o menos universal; esto significa que se debe arribar a una misma conclusión cada vez que se repiten las condiciones y los pasos con los que se llegó a la primera. En otras palabras, el resultado debe ser siempre el mismo. Además, si se respetan estas condiciones y los pasos, se puede predecir qué va a suceder o las consecuencias de un determinado fenómeno. Cuando una persona que se dedica a hacer ciencia realiza una investigación nueva, por lo general toma conocimientos científicos preexistentes, recopila información y a partir de allí comienza su trabajo. Por esto, los conocimientos científicos se consideran acumulativos y progresivos.

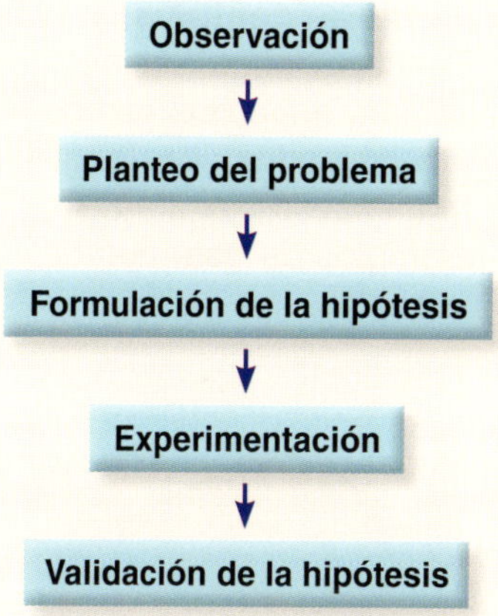

▲ Pasos del método científico.

Esta manera de trabajar constituye lo que se denomina **método científico**. El método científico es una herramienta de trabajo basada en un proceso de razonamiento sistemático y ordenado.

- **Observación:** al observar nuestro entorno, podemos descubrir fenómenos sobre los que queremos encontrar una explicación. Para observar, podemos hacerlo directamente o bien valernos de instrumentos como el microscopio o la lupa. La observación debe ser ordenada y precisa, para que permita elaborar descripciones detalladas que aportarán datos para las siguientes etapas.
- **Planteo del problema:** consiste en plantear la pregunta que se ha de responder, pregunta que lleva implícito el problema que se tratará de resolver; por ejemplo: ¿Por qué algunas plantas cierran las flores durante la noche y otras no? ¿Qué factores desencadenan un comportamiento reproductivo de una determinada especie?
- **Formulación de la hipótesis:** consiste en plantear las posibles explicaciones al problema formulado en la etapa anterior; por ejemplo: Algunas plantas cierran sus flores durante la noche por el estímulo de la temperatura.
- **Experimentación:** las hipótesis tienen carácter general o teórico, por lo tanto no pueden ponerse a prueba directamente. Por eso, de la hipótesis general se deducen otras hipótesis derivadas que se ponen a prueba en forma directa. Estas hipótesis derivadas se denominan **consecuencias observacionales** y pueden ser **verificadas** o **refutadas**.
- **Validación de la hipótesis:** cuando las consecuencias observacionales son verificadas, la hipótesis es **corroborada**. Cuando las consecuencias observacionales son refutadas, la hipótesis es considerada **falsa** y es **rechazada**. Para dar sustento a esta etapa, los experimentos deben repetirse. Una hipótesis debe comprobarse un determinado número de veces para ser aceptada como ley.

▲ Las hipótesis se ponen a prueba a través de las consecuencias observacionales.

► Los resultados de las investigaciones se dan a conocer a través de publicaciones y congresos.

3 La experimentación y las variables

Uno de los pasos del método científico consiste en la experimentación. Vamos a ver ahora qué es lo que debe tenerse en cuenta para la realización de un experimento científico:

- Preparación de los materiales necesarios para el experimento.
- Enumeración de los factores o variables que intervendrán en el experimento.
- Duración aproximada del experimento y sus repeticiones.
- Planificación del experimento punto a punto a lo largo de todo su desarrollo.
- Registro detallado de los pasos y datos que surjan del experimento, como la duración, las medidas, los cambios observados, las condiciones durante la experimentación y después de la experiencia.

Una **variable** es un factor que influye en el fenómeno que deseamos estudiar. Puede ser valorada de forma **cualitativa** o **cuantitativa**. Específicamente en biología, una variable es una propiedad respecto de la cual los individuos difieren de manera verificable, por ejemplo, la longitud, la altura, el peso, etcétera. Las variables cuantitativas son aquellas que se expresan en forma numérica; estas pueden ser **continuas** o **discontinuas**.

Variables continuas
Pueden tomar infinitos valores entre dos puntos determinados. La longitud, el peso y el área son ejemplos de este tipo de variables.

Variables discontinuas o discretas
Solo tienen valores fijos y enteros, como 1, 2, 3, etc. Por ejemplo, el número de brazos de una estrella de mar (que puede ser 5, 6, 7, 8) o el número de crías de una pareja de patos.

A diferencia de las variables cuantitativas, las variables cualitativas son aquellas que se refieren a atributos, como el color de pelo, el sexo o la edad.

▶ El color de las plumas de las aves es una variable cualitativa.

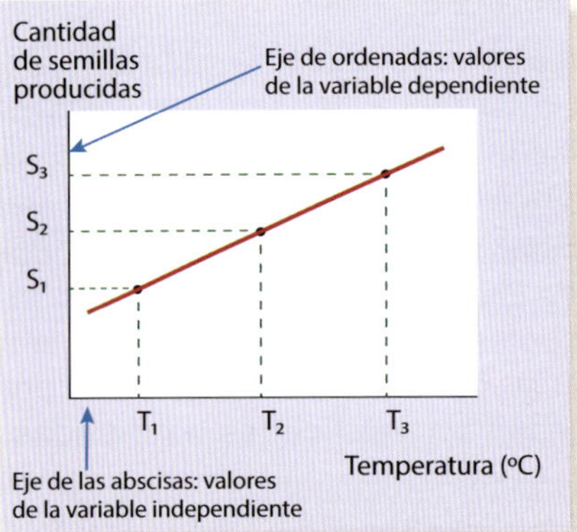

▶ El gráfico muestra cómo varía la variable dependiente (la cantidad de semillas producidas) en función de la independiente (la temperatura). Este tipo de gráfico puede hacerse cuando la relación entre las variables es lineal.

Como hemos visto, los factores que influyen en los resultados de un experimento son las variables. A través de los experimentos se intenta buscar relaciones causa-efecto entre variables. A la variable que se considera la causa se la denomina **independiente**, mientras que a la que se considera el efecto se la llama **dependiente**. Por ejemplo, si estudiamos el efecto de la temperatura sobre la producción de semillas, la temperatura será la variable independiente y la cantidad de semillas, la dependiente. Las variables dependientes varían de acuerdo con las modificaciones que se introducen en el experimento. Los gráficos son muy útiles para estudiar la relación entre las variables.

Para reflexionar

a. Identifiquen cuáles son las variables del experimento. ¿Cuál es la independiente? ¿Y la dependiente?

b. Conversen entre todos: ¿Creen que todas las investigaciones siguen un método científico? ¿Qué variables pueden influir en que este método no se lleve a cabo de forma unívoca? ¿Por qué?

4 Los modelos científicos

En la búsqueda por comprender y explicar de manera lógica y simple los fenómenos de la realidad, los científicos construyen modelos. Un modelo es una representación de un fenómeno o de un sistema. Se utilizan tanto en las ciencias fácticas como en las formales. En biología, en particular, los modelos más utilizados son las simulaciones de sistemas naturales, así como computacionales.

Al ser la mayoría de los fenómenos complejos y multidimensionales, y por lo tanto, difíciles de comprender, estas representaciones permiten tomar las características más salientes y fundamentales, simulando problemas o circunstancias que no son observables, para estudiar ciertos fenómenos naturales que de otro modo sería imposible. Un ejemplo de esto es el modelo predador-presa, en el cual se simulan los cambios que se producen en las poblaciones cuando aumenta o disminuye el número de predadores o de presas. Otros ejemplos del uso de modelos son la simulación de un ecosistema donde se produce la desaparición de una especie determinada o donde se observa el comportamiento de ciertas poblaciones a partir de la disminución de la vegetación.

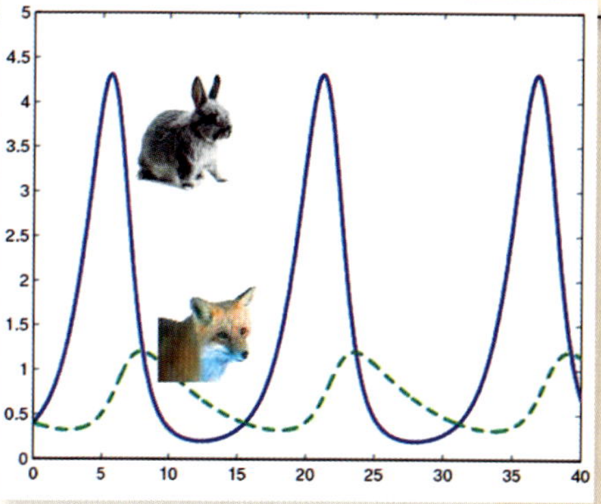

▲ Modelo predador-presa que simula como varía una población de liebres (presas) y una población de zorros (predadores).

▲ En el Parque Nacional Talampaya se exhiben modelos de dinosaurios que habitaron el territorio argentino en el pasado. Los modelos representan características salientes de estos animales, como la altura, la longitud de las extremidades, la cantidad de dientes, etc., reconstruidas a partir de la información obtenida en las investigaciones paleontológicas, aunque no se hacen representaciones de otras características, como la forma de alimentación o la interacción con otros seres vivos.

▲ A veces, un modelo puede servir para simular el trabajo en el laboratorio en aquellas áreas en las que la experimentación es muy importante, pero no se puede llevar a cabo porque las prácticas serían sumamente peligrosas. Estos simuladores pueden resultar una alternativa útil ya que a través de ellos los estudiantes pueden controlar y modificar variables sin correr riesgos al manipular sustancias químicas peligrosas, por ejemplo.

Para elaborar un modelo es necesario definir los objetivos para los cuales se construye; como puede ser simular el crecimiento o el decrecimiento de una población. Una vez definido el objetivo, es necesario delimitar el sistema o el fenómeno que el modelo va a representar, tomemos por ejemplo una población de ciervos de los pantanos de la región pampeana. El siguiente paso consistirá en establecer las variables del modelo, como la cantidad de alimento disponible para los ciervos, el número de depredadores, la tasa de natalidad y de mortalidad de la población, etcétera.

En general, los modelos de simulación son volcados a programas de computación. Esto permite, entre otras cosas ver al instante o en lapsos cortos de tiempo los cambios que se producen en el sistema estudiado cuando se van modificando variables, como en este caso la cantidad de alimento disponible o el número de predadores.

Los modelos pueden ser evaluados. Una forma de hacerlo es comparando los resultados obtenidos durante la simulación con los resultados reales. También es posible predecir situaciones futuras y, además, introducir cambios en un sistema de estudio que no serían posibles en la realidad. En otras palabras, permiten realizar experimentos simulados. Una limitación de los modelos es que no son la realidad, sino que la imitan.

5 Construcción de un terrario

Así como existen modelos para simular un experimento en un laboratorio o reconstruir cómo era un ser vivo en el pasado, también es posible construir modelos de ambientes actuales, por ejemplo, a través de un terrario.

Un **terrario** es un modelo de ambiente aeroterrestre que permite simular las interacciones entre los seres vivos, los cambios en el suelo, la influencia de ciertas condiciones ambientales, etc. Es útil para estudiar, por ejemplo, los factores que afectan a un ecosistema y de qué manera lo hacen.

Materiales

Una pecera o un recipiente grande de vidrio o de plástico transparente, grava, arena, tierra negra, plantas pequeñas con raíz, pequeños invertebrados, como lombrices, bichos bolita, caracoles y hormigas, un recipiente pequeño de plástico con agua, semillas de poroto, restos de hojas y ramas, un trozo de tela de tul.

Armado del terrario

- Coloquen en la pecera una capa de grava, por encima una capa de arena de 2 cm, luego una capa de tierra negra de 3 cm y los restos de hojas y ramas.
- Entierren parcialmente en un extremo del terrario el recipiente de plástico con agua.
- Hagan pequeños huecos en la tierra negra, siembren los porotos y planten las plantas, luego vuelvan a cubrir con tierra negra.
- Coloquen en el terrario los invertebrados.
- Cubran el terrario con el trozo de tela de tul.

- Una vez construido el terrario, esperen unos días hasta que las plantas se fijen al suelo y el suelo se consolide.
- Es importante que en estos días agreguen restos de hojas secas, de frutas, que repongan el agua del recipiente de plástico y que rieguen el suelo. Procuren colocar siempre la misma cantidad de cada cosa.

Para reflexionar

a. Registren los cambios observados a lo largo de estos días.

b. ¿Cuáles son las variables dependientes que se tuvieron en cuenta durante la construcción del terrario? ¿Cómo las podrían modificar?

c. Elijan uno de los cambios que hayan registrado y que les haya llamado la atención. ¿Será esta una variable independiente? ¿Por qué?

d. ¿Qué les resulta interesante para investigar sobre el terrario? ¿Cómo lo harían? ¿Cuáles serían las variables? ¿Y el problema? ¿Y la hipótesis?

e. Entre todos, diseñen un experimento en el que planteen la pregunta, las variables, la hipótesis y lo que van a registrar.

f. Elaboren un informe con el experimento propuesto y los resultados obtenidos.

6 Construcción de un herbario

Si bien muchas veces al observar nuestro entorno, mantenemos una mirada más bien contemplativa, otras podemos ser más analíticos y así descubrir fenómenos sobre los que buscamos encontrar una explicación, todo dependerá del contexto en el que nos encontremos. Una manera de hacer observaciones sistemáticas es realizar salidas de campo con especialistas, así aprenderemos a poner la atención en determinados aspectos de la realidad y no en otros. Como producto de la observación sistemática, podremos hacer registros detallados que nos servirán en un futuro.

Durante una salida de campo se pueden recolectar plantas que luego se describirán de manera detallada en un herbario. Un **herbario** es una colección de especies vegetales disecadas, clasificadas y montadas sobre hojas de papel, donde se agrega una etiqueta con los datos relevantes de la planta en cuestión. La información contenida en los herbarios puede ser útil, por ejemplo, para conocer las plantas nativas de una determinada zona o para estudiar la biodiversidad vegetal.

▲ Las plantas deben colocarse extendidas entre varias hojas de diario.

Materiales

Bolsas de plástico, carpeta de tapa dura de 30 x 45 cm, ganchos para unir las tapas y las láminas, hojas de papel, papel de diario, etiquetas, lápiz, cinta adhesiva, tabla de madera, bolsitas con etiqueta.

▲ Herbario.

Para armar el herbario

- Elijan el lugar de recolección. Lleven las bolsitas con etiqueta y recolecten diferentes plantas, lo más completas que puedan (una planta por bolsa). En cada bolsita, escriban en la etiqueta los siguientes datos: localidad, fecha de recolección, número de muestra. Luego, en el cuaderno, para cada muestra agreguen los siguientes datos: características del lugar donde recolectaron la planta, estado del tiempo, características generales de la planta, características de la flor, insectos que se posaban en las flores y cualquier otro dato que les llame la atención.
- Coloquen las plantas extendidas dentro de una doble hoja de papel de diario junto con la etiqueta, y armen una pila. Entre cada planta coloquen varias hojas de papel de diario para facilitar la eliminación de la humedad de las plantas.
- Coloquen la tabla de madera sobre la pila, y luego algún elemento pesado.
- Cambien el papel de diario a medida que vean que se humedece y hasta que comprueben que las plantas están completamente secas.
- Fijen las plantas a las hojas blancas con cinta adhesiva.
- Para cada planta, peguen la etiqueta identificatoria con los siguientes datos: nombre vulgar, familia, localidad de recolección, fecha de recolección, recolector.
- Reúnan las plantas en la carpeta, y mantengan el herbario en un lugar fresco y seco.

Para reflexionar

a. ¿Qué utilidad puede tener el herbario para identificar plantas en futuras salidas de campo?
b. ¿Qué pasó con el color de las flores y de otras partes de las plantas a medida que pasó el tiempo?

7 La observación a través del microscopio

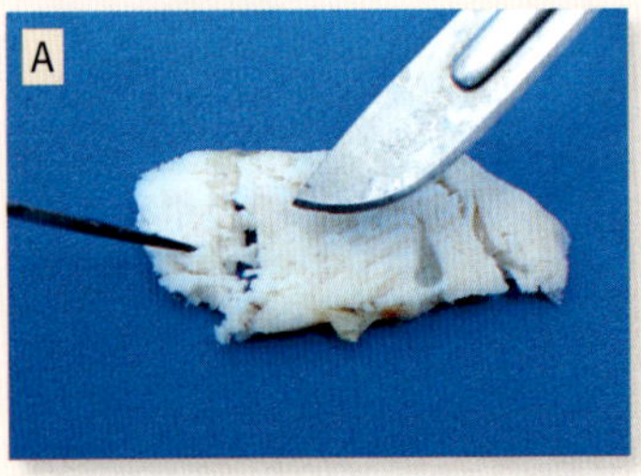

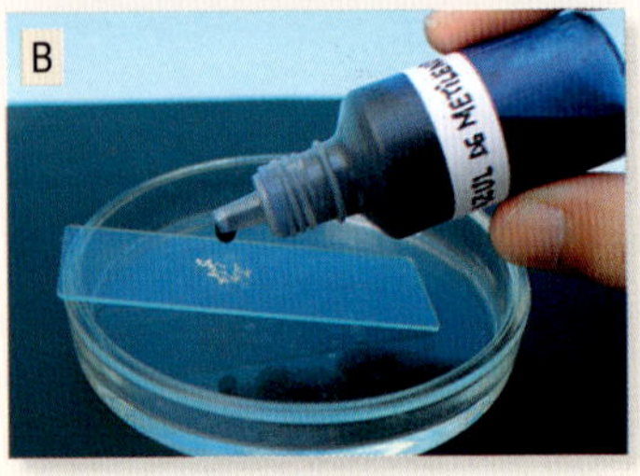

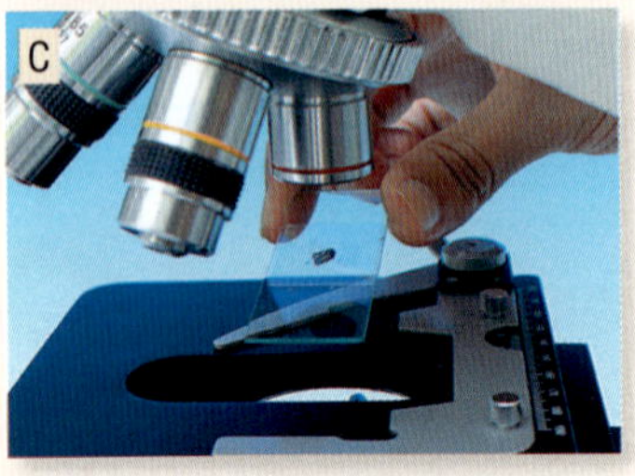

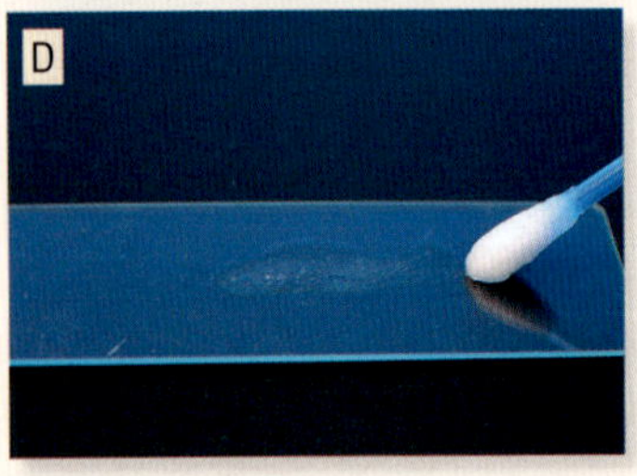

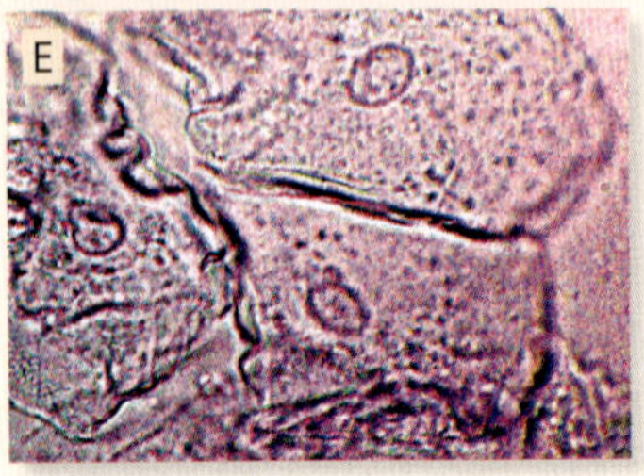

En la actividad anterior, pudieron realizar una observación sistematizada de ciertas características de las plantas a través de la técnica de ojo directo u ojo desnudo, es decir, sin ningún instrumento. En las siguientes actividades se proponen observaciones a través del microscopio. Este tipo de observación y la utilización de este instrumento requieren de un trabajo prolijo y de sumo cuidado, tanto con el instrumento como con el material a analizar.

La diversidad celular animal

La célula es la unidad funcional y estructural de la vida. En otras palabras, es la menor porción de materia que podemos encontrar y que reúne todas las características de los seres vivos. En la naturaleza existe una gran diversidad de células, de distintas formas y tamaños. En esta actividad van a explorar algunas de ellas.

Materiales

Cortante, aguja, bandeja de telgopor, pinza, portaobjetos, cubreobjetos, colorante azul de metileno, colorante lugol, microscopio, hisopos con algodón, un trozo de pollo cocido, lápiz, hojas blancas.

Para observar a través del microscopio

- Coloquen el trozo de pollo sobre la bandeja de telgopor. Con la ayuda del cortante y de la aguja, separen los hilos de la carne. Foto A
- Coloquen sobre el portaobjetos un trocito de hilo lo más pequeño y fino posible. Agreguen sobre la muestra una gota de azul de metileno. Foto B
- Retiren el excedente de colorante y coloquen el cubreobjetos.
- Observen al microscopio la muestra con distintos aumentos. Foto C
- Para cada aumento, realicen un dibujo y señalen las estructuras que puedan reconocer.
- Enjuáguense la boca con dos buches de agua, luego raspen suavemente la cara interior de las mejillas con el extremo del hisopo.
- Extiendan la muestra sobre el portaobjetos y déjenla secar por cinco minutos. Foto D
- Agreguen a la muestra una gota de lugol.
- Retiren el excedente de colorante y coloquen el cubreobjetos.
- Observen al microscopio la muestra con distintos aumentos. Foto E
- Para cada aumento, realicen un dibujo y señalen las estructuras que puedan reconocer.

Para reflexionar

a. ¿A qué tipo de tejido pertenece cada muestra?
b. ¿Cuáles son las características generales de estos tejidos? Pueden buscar información en libros e internet.
c. ¿Cuántos núcleos pudieron observar en las células de cada muestra?
d. Comparen la forma de las células de cada muestra y elaboren una explicación en donde indiquen las posibles causas de esas diferencias.
e. ¿Por qué creen que se utilizaron colorantes?
f. ¿Qué zonas se tiñen en cada uno de los casos?

8 Las células vegetales

A diferencia de las células animales, las células vegetales poseen características propias, como los cloroplastos y la pared celular. En esta actividad observaremos células de elodea (una planta acuática con la que ya trabajaron en el capítulo 3) y tejido de papa.

Materiales

Una ramita de elodea, un trozo de papa cruda, portaobjetos, cubreobjetos, pinza, cortante, bandeja de telgopor, microscopio, lápiz, hojas blancas, colorante lugol. Foto A

Para observar a través del microscopio

- Con la ayuda de una pinza, tomen una hoja de elodea y colóquenla en la bandeja de telgopor. Foto B
- Corten un pequeño trozo de hoja con la ayuda del cortante.
- Coloquen una gota de agua sobre la muestra y cúbranla con el cubreobjetos.
- Ubiquen el preparado en el microscopio y observen con el aumento menor.
- Dibujen lo que observaron indicando el aumento que utilizaron.
- Escriban en el dibujo las estructuras que lograron reconocer.
- Cambien el objetivo y realicen una segunda observación con un aumento mayor, y realicen un nuevo dibujo. Foto C
- Escriban las estructuras que reconocieron esta vez.
- Vuelvan a repetir el procedimiento con aumentos cada vez mayores.
- Coloquen el trozo de papa en la bandeja de telgopor.
- Corten un trozo pequeño y lo más fino posible con la ayuda del cortante. Foto D
- Coloquen una gota de lugol sobre la muestra. Foto E
- Dejen secar durante cinco minutos y retiren el excedente con agua.
- Cubran la muestra con el cubreobjetos.
- Ubiquen el preparado en el microscopio y observen con el aumento menor.
- Dibujen lo que observaron indicando el aumento que utilizaron.
- Escriban en el dibujo las estructuras que lograron reconocer.
- Cambien el objetivo y realicen una segunda observación con un aumento mayor, y hagan un nuevo dibujo.
- Escriban las estructuras que reconocieron esta vez.
- Vuelvan a repetir el procedimiento con aumentos cada vez mayores. Foto F

A

B

C

D

E

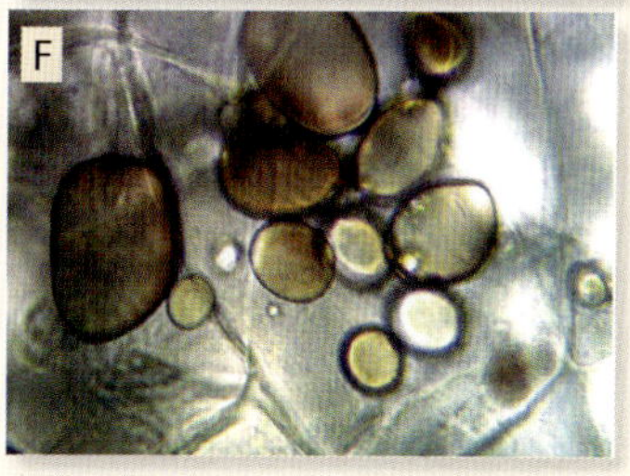
F

Para reflexionar

En la elodea

a. ¿Hubo estructuras que no pudieron reconocer en la primera observación pero sí en la segunda, en la tercera o en las sucesivas observaciones? ¿Cuáles son esas estructuras?
b. ¿De qué color son los cloroplastos?
c. ¿Cuántos cloroplastos pudieron reconocer aproximadamente en cada célula?
d. ¿Cómo es la forma de las células vegetales? ¿A qué creen que se debe que tengan esa forma?

En la papa

e. ¿Hubo estructuras que no pudieron reconocer en la primera observación pero sí en la segunda, en la tercera o en las sucesivas observaciones? ¿Cuáles son esas estructuras?
f. ¿Pudieron reconocer cloroplastos en este caso? ¿A qué creen que se deba esto?
g. ¿Cuáles son las principales diferencias que pueden mencionar entre las dos células vegetales a partir de lo observado en el microscopio?

9 Células vegetales en división

Como hemos visto, existen dos tipos de división celular: la mitosis y la meiosis. En los organismos unicelulares, la mitosis es la forma de reproducción. En cambio, en los organismos pluricelulares, es el fundamento del crecimiento del cuerpo y la formación de tejidos. Además, mediante este proceso se reemplazan células dañadas o envejecidas por otras nuevas, posibilitando la reparación de tejidos y órganos. La meiosis, en cambio, es un tipo de división celular que permite la formación de gametos o células sexuales.

En algunas especies vegetales, el crecimiento ocurre durante toda la vida, como el caso de algunos árboles. En cambio, en la mayoría de las especies animales, el crecimiento se detiene a partir de una determinada edad.

La mitosis consta de una serie de pasos en los cuales se puede distinguir lo que le sucede a la célula durante su división, como la organización del núcleo o el grado de condensación o descondensación del material genético. Es posible reconocer estas fases si se observan al microscopio células de la raíz de una planta, como la cebolla, ya que en esa zona las células se encuentran en constante división.

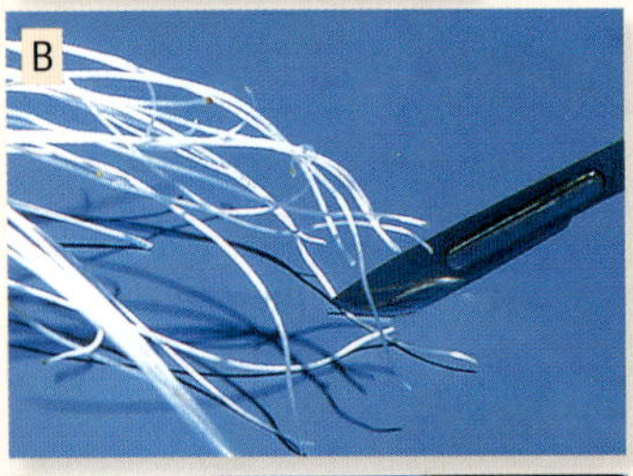

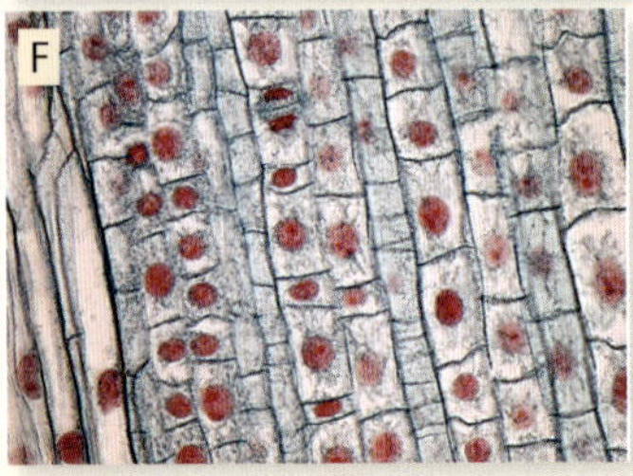

Materiales

Microscopio, una cebolla, cápsula de petri o recipiente de vidrio limpio, pinza, cortante, portaobjetos, cubreobjetos, ácido acético (vinagre), ácido clorhídrico, carmín acético, agua destilada, palillos de brochette, frasco de vidrio transparente, alcohol y aguja de disección.

Para observar a través del microscopio

- Atraviesen la cebolla por el centro con los palillos, y colóquenla en un frasco con agua de manera que los palillos sostengan la cebolla y sus raíces toquen el agua. Foto A
- Dejen crecer las raíces durante una semana; luego corten la punta de la raíz. Hagan el corte a 2 cm del extremo donde termina la raíz. Foto B
- Preparen una solución con tres partes de alcohol y una parte de ácido acético en la cápsula de petri. Coloquen allí los trozos de raíz durante 24 horas. Foto C
- Tomen las raíces con la pinza y sumérjanlas en agua destilada durante dos minutos; luego, colóquenlas en ácido clorhídrico durante una hora.
- Coloquen las raíces en agua destilada nuevamente durante dos minutos, y luego en carmín acético durante veinte minutos. Foto D
- Con la ayuda de la pinza, tomen un trozo de raíz, eligiendo la zona que noten más teñida, y colóquenlo sobre el portaobjetos.
- Aplasten el material con la ayuda de la aguja, extiéndanlo y cúbranlo con el cubreobjetos. Foto E
- Observen el preparado con el menor aumento y luego con aumentos mayores. Foto F
- Traten de identificar células que se encuentren en cada una de las fases de la mitosis: profase, metafase, anafase y telofase. Para hacerlo, se pueden ayudar buscando información en libros o en internet.
- Dibujen lo que observaron para cada uno de los aumentos que utilizaron.
- Escriban en el dibujo las estructuras que lograron reconocer.

Para reflexionar

La citocinesis es la división del citoplasma luego de las etapas de la mitosis.

a. ¿Cómo creen que ocurre esta fase en las células vegetales, si están rodeadas de una pared celular rígida? Para responder, pueden buscar información en libros o internet.

10 Reconocimiento de cianobacterias

En la naturaleza existen dos tipos de células, las procariotas y las eucariotas. Las cianobacterias tienen células procariotas.

Muchas veces, a las cianobacterias se las llama algas azul-verdosas debido a su aspecto parecido a las algas verdes; sin embargo, son bacterias fotosintéticas. Existen varias características que permiten distinguir unas de otras.

	Cianobacterias	Algas verdes
Tipo de célula	Procariota	Eucariota
Color	Verde azulado	Verde
Sustancia de reserva	Almidón cianofíceo	Almidón
Pigmento fotosintético	Libre en el interior	Contenido en cloroplastos

La sustancia de reserva que contienen las cianobacterias, el almidón cianofíceo, no se tiñe en presencia de lugol; en cambio, el almidón de las algas verdes sí se tiñe. Este puede ser un criterio para diferenciar unas de otras cuando se las observa en el microscopio. El azul de metileno es otro colorante que permite apreciar una estructura de protección externa llamada vaina. En general, debido a su tamaño y color, las cianobacterias son más fáciles de identificar que el resto de las bacterias. En esta actividad observarán en el microscopio estos fascinantes seres vivos.

Materiales

Microscopio, portaobjetos, cubreobjetos, azul de metileno, lugol, gotero, una muestra de agua estancada.

Para observar a través del microscopio

- Coloquen una gota de la muestra de agua estancada en un portaobjetos y agreguen una gota de azul de metileno. Cubran la muestra con el cubreobjetos.
- Comiencen con el aumento menor y luego con aumentos mayores.
- Hagan un dibujo de lo que ven con cada aumento.
- Realicen un nuevo preparado pero agregando lugol a la muestra.
- Comiencen con el aumento menor y luego con aumentos mayores.
- Hagan un dibujo de lo que observan con cada aumento.
- Repitan las observaciones con otras muestras de agua.

Para reflexionar

a. ¿Por qué creen que es importante que la muestra sea de agua estancada y no, por ejemplo, de agua de lluvia?

b. ¿Para qué usaron los colorantes?

c. ¿Podrían concluir que las células que se tiñeron con lugol son cianobacterias? ¿Por qué?

Guía de cianobacterias frecuentes en el agua estancada.

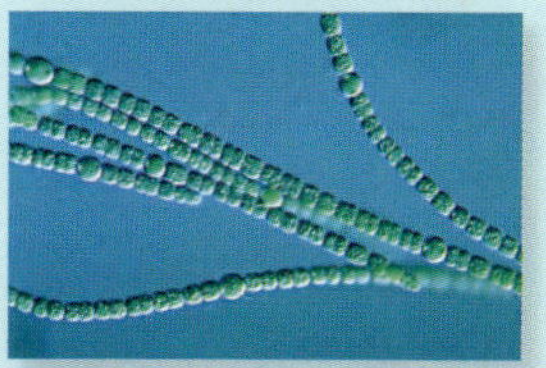

▲ *Anabaena.*

Chroococcus. ▼

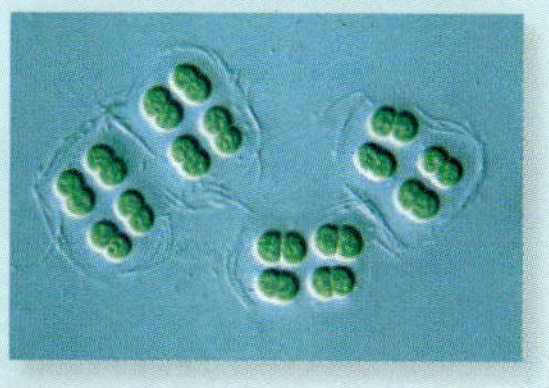

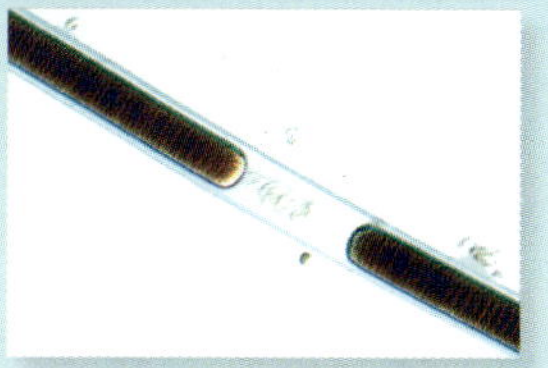

▲ *Lyngbya.*

Merismopedia. ▼

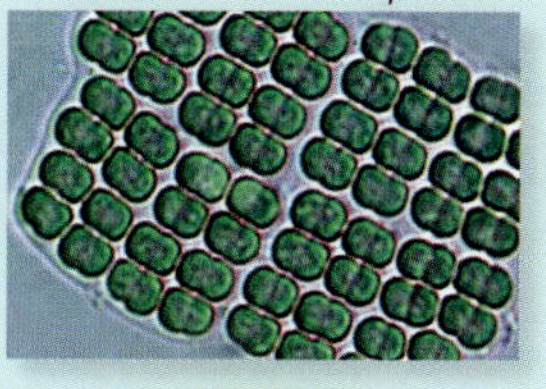

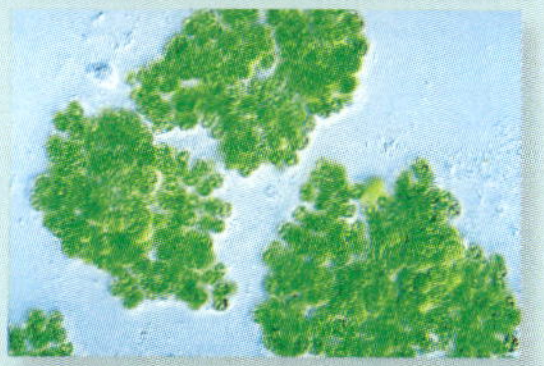

▲ *Microcystis.*

Nostoc. ▼

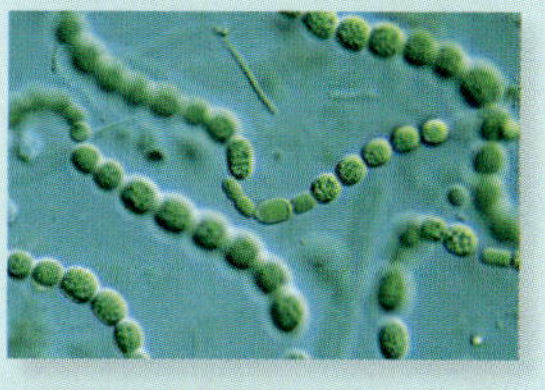

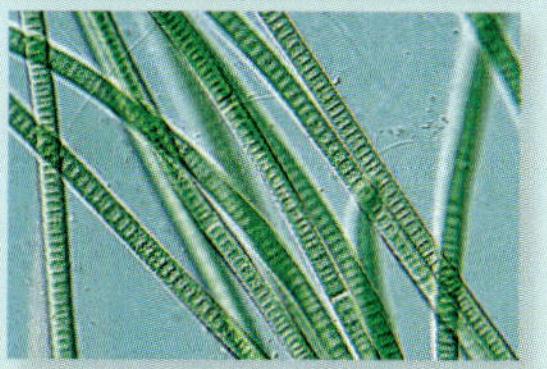

▲ *Oscillatoria.*

Spirulina. ▼

Los microorganismos en el microscopio

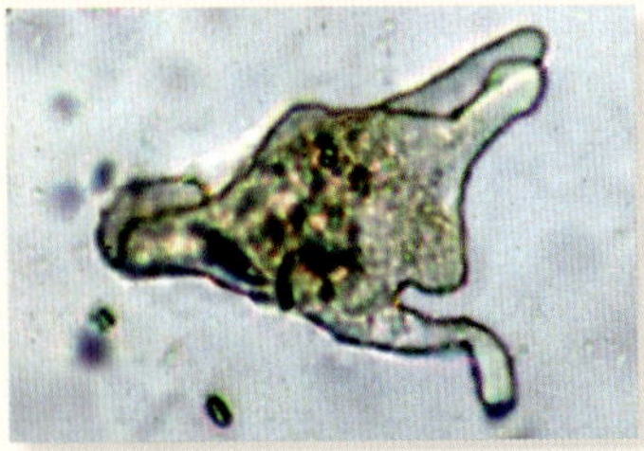
Ameba.

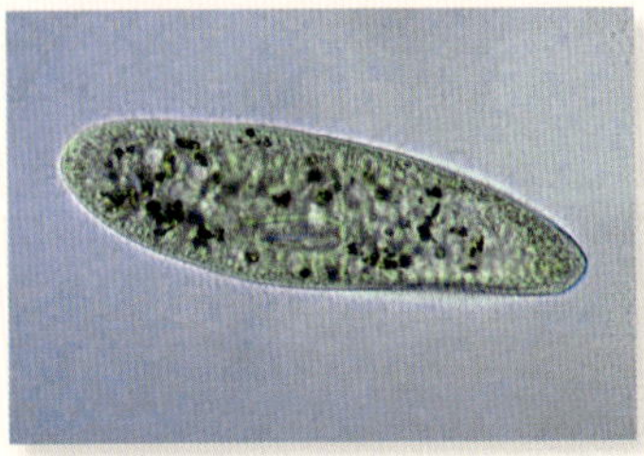
Paramecio.

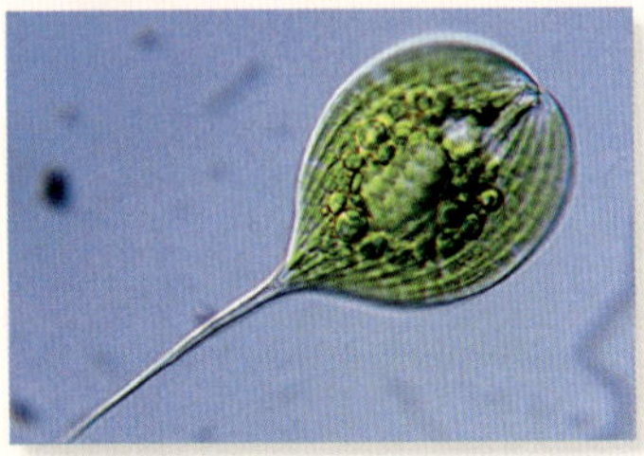
Phacus.

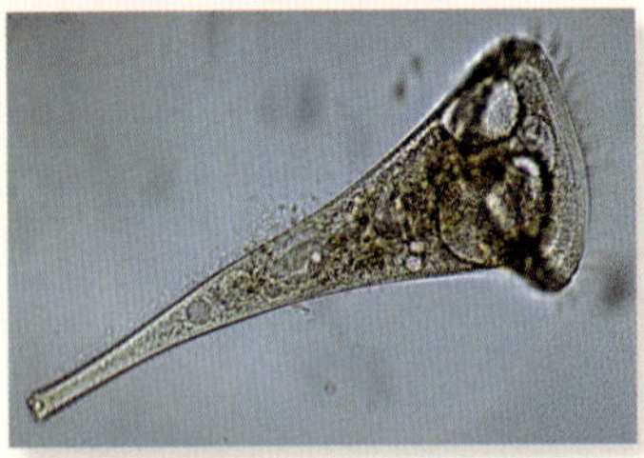
Stentor.

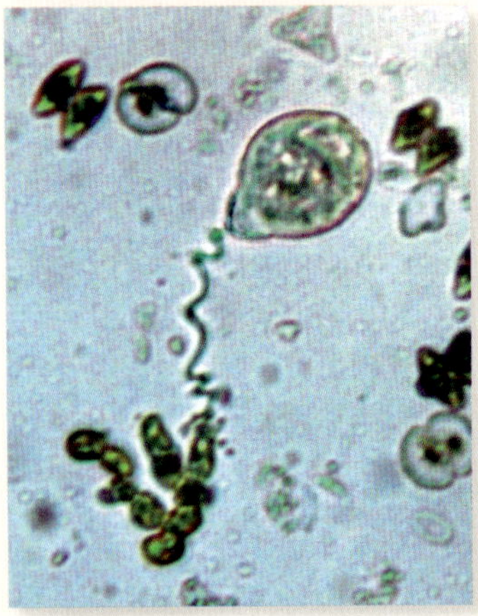
Vorticella.

Muchos microorganismos se suelen mover rápidamente en el agua; por eso, a veces resulta difícil observarlos en el microscopio. Sin embargo, existen algunas técnicas sencillas que permiten limitar su movimiento para facilitar la observación.

- Una de las técnicas consiste en colocar la gota de una muestra de agua con microorganismos en un portaobjetos, cubrirla con un cubreobjetos y dejarla reposar durante varios minutos. De esta manera, la gota se irá secando desde los bordes, y concentrará los microorganismos en el centro, haciendo más fácil su observación.
- Otra técnica radica en usar entramados de fibras o bastidores que limiten la movilidad. Por ejemplo, se puede colocar una gasa en el portaobjetos, y sobre ella ubicar la muestra de agua y luego el cubreobjetos. Con el microscopio se pueden observar los microorganismos en cada una de las "celdas" de la gasa, las cuales limitarán las posibilidades de desplazamiento.
- Por último, se puede agregar a la muestra una gota de carboximetilcelulosa (CMC) al 10% y una gota de sulfato de níquel, que inmoviliza los microorganismos.

Para la observación, también es importante la **tinción**, que permite distinguir mejor las estructuras internas y externas. El **azul de metileno** tiñe el núcleo y las inclusiones citoplasmáticas; la **solución de lugol** tiñe cilias y flagelos; el **rojo congo** tiñe vacuolas digestivas, y la **eosina** tiñe el citoplasma. En esta actividad observarán la anatomía de algunos microorganismos.

Materiales

Microscopio, portaobjetos, cubreobjetos, hojas de lechuga, unas gotas de agua estancada, 10 cm^3 de leche, 100 cm^3 de agua, un frasco de vidrio, azul de metileno, lugol, rojo congo, eosina y gotero.

Para observar a través del microscopio

- Preparación del cultivo de microorganismos: coloquen el agua con la leche y las hojas de lechuga cortadas en pequeños trozos en el frasco de vidrio. Agreguen el agua estancada. Dejen el preparado destapado durante 10 días, aproximadamente.
- Agiten el cultivo, tomen una gota, colóquenla en el portaobjetos y cubran con el cubreobjetos. Pueden aplicar algunas de las técnicas que permiten limitar el movimiento de los microorganismos para una mejor observación.
- Observen la muestra con el menor aumento y luego con aumentos mayores.
- Agreguen a la muestra una gota de lugol y vuelvan a observar. Hagan un dibujo de lo que han visto.
- Realicen un nuevo preparado y esta vez tiñan con azul de metileno.
- Pueden repetir el procedimiento usando los otros colorantes para ver con más detalle distintas partes de los microorganismos.

Para reflexionar

a. ¿Pudieron reconocer la presencia de microorganismos?
b. ¿Para qué usaron la solución de lugol? ¿Y la de azul de metileno?
c. ¿Qué diferencias encontraron al usar distintos colorantes?
d. ¿Qué estructuras reconocieron?

12 Las mediciones en ciencia y la organización de datos

Muchas veces, tanto en el trabajo de campo como en el trabajo de laboratorio es necesario realizar mediciones. Aquellas propiedades que son susceptibles de ser medidas se denominan magnitudes físicas. Algunos ejemplos de magnitudes físicas que se usan en biología son la longitud, la masa, el tiempo, el volumen y la temperatura.

Las unidades en las que se miden estas magnitudes pueden ser muy diferentes; sin embargo, existe un sistema de medidas internacional que permite que se puedan intercambiar datos e información entre los científicos de todo el mundo. Este sistema, llamado Sistema Internacional (SI), permite aunar criterios de medición de distintas magnitudes en el interior y el exterior de la comunidad científica.

Veamos cuáles son las principales unidades de medida utilizadas en el SI y otras de uso cotidiano:

Magnitud	Uso	Unidad	
		Nombre	Símbolo
Longitud	Permite determinar la extensión. Por ejemplo, el largo de un pez, la altura de una planta.	Metro/ centímetro	m/cm
Masa	Permite determinar la cantidad de materia. Por ejemplo, la cantidad de miel producida en un panal de abejas.	Kilogramo/ gramo	kg/g
Tiempo	Permite medir el paso del tiempo y relativizar los sucesos entre sí. Por ejemplo, el tiempo que dura el celo de una especie o cada cuánto tiempo florece una especie determinada.	Segundo	s
Temperatura	Permite medir el estado térmico de un sistema. Por ejemplo, la temperatura del agua de un lago en invierno y en verano.	Grado centígrado	°C
Volumen	Permite determinar el espacio que ocupa un cuerpo, es decir, considera las dimensiones de alto, largo y ancho. Por ejemplo, el volumen de agua de una laguna en época invernal.	Metro cúbico/ centímetro cúbico	m^3/cm^3

En las siguientes tablas se puede encontrar la forma de convertir las medidas entre sí para algunas de las magnitudes mencionadas, así como otras medidas usuales para estas magnitudes.

	Centímetro	Metro	Kilómetro
1 centímetro	1	0,01	0,00001
1 metro	100	1	0,001
1 kilómetro	100.000	1000	1

Kilogramo (kg)	1000 g
Hectogramo (hg)	100 g
Decagramo (dag)	10 g
Gramo (g)	1 g
Decigramo (dg)	0,1 g
Centigramo (cg)	0,01 g
Miligramo (mg)	0,001 g

Muchas veces, las mediciones son datos en sí mismos dentro de un trabajo de campo o un experimento. Es importante hacer un registro sistemático de los datos obtenidos, ya que permitirá realizar un análisis y graficar para tratar de establecer relaciones.

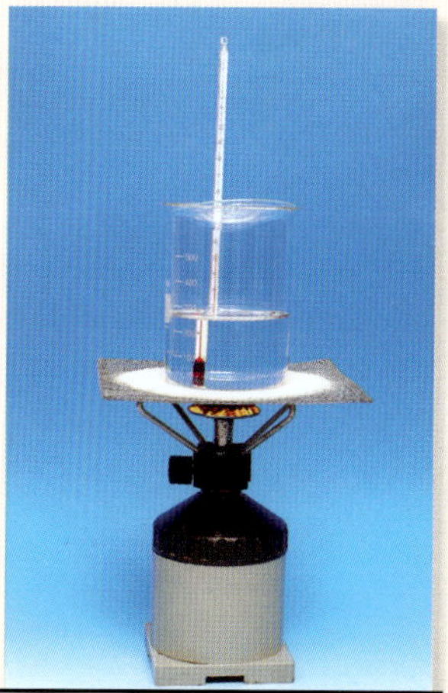

Para reflexionar

Comprueben si la cantidad de agua influye en la temperatura de ebullición. Para comprobarlo, calienten distintas cantidades de agua y registren la temperatura de ebullición, luego completen el siguiente cuadro:

Cantidad de agua	Temperatura de ebullición
100 cm^3	
250 cm^3	
700 cm^3	
1.000 cm^3	

a. ¿Cuál fue la temperatura de ebullición en cada caso?
b. ¿Influye la cantidad de agua en la temperatura de ebullición?

13 La lupa binocular

La lupa binocular estereoscópica es un aparato óptico que permite observar pequeños objetos en forma tridimensional sin tener necesidad de realizar preparaciones especiales. Con la lupa binocular el objeto observado se ve derecho, no invertido, como con el microscopio, lo que facilita la manipulación. El aumento que proporciona la lupa es menor que el aumento del microscopio, pero el campo visual es mucho mayor. Por lo general, la lupa aumenta de 10 a 40 veces el tamaño real. Se la emplea para observar objetos u organismos que por su tamaño no podrían ser observados de manera completa con el microscopio, como un insecto o una flor. La lupa no requiere que la luz atraviese la muestra, por lo que se pueden observar objetos opacos, a diferencia de lo que ocurre con el microscopio.

En una lupa binocular se distinguen dos partes diferentes: la óptica y la mecánica.

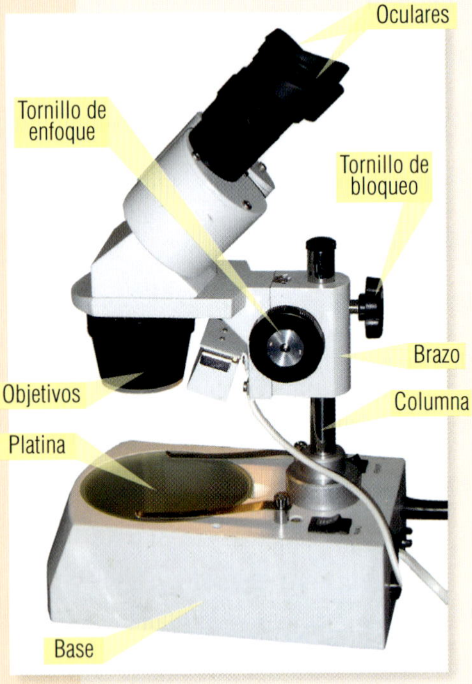

1. **Parte óptica:** compuesta por dos sistemas ópticos que convergen sobre la muestra para que cada ojo reciba una imagen y se logre la visión estereoscópica del objeto.
   Los **oculares** son dos grupos de lentes próximos a los ojos del observador; están insertados en dos tubos cortos. El tubo del lado derecho posee un anillo para corregir la diferencia de visión que tengamos en nuestros ojos y conseguir una buena visión estereoscópica.
   Los **objetivos** son sistemas de lentes más próximos al objeto observable.
2. **Parte mecánica:** sirve de soporte a la parte óptica y permite la manipulación del instrumento. Está compuesta por:
   La **base**, pieza pesada sobre la que se inserta la columna y que da soporte al instrumento.
   La **columna**, cilindro metálico donde se articula el cuerpo de la lupa que permite su desplazamiento en altura y el giro completo sobre el eje de la columna.
   El **brazo** o **soporte**, pieza que se desliza sobre la columna y soporta los grupos ópticos.
   El **tornillo de bloqueo**, fija la lupa a la altura que estimemos óptima sobre la columna.
   Los **tornillos de enfoque**, tornillos laterales que se mueven en forma simultánea deslizando el cuerpo de la lupa para enfocar la muestra.
   La **platina**, una placa de vidrio esmerilado sobre la que se coloca la muestra. Sobre ella se disponen dos pinzas para la sujeción de las muestras.

Manejo de la lupa binocular

La lupa binocular es un instrumento óptico de precisión que no debe ser sometido a golpes ni vibraciones fuertes y se debe manipular sin forzar ningún mecanismo. Para su uso hay que tener en cuenta las siguientes indicaciones:

1. Se coloca la muestra directamente sobre la platina o sobre una placa de Petri. Si se quiere dar más realce a la observación, puede sustituirse la platina por placas de contraste de color.
2. Se ajusta el tornillo de bloqueo con el fin de colocar los objetivos a una distancia de 2 a 6 cm del objeto.
3. Se mueven los oculares para que su separación coincida con la separación de nuestros ojos.
4. Si es necesario, se corrige la visión distinta de cada ojo girando el anillo del ocular izquierdo.

14 Promoción de la salud sexual

Muchas veces, durante la adolescencia se lleva a cabo la primera relación sexual. Este es un momento muy importante para la vida de las personas, y para vivirlo con plenitud es necesario estar informados, saber lo que nos hace bien, saber lo que nos hace mal, lo que queremos y lo que no queremos.

Lean el siguiente artículo publicado en el diario *La Nación*.

Entre los adolescentes persisten creencias erróneas sobre el sexo

Entre adolescentes y también entre mayores de 18 años que cursan el colegio secundario aún perduran concepciones equivocadas sobre el sexo, según revela un estudio realizado en escuelas porteñas y bonaerenses por especialistas de la Universidad de Buenos Aires (UBA).

Entre los errores más mencionados en una encuesta realizada a chicos de entre 14 y 16 años, alrededor de la mitad consideró que si una joven comparte la pileta de natación con hombres puede quedar embarazada, y otro tanto cree que ponerse de pie durante o después de la relación sexual puede servir como método anticonceptivo.

"A pesar de todo lo que se habla sobre el sexo, hay mitos que no se destierran", indica Elsa Meinardi, secretaria académica a cargo del Centro de Formación e Investigación en Enseñanza de las Ciencias (CeFIEC) de la Facultad de Ciencias Exactas y Naturales de la UBA, que llevó adelante la investigación junto con el Grupo de Investigación en Didáctica de la Biología.

"El estudio reveló que parte de la información que los estudiantes manejan es incorrecta. Suelen guiarse por lo que alguien les dijo o les contó, sin bases sólidas", agrega la bióloga María Victoria Plaza, integrante del equipo.

Que mujeres y varones se zambullan en la misma piscina no genera ningún riesgo de embarazo; sin embargo, casi el 60% de las mujeres mayores de 18 años consultadas cree que compartir la pileta de natación con hombres puede conducir a la maternidad. "El hecho de desconocer que un espermatozoide no puede sobrevivir en el agua de un natatorio las lleva a conclusiones equivocadas", puntualiza Meinardi.

La encuesta, realizada de manera anónima, recopilaba creencias populares, frente a las cuales solo había que responder si eran ciertas o no. Por ejemplo, se les preguntó si ponerse de pie durante o después de la relación sexual evita el embarazo. Casi la mitad de los adolescentes contestaron equivocadamente que sí. Por otra parte, entre los mayores de 18 contestó correctamente el 42% de las mujeres y solo el 23% de los varones. "Una de las chicas dijo que no podía quedar embarazada porque sus relaciones sexuales eran de pie. Ella nunca se había acostado con su novio. Este testimonio muestra obstáculos que se generan a partir del propio vocabulario y sobre el cual hay que trabajar", indica Meinardi.

Resultados de la encuesta:

- **Verdadero o falso:** los estudiantes debieron contestar solo si una serie de afirmaciones eran correctas o erróneas.
- **En la pileta:** el 50% de las encuestadas creía que compartir la pileta con hombres podía llevar a embarazos indeseados.
- **Ponerse de pie:** una proporción similar contestó que era correcta la afirmación de que ponerse de pie durante o después de mantener relaciones podía servir como método anticonceptivo. Entre los mayores de 18, solo el 23% de los varones contestó correctamente.
- **En la primera relación sexual:** el 32% de los mayores de 18 años consideró que no hay posibilidades de embarazo durante la primera relación sexual.

Cecilia Draghi, *La Nación*, 17/8/2009.

Para reflexionar

a. Conversen: ¿cuál es su principal fuente de información en temas que tienen que ver con las relaciones sexuales o la sexualidad?

b. ¿Cuáles de las creencias consideran que son ciertas? ¿Cuáles creen que son incorrectas?

c. ¿Alguna vez habían escuchado estas creencias? ¿Qué piensan luego de leer el artículo?

d. ¿Cómo creen que sería adecuado para ustedes hablar sobre relaciones sexuales o sobre la sexualidad?

1

1.	b)
2.	c)
3.	a)
4.	c)
5.	c)
6.	b)
7.	c)
8.	b)
9.	c)
10.	c)

2

1.	c)
2.	a)
3.	b)
4.	c)
5.	c)
6.	b)
7.	a)
8.	a)
9.	b)
10.	a)

3

1.	b)
2.	b)
3.	b)
4.	c)
5.	c)
6.	b)
7.	c)
8.	a)
9.	b)
10.	a)

4

1.	b)
2.	c)
3.	a)
4.	c)
5.	c)
6.	b)
7.	b)
8.	c)
9.	a)
10.	a)

5

1.	b)
2.	c)
3.	b)
4.	b)
5.	b)
6.	c)
7.	c)
8.	b)
9.	b)
10.	b)

6

1.	a)
2.	a)
3.	c)
4.	a)
5.	b)
6.	a)
7.	c)
8.	b)
9.	a)
10.	c)

7

1. b)
2. c)
3. c)
4. a)
5. b)
6. b)
7. b)
8. a)
9. b)
10. c)

8

1. c)
2. b)
3. b)
4. c)
5. c)
6. a)
7. b)
8. b)
9. c)
10. c)

9

1. b)
2. b)
3. c)
4. c)
5. c)
6. a)
7. b)
8. b)
9. c)
10. c)

10

1. a)
2. b)
3. b)
4. c)
5. a)
6. c)
7. a)
8. a)
9. b)
10. b)

11

1. c)
2. a)
3. b)
4. c)
5. a)
6. c)
7. a)
8. b)
9. a)
10. a)

12

1. a)
2. b)
3. b)
4. c)
5. c)
6. c)
7. a)
8. b)
9. a)
10. b)

Impreso en Grafisur industria grafica
J. Cortejarena 2943, Parque Patricios, CABA,
en el mes de Abril de 2025.